首批国家级职业教育教师教学创新团队成果
首批国家级课程思政教学名师和教学团队成果
智能制造专业群系列教材

智能传感器技术应用

主　编　游青山　赵　悦　黄崇富
副主编　葛　鑫　蒋海义　张明伯
主　审　刘　铭

科学出版社
北　京

内 容 简 介

本书由重庆工程职业技术学院机电一体化技术国家级职业教育教师教学创新团队、国家级课程思政教学名师和教学团队牵头，组织各大职业院校骨干教师和企业技术人员共同精心编写而成，是编写团队长期教学、科研、实践工作的总结。本书在内容安排上充分考虑教学规律，突出专业特点，基于领域知识构建、能力提升和素质培养的现实需求，重点针对传感器在智慧工厂的具体应用，采用项目任务式、工作手册式、新形态、融媒体教材的编排形式，介绍了智能传感器的工程应用和使用方法。本书采用项目-任务的框架结构，任务导向式的教学方法。本书特色鲜明，适用性强，实例丰富，选材典型，注重实际操作训练。同时，本书植入了丰富的学习资源，学生可随时随地“扫一扫”，更直观方便地进行学习。

本书可作为高等职业院校、应用技术大学、高等专科学校等院校的智能控制技术、机电一体化技术、智能机器人技术、工业机器人技术、电子信息工程技术、物联网应用技术、应用电子技术、智能产品开发与应用、智能光电技术等专业及相关专业相应课程的配套教材，也可作为相关岗位的培训教材，以及企业工程技术人员、机电设备爱好者、物联网技术爱好者、机器人爱好者、电子爱好者的参考书。

图书在版编目（CIP）数据

智能传感器技术应用/游青山，赵悦，黄崇富主编. —北京：科学出版社，2021.11

首批国家级职业教育教师教学创新团队成果 首批国家级课程思政教学名师和教学团队成果 智能制造专业群系列教材

ISBN 978-7-03-070784-0

Ⅰ. ①智… Ⅱ. ①游… ②赵… ③黄… Ⅲ. ①智能传感器-职业教育-教材 Ⅳ. ①TP212.6

中国版本图书馆 CIP 数据核字（2021）第 247696 号

责任编辑：张振华 / 责任校对：赵丽杰

责任印制：吕春珉 / 封面设计：东方人华平面设计部

科学出版社 出版

北京东黄城根北街 16 号

邮政编码：100717

http://www.sciencep.com

三河市中晟雅豪印务有限公司印刷

科学出版社发行 各地新华书店经销

*

2021 年 11 月第 一 版 开本：787×1092 1/16

2021 年 11 月第一次印刷 印张：17 1/4

字数：400 000

定价：49.00 元

（如有印装质量问题，我社负责调换〈中晟雅豪〉）

销售部电话 010-62136230 编辑部电话 010-62135120-2005

前　言

“工业 4.0”“中国制造 2025”“互联网+”等国家发展战略正前所未有地推动着信息化与工业化的深度融合，先进的信息技术成为引领和衡量社会迈向高度现代化的支撑性技术之一。智能传感器技术应用位于信息链开端，是泛在感知、智能制造等的基石，它也是助推信息技术，是不同对象相互交叉、联结、融合的内生动力，使新技术、新产业、新业态、新模式层出不穷。智能传感器以便捷、可靠、智能、安全地获取、处理与应用信息，重构新时代人们的工作模式、生活范式和思维方式，推动着智慧工厂的发展，推动着构建人机网互联融合的数字化智慧型社会的发展。

我国高度重视智能传感器产业的发展。目前，我们正紧紧抓住第三次信息技术浪潮和第四次工业革命的历史机遇，力推智能感知、物联网、大数据、人工智能、机器人、网络安全等战略性新兴产业，传感器相关内容被列入国家中长期科技发展规划“重点领域及其优先主题”，一系列战略目标正在实现。传感器产品无线化、微型化、集成化、网络化、智能化、安全化、虚拟化等方向的研究与产业取得了重大进展，形成了一批具有自主知识产权的先进传感器。新经济的发展、产业的升级、技术的演进、应用的研发、仪器的使用与维护等需要大批高素质技术技能人才作为支撑，因此，对人才培养的内容和目标也提出了与时俱进的新要求。

本书瞄准新时期智能传感器技术应用领域知识构建、能力提升和素质培养的现实需求，介绍智能传感器在智慧工厂中的典型应用与技术发展，重点介绍传感器电路的搭建及应用。全书分为 6 个项目，包括传感器应用基础、传感器在生产流水线上的应用、传感器在工厂物流机器人中的应用、传感器在制造车间环境监测系统中的应用、传感器在职工健康智能监测系统中的应用、智慧工厂无线传感系统应用，具体介绍传感器应用基础、温湿度传感器的应用、光敏电阻传感器的应用、接近传感器的应用、力敏传感器的应用、超声波传感器的应用、磁敏传感器的应用、气敏传感器的应用、运动传感器的应用、光纤通信传感器的应用、生物传感器的应用、视觉传感器的应用、智慧生产线传感器的应用、无线传感网的应用等。本书体系结构合理，逻辑清晰，内容新颖，重点突出，工程性强，资源丰富，突出新颖性、系统性、技术性、知识性、趣味性、实用性和可操作性等特点。

本书基于智慧工厂，设计循序渐进的 6 个传感器项目。每一个项目首先进行引入，列出本项目的知识目标、能力目标及思政与素养目标，并用思维导图列出本项目的主要内容，每一个项目均包含数量不等的工作任务。工作任务包括任务描述、任务准备、任务实施、任务评价、拓展训练等内容，并对本工作任务所涉及的知识点用知识链接的方式进行呈现，最后以工作手册的方式详细列出本工作任务的具体工作事项。通过以上的方式，彰显教学目标与教材内容的高度统一性，明确学习者的努力方向，强化对自主学习的引领。

本书有丰富的优质学习资源支持，配有 PPT 演示文稿、微视频、参考程序软件、动画课件和精品资源共享课网站等，提供课内学习与课外拓展、课程学习与自评自测相结合的集成学习平台。

本书紧紧围绕智慧工厂主题，融入课程思政元素，精选传感器在智慧工厂中的典型应用案例，体现以学习者为中心，突出工程教育、好学易用的格局和写作定位，以编写国内一流的传感器特色教材为目标，突出工程教育和产出导向 OBE（outcomes-based education，基于学习产出的教育模式）理念。

本书由游青山、赵悦、黄崇富担任主编，由葛鑫、蒋海义、张明伯担任副主编，由刘铭担任主审。本书的具体编写分工如下：项目 1 和项目 4 由游青山编写，项目 2 由黄崇富编写，项目 3 由赵悦编写，项目 5 由蒋海义编写，项目 6 由葛鑫编写。冉霞、曾卓、蒋华强、史耀、但豪、罗飞、邓顺明、郑其、杨雲海、廖旭操等参加了资料的搜集与整理、案例的撰写、图表的绘制等工作，并提供了修改意见。游青山负责统稿。

特别感谢重庆工程职业技术学院刘铭教授在课程和教材建设与改革过程中给予的指导、支持和帮助，衷心感谢参考文献中所列的各位作者，包括众多未能在参考文献中一一列出的作者。正是他们在各自领域的独到见解和特别的贡献，为编者提供了宝贵而丰富的参考资料，编者才能够在总结现有成果的基础上，汲取各家之长，不断凝练提升，最终使本书得以付梓。

本书的编写受到了国家级职业教育教师创新团队课程研究项目（项目编号：YB202010203）、全国职业院校教师教学创新团队建设体系化课程研究项目（项目编号：TX20200201）、重庆市教育委员会人文社会科学研究项目（项目编号：20SKSZ088、21SKGH353）、重庆市教育委员会高等教育教学改革研究项目（项目编号：193428、203705）、教育部科技发展中心产学研创新基金项目（项目编号：2018B1007）的资助。

中煤科工集团重庆研究院有限公司、百科荣创（北京）科技发展有限公司、百科荣创（山东）科技发展有限公司的技术工程师对本书的编写提供了丰富的参考意见和课程资源，科学出版社的编辑为本书的高质量出版付出了辛勤劳动，在此一并表示衷心的感谢。

本书的内容体现了我们在此领域的最新努力，其间融入了“立德树人”“三全育人”的情怀，限于自身的水平和学识，书中难免存在疏漏和不足之处，诚望广大读者不吝赐教，以利修正，让更多的读者获益。编者电子邮箱：47800105@qq.com。

目　　录

项目1 传感器应用基础

◎ 项目引入

在工业过程控制中，传感器有着“工业耳目”的作用和“前沿哨兵”的美誉，它能替代人类五官感知外在信息，如在离子成分分析、磁场强弱、高温高压强腐蚀等环境下的参数，都是传感器可以感知而人类无法直接感知的。传感器可对自动化生产过程中的各种控制参量进行精确的测量，为系统采集原始信息，从而保证工业生产的自动化、智能化。

超声波传感器、视觉传感器等应用于工厂货物搬运机器人

传感器技术是现代科技的前沿技术，是发展物联网及其应用的关键和瓶颈，是发展我国装备制造业的关键基础元器件。它为提升我国现代化信息技术发展、推动产业化发展提供了一个突破点。曾有自动化方面的专家指出，传感器技术直接关系到我国自动化产业的发展形势，认为“传感器技术强，则自动化产业强”。由此可见传感器技术对自动化产业乃至整个国家工业建设的重要性。传感器产业也是国内外公认的具有发展前途的高技术产业，从技术研发到设计方案，传感器产业已经发展成为一个完整的产业链体系。

现阶段，我国传感器技术与世界水平相比仍存在较大差距。我国市场上的中高端传感器进口占比达 80%，传感器行业作为科技实业，在走向市场发展的过程中，必将面临诸多的挑战，而随着国家逐渐对该科研领域提供政策支持，相信在不久的将来，国内的传感器行业将会迎来全新的蓬勃发展。

◎ 学习目标

知识目标	1．掌握传感器的基本概念及作用； 2．掌握传感器的组成与分类； 3．了解常用传感器的典型应用和发展趋势； 4．了解测量误差的认知与处理
能力目标	1．能正确使用测试设备完成集成电路性能的测试； 2．具备常用传感器的识别与检测能力； 3．能分析日常生活中使用的传感器类型和系统的构成
思政与素养目标	1．树立正确的学习观、价值观，自觉践行行业道德规范； 2．培养创新意识，立志成长为传感器行业领军人才； 3．了解国内、国外传感器行业发展现状，学习制造强国战略； 4．遵规守纪，团结协作，发扬一丝不苟、精益求精的工匠精神

◎ 思维导图

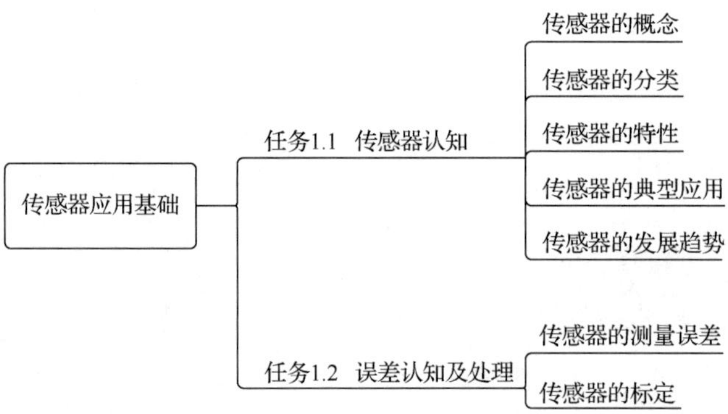

任务 1.1

传感器认知

微课：从“天问一号”看传感世界　　视频：传感器认知实验软件操作　　视频：传感器认知实验操作

任务描述

通过学习传感器的组成与分类，识别并使用传感器，然后利用实验室已有设备完成对温湿度环境数据的采集。

任务准备

温湿度传感器模块（图 1.1.1）1 个、3.5 英寸（1 英寸=2.54 厘米）液晶显示屏终端（图 1.1.2）1 个、STM32F407 核心板（图 1.1.3）1 个、STM32 核心板电源适配器（5V/3A）1 个、示波器 1 个、万用表 1 个、20P 排线 2 条、杜邦线若干、其他传感器模块若干。

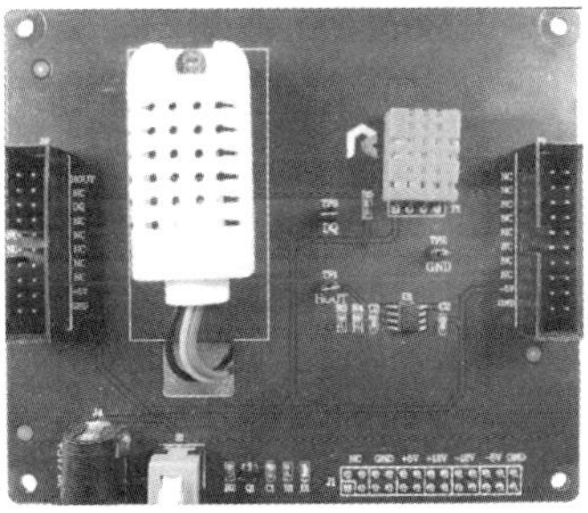

图 1.1.1　温湿度传感器模块

图 1.1.2　3.5 英寸液晶显示屏终端

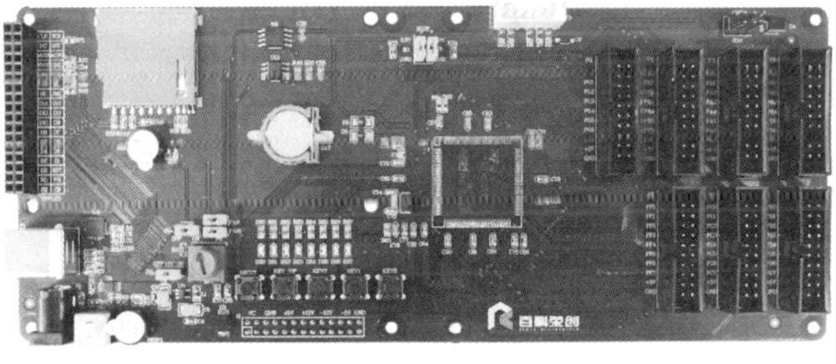

图 1.1.3　STM32F407 核心板

任务实施

本任务在实施过程中，按测量原理将传感器进行分类，同时，通过单片机产生的时序与温湿度传感器模块上的 DHT11 温湿度传感器进行通信，获取环境的温度和湿度，并在 3.5 英寸液晶显示屏终端上显示。

1）通过了解已有传感器的内部组成架构，按测量原理将传感器进行分类并做介绍。

2）按表 1.1.1 和表 1.1.2 连接硬件电路，检测各电路连接的正确性，确保无误后通电观察实验数据并做记录。

表 1.1.1　STM32F407 核心板与温湿度传感器模块连线

STM32F407 核心板	温湿度传感器模块
PA10	DQ

表 1.1.2　STM32F407 核心板与 3.5 英寸液晶显示屏终端连线

STM32F407 核心板	3.5 英寸液晶显示屏终端
PC8	CS
PC9	RS
PC10	WR
PC11	RD
PC12	BL
PC13	RST
PD0～PD15	D0～D15

可使用 20P 排线将核心板 GPIO A 口与温湿度传感器模块 J2 口相连，将核心板 PC 口与显示终端 J3 口、核心板 PD 口与显示终端 J2 口相连。

温湿度检测的实验结果如图 1.1.4 所示，DHT11 温湿度传感器的应用电路如图 1.1.5 所示，实验数据如表 1.1.3 所示。

RH—relative humidity，相对湿度。

图 1.1.4　温湿度检测实验结果

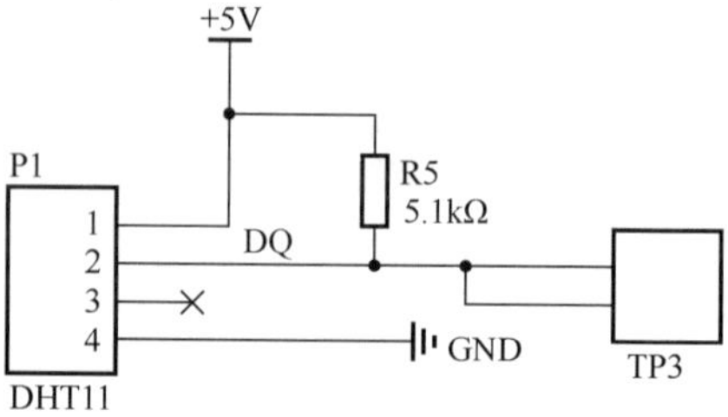

TP—test point，测试点；GND—ground，电线接地端。

图 1.1.5　DHT11 温湿度传感器的应用电路

表 1.1.3　温湿度实验数据表

序号	环境温度值/℃	环境相对湿度值/%
1	15.0	33.3
2	20.0	41.7
3	25.0	50.0
4	30.0	45.0
5	50.0	69.0

3）根据环境的实际情况分析影响温度值的因素，并做简要说明。

任务评价

任务实施后，完成表 1.1.4。

表 1.1.4　任务评价表

任务内容	评价标准	分值	自评	小组互评	教师评价
传感器认知实训	按测量原理进行正确的分类，并简要说明其理由	40			
	正确连接电路，完成环境温湿度的采集	30			
	分析影响温度值的因素，并做简要说明	30			
总分		100			

拓展训练

通过学习传感器的特性，根据实际环境温度值及测量的环境温度值，利用传感器的特性对温湿度传感器测量的温度进行补偿计算，并完成表 1.1.5。

表 1.1.5　温度实验数据表　　单位：℃

序号	环境原始温度值	补偿后的温度值
1		
2		
3		
4		
5		

知识链接

知识 1.1.1　传感器的概念

微课：初识传感器

传感器是指将感受到的物理量、化学量等信息，按照一定规律，转换成便于测量和传输的信号的装置。电信号易于传输和处理，因此一般概念上的传感器是指将非电量转换成电信号输出的装置。传感器一般由敏感元件、转换元件和测量电路三部分组成，有时还需要加辅助电源，用框图表示如图 1.1.6 所示。

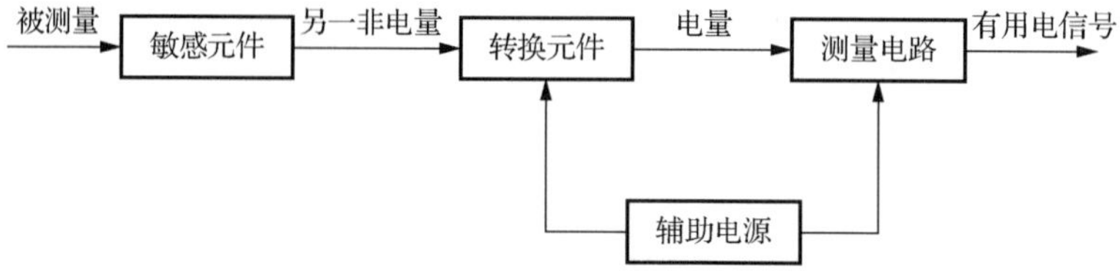

图 1.1.6　传感器的组成示意图

敏感元件：能够完成预变换的元件称为敏感元件，又称预转换器。在传感器中，各种类型的弹性元件常被称为敏感元件，并统称为弹性敏感元件。完成非电量到电量的转换时，并非所有的非电量都能利用现有手段直接转换为电量，往往是将被测非电量预先转换为另一种易于转换成电量的非电量，再转换为电量。为了获取被测量的精确数值，不仅要求敏感元件对被测量的响应足够灵敏，还希望它不受或少受环境因素的影响。敏感元件与传感器的区别在于，传感器不但对被测量敏感，而且能相应地以电信号（如电压、电流、频率等）形式将其传送出去。

转换元件：将敏感元件输出的非电量直接转换为电量的元件称为转换元件。例如，在应变压力传感器中，弹性膜片是敏感元件，它将压力的变化转换成应变输出，而弹性膜片的应变施于电阻应变片上，电阻应变片将应变量转换为电量输出，因此电阻应变片是转换元件。

一般的传感器都包括敏感元件和转换元件，但有一类传感器，其敏感元件和转换元件可合二为一，如压电晶体、热电偶等。

测量电路：将转换元件输出的电量变成便于显示、记录、控制和处理的有用电信号的电路，称为测量电路。测量电路的类型视转换元件的分类而定，经常采用的有电桥电路及其他特殊电路，如高阻抗输入电路、脉冲调宽电路、振荡回路等。

知识 1.1.2　传感器的分类

一般来说，人类需要监测的被测量有多少种，传感器就应该有多少种，并且对于同一种被测量，可能采用的传感器也有多种。同样，同一种传感器也可能用于多种不同类型被测量的检测。因此，传感器的种类繁多，分类的方法也不尽相同。传感器通常按被测量和工作原理两种进行分类。

（1）按被测量分类

若输入量分别为温度、压力、位移、速度、加速度、湿度等非电量，则相应的传感器分别称为温度传感器、压力传感器、位移传感器、速度传感器、加速度传感器、湿度传感器等。这种分类方法给使用者提供了方便，使用者根据测量对象可以方便地选择所需要的传感器，也便于初学者应用。

（2）按工作原理分类

现有传感器的工作原理主要是基于电磁原理和固体物理学理论。例如，根据变电阻的原理，相应地有电位器式、应变式传感器；根据变磁阻的原理，相应地有电感式、差动变压器式、电涡流式传感器；根据半导体有关理论，相应地有半导体力敏、热敏、光敏、气敏等固态传感器。按测量原理分类是传感器研究人员常用的分类方式，这种分类方式有助于减少传感器的类别数，并使传感器的研究与信号调理电路直接相关。

（3）按输出信号类型分类

根据输出信号的类型，传感器可以分为模拟传感器与数字传感器。模拟传感器将测量的非电量转换成模拟电信号，其输出信号中的信息一般由信号的幅度表达。输出为方波信号，其频率或占空比随被测量的变化而变化的传感器称为准数字传感器。由于这类信号可直接输入微处理器内，利用微处理器内的计数器即可获得相应的测量值，所以准数字传感器与数字电路具有很好的兼容性。

（4）根据是否需要外界激励分类

根据在检测过程中对外界激励的需要，传感器可以分为有源传感器和无源传感器。

有源传感器也可称为能量转换型传感器，其特点在于敏感元件本身能将非电量直接转换成电信号，如超声波换能器（压/电转换）、热电偶（热/电转换）、光电池（光/电转换）等。

无源传感器也可称为能量控制型传感器，其特点在于敏感元件本身无能量转换能力，而是随输入信号而改变本身的电特性，因此必须采用外加激励源对其进行激励，才能得到输出信号，被测量仅能在传感器中起能量控制作用。大部分传感器（如湿敏电容、热敏电阻、压敏电阻等）属于这类传感器。由于需要为敏感元件提供激励源，无源传感器通常需要比有源传感器用更多的引线，传感器的总体灵敏度也会受到激励信号幅度的影响。此外，激励源的存在可能增加在易燃易爆气体环境中引起爆炸的危险，在某些特殊场合需要引起足够的重视。

知识 1.1.3　传感器的特性

微课：传感器的基本特性

传感器的特性是指传感器的输入量和输出量之间的对应关系。通常把传感器的特性分为两种：静态特性和动态特性。静态特性是指输入不随时间而变化的特性，它表示传感器在被测量的各个值处于稳定状态下输入、输出的关系。动态特性是指输入随时间而变化的特性，它表示传感器对随时间变化的输入量的响应特性。一般来说，传感器的输入和输出关系可用微分方程来描述。理论上，将微分方程中的一阶及以上的微分项取为零时，即可得到静态特性。可见，传感器的静态特性是其动态特性的一个特例。传感器除描述输入量与输出量之间的关系特性外，还有与使用条件、使用环境、使用要求等相关的特性。

1．传感器的静态特性

传感器静态特性的主要指标有线性度、灵敏度、分辨力与分辨率、重复性、迟滞、漂移、稳定性等。

（1）线性度

通常情况下，传感器的实际静态特性输出是条曲线，而非直线。在实际工作中，为使仪表具有均匀刻度的读数，常用一条拟合直线近似地代表实际的特性曲线。线性度（非线性误差）就是这个近似程度的一个性能指标。

拟合直线的选取有多种方法。例如，将零输入和满量程输出点相连的理论直线作为拟合直线，或将与特性曲线上各点偏差的平方和为最小的理论直线作为拟合直线，此拟合直线称为最小二乘法拟合直线。

线性度与拟合直线为基准，同样的传感器数据，采用不同的拟合直线计算方式会得到不同的线性度指标。选择拟合直线主要以获得最小的非线性误差和计算简便为主。

（2）灵敏度

灵敏度是指传感器在稳态工作情况下输出量增量 Δy 与输入量增量 Δx 的比值，常用 S_n 表示，即

$$S_n = \frac{\Delta y}{\Delta x}$$

灵敏度是输出/输入特性曲线的斜率。如果传感器的输出与输入之间成线性关系，则灵敏度是一个常数。否则，它将随输入量的变化而变化。传感器的灵敏度如图 1.1.7 所示。

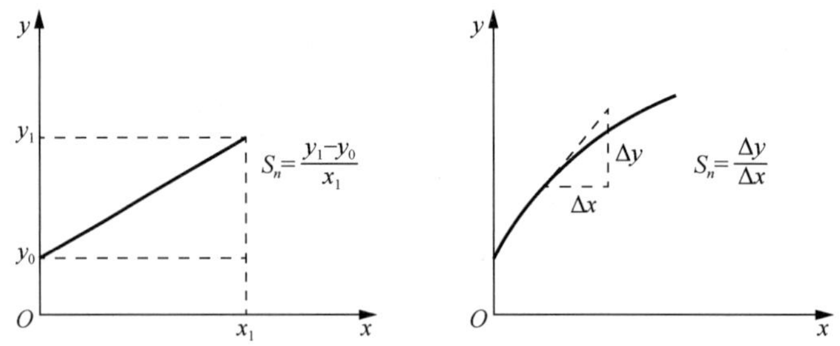

（a）线性关系的灵敏度　　（b）非线性关系的灵敏度

图 1.1.7　传感器的灵敏度示意图

灵敏度的量纲是输出量与输入量的量纲之比。例如，某位移传感器，在位移变化 1mm 时，输出电压变化为 200mV，则其灵敏度应表示为 200mV/mm。当传感器的输出量与输入量的量纲相同时，灵敏度可理解为放大倍数。提高灵敏度，可得到较高的测量精度，但灵敏度越高，测量范围越窄，稳定性也往往越差。

（3）分辨力与分辨率

分辨力是指传感器可感受到的被测量的最小变化的能力。也就是说，如果输入量从某一非零值缓慢地变化，当输入量变化值未超过某一数值时，传感器的输出不会发生变化，即传感器对此输入量的变化是分辨不出来的。只有当输入量的变化超过此数值时，其输出才会发生变化，此数值就是该传感器的分辨力。通常传感器在满量程范围内各点的分辨力并不相同，因此常用满量程中能使输出量产生阶跃变化的输入量中的最大变化值作为衡量分辨力的指标。上述指标若用满量程的百分比表示，则称为分辨率。

传感器的分辨率是在规定测量范围内所能检测输入量的最小变化量 $\Delta x_{\min}$，有时也用该值相对满量程输入的百分数 $\left(\frac{\Delta x_{\min}}{x_{\mathrm{FS}}} \times 100\%\right)$ 表示。

（4）重复性

重复性是指在同一工作条件下，输入量按同一方向在全测量范围内连续变化多次所得特性曲线的不一致性。从误差的性质讲，重复性误差属于随机误差。多次按相同输入条件测试的输出特性曲线越重合，其重复性越好，误差也越小。

图 1.1.8 所示的正向行程（输入量增大）中最大重复性偏差为ΔR_{max1}，反向行程（输入量减小）的最大重复性偏差为ΔR_{max2}，重复性极限误差为这两个偏差中较大的ΔR_{max}除以满量程输出值y_{FS}的白分比，通常使用E_x表示，即

$$E_x = \pm \frac{\Delta R_{max}}{y_{FS}} \times 100\%$$

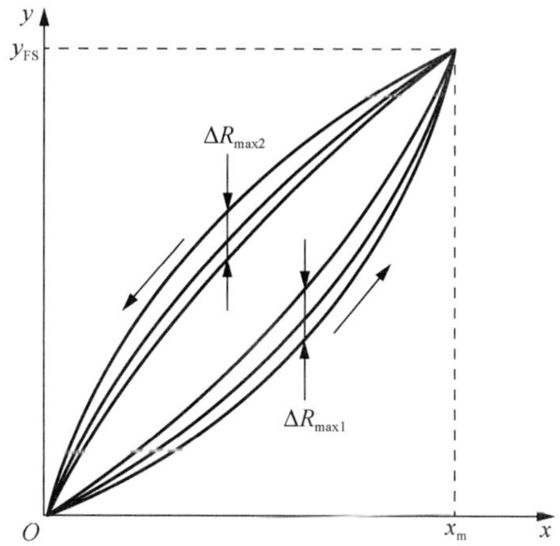

图 1.1.8　传感器的重复性示意图

（5）迟滞

迟滞特性是传感器在正向行程和反向行程期间，输出/输入特性曲线不重合的程度。

在外界条件不变的情况下，当输入量由小变大和由大变小时，仪表对于同一输入量所给的两个相应输出值不相等，二者在全行程范围内的最大差值即为迟滞。如图 1.1.9 所示，其数值为对应同一输入量的正向行程和反向行程输出值间的最大偏差ΔH_{max}与满量程输出值y_{FS}的百分比，用γ_H表示为

$$\gamma_H = \pm \frac{\Delta H_{max}}{y_{FS}} \times 100\%$$

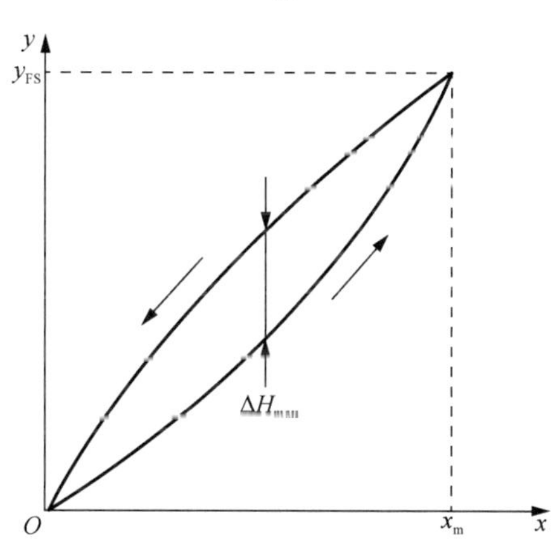

图 1.1.9　传感器的迟滞特性示意图

（6）漂移

传感器的漂移是指在外界干扰下，输出量发生与输入量无关的、不需要的变化。产生漂移的原因有两个方面：一是传感器自身结构参数；二是周围环境（如温度、湿度等）。

漂移包括零点漂移（零漂）和灵敏度漂移等。零点漂移是传感器在无输入（或输入值不变）时，每隔一段时间进行读数，其输出值偏离零值（或原指示值）的现象，即

$$零漂=\frac{\Delta Y_0}{y_{FS}}\times 100\%$$

式中，ΔY_0 为最大零点偏差（或相应偏差）。

零点漂移或灵敏度漂移又可分为时间漂移和温度漂移（温漂）。时间漂移是指在规定的条件下，零点或灵敏度随时间的缓慢变化。温度漂移为环境温度变化而引起的零点或灵敏度的漂移程度，一般以温度变化1℃时，输出最大偏差与满量程的百分比表示。

（7）稳定性

稳定性是指传感器使用一段时间后，其性能保持不变的能力。影响传感器长期稳定性的因素除传感器本身的结构外，主要是传感器的使用环境。因此，要使传感器具有良好的稳定性，传感器必须要有较强的环境适应能力。在选择传感器之前，应对其使用环境进行调查，并根据具体的使用环境选择合适的传感器，或采取适当的措施，减小环境的影响。

2．传感器的动态特性

动态特性是指传感器对随时间变化的输入量的响应特性。

很多传感器要在动态条件下检测，被测量可能以各种形式随时间变化。只要输入量是时间的函数，那么其输出量也将是时间的函数，其间关系要用动态特性来说明。设计传感器时，要根据其动态性能要求与使用条件选择合理的方案和确定合适的参数；使用传感器时，要根据其动态特性与使用条件确定合适的使用方法，同时对给定条件下的传感器动态误差做出估计。传感器的动态特性一方面取决于传感器本身，另一方面也与被测量的输入形式有关。总之，动态特性是传感器性能的一个重要方面，对其进行研究与分析十分必要。

（1）规律性

1）周期性：正弦周期输入、复杂周期输入；

2）非周期性：阶跃输入、线性输入、其他瞬变输入。

（2）随机性

1）平稳：多态历经过程、非多态历经过程；

2）非平稳的随机过程。

在研究动态特性时，通常只能根据规律性的输入来考虑传感器的响应。因为复杂周期输入信号可以分解为各种谐波，所以可用正弦周期输入信号来代替。其他瞬变输入不及阶跃输入来得严峻，可用阶跃输入代表。因此，标准输入只有三种：正弦周期输入、阶跃输入和线性输入，经常使用的是前两种。

知识 1.1.4 传感器的典型应用

随着新技术革命的到来，世界已开始进入信息时代，传感器是构成现代信息技术的三大支柱之一。人们在利用信息的过程中，首先要获取信息，而传感器是获取信息的主要手段和途径。

目前传感器涉及的领域有现代大工业生产、基础学科研究、宇宙开发、海洋探测、军事国防、环境保护、资源调查、医学诊断、智能建筑、汽车、家用电器、生物工程、商检质检、公共安全甚至文物保护等。传感器在部分领域的具体作用如下。

现代大工业生产领域：用于质量监控、自动检测，以及控制过程的四大参量，即流量、压力、温度、液位的控制。

基础学科研究领域：用于超高温、超高压、超低温、超高真空、超强磁场等非常规状态的基础科学检测。

航空航天宇宙飞船：用于飞行的速度、加速度、位置、姿态、温度、气压、磁场、振动等的测量。

知识 1.1.5 传感器的发展趋势

随着各种控制系统对自动化程度、复杂性及环境适应性（如高温、高速、野外、地下、高空等）的要求越来越高，需要获取的信息量也越来越多，这不仅对传感器测量精度、响应速度、可靠性提出了很高的要求，而且需要信号远距离传输。显然，传统的传感器已很难满足要求，因此，集成化、微型化、智能化、网络化传感器将成为传感器的主流和方向，纳米、仿生等新技术的应用也使传感器走在了科技前沿。

（1）传感器的集成化

集成传感器是利用半导体的真空镀膜技术、扩散技术、光刻技术、精密加工技术和密封技术等将单个或多个敏感元件、信息转换单元、调理单元和电源等电路制作在同一个芯片上，实现多功能化发展的传感器，如集成温度传感器、多功能气体传感器等。

（2）传感器的微型化

微传感器是在一种具有重大影响的核心技术——微电子机械加工技术（micro electro mechanical technology，MEMT）的支撑下提出的。它具有体积微小、成本低、可靠性高等独特优点。微传感器系统具有数字接口、自检、EPROM（erasable programmable read-only memory，可擦除可编程只读存储器）（CPU）、数字补偿和总线兼容等功能，系统各部件的组装工艺均采用 MEMT。例如，一个压力成像微系统含有 1024 个微型压力传感器；传感器之间的距离为 250μm，每个压力膜片的尺寸为 50μm×50μm，整个膜片的尺寸仅为 10mm×10mm。信号处理单元提供信号放大、零点校正功能。所有部件均采用互补金属氧化物半导体（complementary metal oxide semiconductor，CMOS）工艺集成在同一芯片上。

世界各国对微型电子机械系统（micro electro mechanical system，MEMS）给予了极高的重视，微型惯性、微型流量控制传感器和微型生态芯片、微型挡板、微型阀门和微型泵等微型制动器等都将进入市场。相信随着传感器技术、固态技术、微电子技术、计算技术等学科的飞速发展，一种精度高、驱动低、可靠性高、功耗低、占用空间小、质量轻和响应快速的崭新的微型电子机械系统的传感器即将面世。

（3）传感器的智能化、网络化

智能传感器系统是具有微处理器单元的集成芯片，它具有自检测、自补偿、自校正、自诊断、远程设定、状态组令、信息存储和记忆等功能。信息技术的发展，特别是计算机网络技术的不断进步，对智能传感器的通信功能提出了新的要求。

为了实现信息的采集、处理和传输的协同和统一，将计算机网络技术和智能传感器技术有机结合就成为必要。

智能传感器网络发展大致经历了三个阶段：

第一代传感器网络是由传统传感器组成的点到点输出的测控系统。它采用二线制 4～20mA 电流和 1～5V 电压标准，其缺点是布线复杂、抗干扰性差，虽然目前仍广泛应用，但最终将会被淘汰。

第二代传感器网络是基于智能传感器的测控网络。它的信号传输方式与第一代基本相同，随着现场采集的信息量不断增加，在集散控制系统（distributed control system，DCS）中，数据通信标准 RS232、RS485 等被广泛应用。但智能传感器与控制设备之间仍然采用传统的模拟电流或电压信号通信。

第三代智能传感器网络是基于现场总线（field bus）的智能传感器网络。现场总线是连接智能化现场设备和控制室的全数字式、开放式、双向的通信网络。现场总线的不断发展和基于现场总线通信协议的智能传感器的广泛应用，使智能传感器的通信技术进入局部测控网络阶段，其局部测控网络通过网关和路由器可以实现与 Internet 相连。现场总线技术的发展最终将导致现场总线控制系统（field bus control system，FCS）取代传统的集散控制系统。

（4）传感器的信息融合技术

美国空军技术学院在利用信息融合方法检验运动目标的研究工作中选用了前视红外传感器和距离传感器，将近100幅的前视红外图像和数十幅距离图像进行信息融合和比较分析，采用特征级融合分析方法和贝叶斯最小误差分类准则，使运动目标检测准确率大大提高。

（5）纳米技术

对先进的纳米技术的研究可能导致纳米机械装置和传感器的产生，而纳米技术的发展，可能导致许多领域产生突破性进展。纳米材料是由纳米级的超细微粒经压制烧结而成的，被认为是完全纯净的、结构上没有缺陷的，且具有抗紫外线、抗红外线、抗可见光、抗电磁干扰等奇异功能。纳米电子技术和纳米制造技术的发展，促进了纳米传感器的诞生，它必将极大地丰富传感器的理论，推动传感器的制造水平，拓宽传感器的应用领域。

（6）仿生传感器

仿生学、传感器学、计算科学的联合应用使得仿生传感器取得了重大进展。仿生传感器是跨学科的科学，它着眼于保健、环境、农业和食品工业的检测需求。另外，人类将微电子、光电子、生物化学、信息处理等各学科及各种新技术互相渗透和综合利用，又研制出了一批新颖的、先进的传感器，如光纤传感器、超导传感器、焦平面阵列红外探测器、生物传感器、诊断传感器、智能传感器、基因传感器及模糊传感器等。

市场上增长最快的是汽车市场，居第二位的是过程控制市场，前景看好的是通信市场，位于汽车工业之后的是家居类和消费类电子产品。信息技术促进了消费类传感器产品的批量生产，如用于集团电话和无绳电话的超声传感器，用于磁存储介质的磁场传感器等都将出现强势增长，特别是用于局域网的便携式光探测器将以更快的速度增长。

世界传感器市场在不断的变化创新中呈现快速增长之势。传感器领域的主要技术将在现有基础上延伸和提高，各国也在竞相加速新一代传感器的开发和产业化，竞争将日益激烈。

可编程逻辑控制器（programmable logic controller，PLC）的主要功能是取代传统继电器，执行逻辑、计时和计数等顺序控制功能，建立一种柔性的程序控制系统。作为通用工业控制计算机，PLC 从无到有，功能从弱到强，应用领域从小到大，目前，它已经占据了工业生产自动化三大支柱（PLC、机器人、计算机辅助设计与制造）的首位。

工作手册

传感器认知工作手册如下。

姓名：	学号：	班级：	日期：

1.1　传感器认知工作手册

课堂笔记

任务接收

表 1-1-1　任务分配表

序号	角色	姓名	学号	分工
1	组长			
2	组员			
3	组员			
4	组员			
5	组员			
6	组员			

任务准备

表 1-1-2　工作方案设计表

序号	工作内容	负责人
1		
2		
3		
4		
5		

姓名：	学号：	班级：	日期：

表 1-1-3　实训设备、工具与耗材清单

序号	名称	型号与规格	数量	备注
1				
2				
3				
4				
5				
6				
7				
			领取人：	归还人：

任务实施

1）统计实验室现有传感器，上网查询其工作原理，按测量原理将传感器进行分类并做介绍。

____

____

____

____

____

____

____

2）请根据硬件电路连接表，画出硬件连接图，要求布局合理，线不交叉，有完整标识。

负责人：	验收签字：

课堂笔记

姓名：	学号：	班级	日期：

3）请根据实验，填写实验数据表。

表 1-1-4　实验数据表

序号	温度/℃		相对湿度/%	
	环境值	测量值	环境值	测量值
1				
2				
3				
4				
5				

4）请根据实验数据表及环境的实际情况分析影响温度值的因素有哪些，并做简要说明。

表 1-1-5　影响温度值的因素

序号	影响因素	简要说明
1		
2		
3		

5）描述任务实施过程中产生的错误，并分析原因。

表 1-1-6　实训产生错误的原因分析

序号	问题描述	产生原因	是否解决
1			
2			
3			
4			

任务验收

表 1-1-7　任务评分表

任务内容	评价标准	分值	自评	小组互评	教师评价
传感器认知实训	按测量原理进行正确的分类，并简要说明其理由	40			
	正确连接电路，完成环境温湿度的采集	30			
	分析影响温度值的因素，并做简要说明	30			
总分		100			

课堂笔记

姓名：	学号：	班级：	日期：

任务反馈

表 1-1-8 任务反馈表

序号	评价项目	自评	教师评价
1	任务是否按时按质完成		
2	理论知识是否掌握		
3	实际操作是否合规、安全		
4	作品质量		
5	小组成员是否协作有序		

自己及组内成员需要改进的地方：

____

____

____

____

课堂笔记

任务拓展

通过学习传感器的特性，根据实际环境温度值及测量的环境温度值，利用传感器的特性对温湿度传感器测量的温度进行补偿计算。

表 1-1-9 实验数据表 单位：℃

序号	环境原始温度值	补偿后的温度值
1		
2		
3		
4		
5		

任务 1.2 误差认知及处理

任务描述

利用温度传感器模块上 NTC（negative temperature coefficient，负温度系数）热敏电阻温度传感器测量环境温度，并通过调节温度源进行静态标定。

任务准备

温度传感器模块（图 1.2.1）1 个、温度源（图 1.2.2）1 个、3.5 英寸液晶显示屏终端 1

个、STM32F407 核心板 1 个、STM32F407 核心板电源适配器（5V/3A）1 个、示波器 1 个、万用表 1 个、20P 排线 2 条、杜邦线若干。

图 1.2.1　温度传感器模块

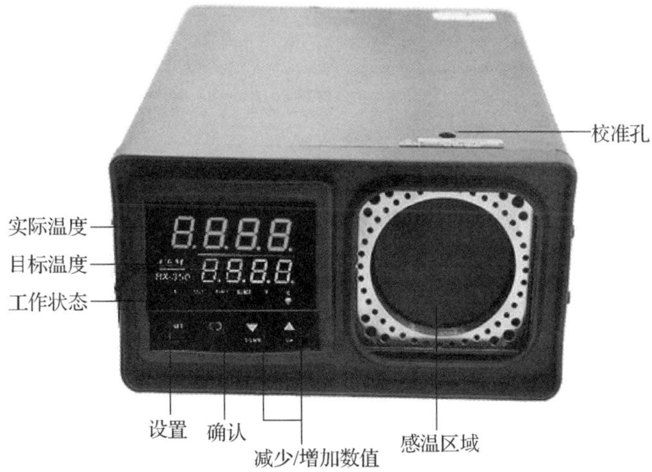

图 1.2.2　温度源

任务实施

1）按表 1.2.1 连接硬件电路，并检测各电路连接的正确性，确保无误后通电，然后下载驱动程序，在温度传感器模块的数码管上将会显示环境的温度值。

表 1.2.1　STM32F407 核心板与温度传感器模块连线

STM32F407 核心板	温度传感器模块
PA3	OUT
PB0～PB7	Pdp～Pa
PB8	A
PB9	B
PB10	C

使用 20P 排线将核心板 PB 端口与温度传感器模块 J3 端口相连。

2）设定恒温箱的参数，布置好热敏电阻测量点的位置，注意该测量点与表 1.2.2 中被测温度的测量点保持一致。NTC 热敏电阻传感器的应用电路如图 1.2.3 所示，温度传感器模块的数码管电路如图 1.2.4 所示。

3）进行静态标定，并记录数据。从 30℃到 69℃，每 3℃逐一标定，每次记录三个数据，达到所测温度点时，为了减小误差，可使热敏电阻处于热交换平衡状态，在测量时要求待数据稳定一段时间后再记录数据。总共进行三次正、反向行程的测量，并将测量结果填入表 1.2.2 中。

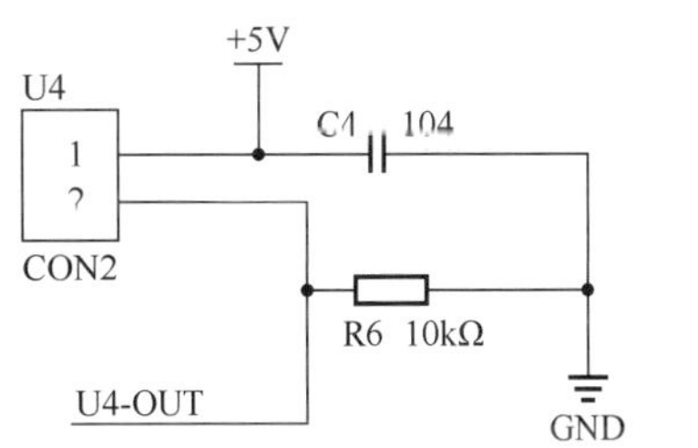

图 1.2.3　NTC 热敏电阻传感器的应用电路

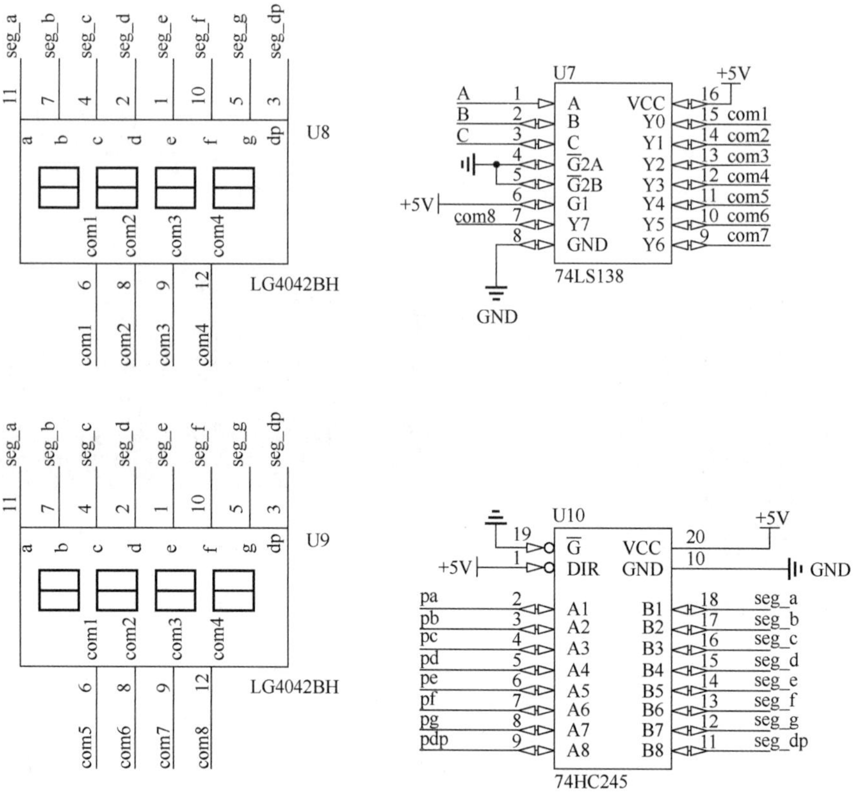

图 1.2.4　温度传感器模块的数码管电路

表 1.2.2　静态原始数据表

温度/℃	第一组数据		第二组数据		第三组数据	
	正向行程/V	反向行程/V	正向行程/V	反向行程/V	正向行程/V	反向行程/V
30						
33						
36						
39						
42						
45						
48						
51						
54						
57						
60						
63						
66						
69						

注：利用万用表测量电路中 U4-OUT 处，即可获得表中电压。

4）计算出传感器静态特性中任意一个指标。

5）采用不同数据处理方法对传感器特性进行非线性补偿，并比较补偿结果，分析误差原因。

任务评价

任务实施后，完成表 1.2.3。

表 1.2.3　任务评价表

任务内容	评价标准	分值	自评	小组互评	教师评价
误差认知及处理实训	正确连接电路，完成静态原始数据的测量	40			
	计算出传感器静态特性中任意一个指标	20			
	采用不同数据处理方法对传感器特性进行非线性补偿	20			
	比较补偿结果，并分析误差原因	20			
总分		100			

拓展训练

学习传感器的标定方式，选用一种动态标定方法对压电式加速度传感器进行灵敏度的标定。

知识链接

知识 1.2.1　传感器的测量误差

微课：传感器的标定与误差理论

微课：检测系统的构成

除传感器特性会产生误差外，测量时也会产生误差。测量的目的是获取被测量的真值。但由于种种原因，如传感器本身性能不十分优良、测量方法不十分完善、外界干扰的影响等，会造成被测参数的测量值与真值不一致，两者的不一致程度用测量误差表示。

测量误差就是测量值与真值之间的差值，它反映了测量质量的好坏。

测量的可靠性至关重要，不同场合对测量结果可靠性的要求也不同。例如，在量值传递等场合，应保证测量结果有足够的准确度；在测量的值用作控制信号的场合，则要注意测量的稳定性和可靠性。因此，测量结果的准确程度应与测量的目的与要求相联系、相适应。那种不惜工本、不顾场合，一味追求越准越好的做法是不可取的，应具备技术与经济兼顾的意识。

1．测量误差的表示方法

测量误差的表示方法有多种，含义各异。

（1）绝对误差

绝对误差用 D 表示，定义为

$$D = X - L$$

式中，X为测量值；L为真值。

对测量值进行修正时，要用到绝对误差。修正值是与绝对误差大小相等、符号相反的值，实际值等于测量值加上修正值。

采用绝对误差表示测量误差，不能很好地说明测量质量的好坏。例如，在温度测量时，若绝对误差 D=1℃，则对体温测量来说是不允许的，而对钢水温度测量来说却是一个极好的测量结果。

（2）相对误差

相对误差用d_L表示，一般为百分数，定义如下：

$$d_L = \frac{D}{L} \times 100\%$$

式中，D为绝对误差；L为真值。

由于被测量的真值L无法知道，所以实际测量时，真值常用精度高一级的标准器具的测量指示值作为实际值X代替真值L进行计算，这个相对误差称为实际相对误差，即

$$d_X = \frac{D}{X} \times 100\%$$

（3）引用误差

引用误差是仪表中通用的一种误差表示方法，它是相对仪表满量程的一种误差，用 g 表示，一般也用百分数表示，即

$$g = \frac{D}{\text{测量范围上限} - \text{测量范围下限}} \times 100\%$$

式中，D为绝对误差。

仪表精度等级是根据引用误差来确定的。例如，0.5 级表的引用误差的最大值不超过±0.5%，1.0 级表的引用误差的最大值不超过±1%。

（4）基本误差

基本误差是指仪表在规定的标准条件下所具有的误差。例如，仪表是在电源电压(220±5)V、电网频率(50±2)Hz、环境温度(20±5)℃、相对湿度 65%±5%的条件下标定的。如果这台仪表在这个条件下工作，则仪表所具有的误差为基本误差。测量仪表的精度等级就是由基本误差决定的。

（5）附加误差

附加误差是指当仪表的使用条件偏离额定条件时出现的误差，如温度附加误差、频率附加误差、电源电压波动附加误差等。

2．误差的分类

根据测量数据中的误差所呈现的规律，误差可分为三种：系统误差、随机误差和粗大误差。这种分类方法便于测量数据的处理。

1）系统误差。在相同条件下，多次测量同一物理量时，误差的绝对值和符号保持恒定或遵循一定规律变化的误差称为系统误差。产生系统误差的主要原因有仪器误差、使用误差、影响误差、方法和理论误差。消除系统误差主要应从消除产生误差的来源着手，多用

零示法、补偿法等，用修正值是减小系统误差的一种好方法。

2）随机误差。在相同条件下进行多次测量，每次测量结果出现无规则的随机性变化的误差称为随机误差。随机误差主要由外界干扰等原因引起，可以采用多次测量取算术平均值的方法来消除随机误差。

3）粗大误差。在一定条件下，测量结果明显偏离真值时所对应的误差称为粗大误差。产生粗大误差的原因有读错数、测量方法错误、测量仪器有缺陷等，其中人为误差是主要的原因，可通过提高测量者的责任心和对测量者加强培训等方法来减小粗大误差。

知识 1.2.2　传感器的标定

传感器的标定就是利用精度高一级的标准器具对传感器进行定度的过程，从而确立传感器输出量和输入量之间的对应关系，同时也确定不同使用条件下的误差关系。

工程测量中传感器的标定，应在与其使用条件相似的环境下进行。为获得尽可能高的标定精度，应将传感器及其配用的电缆（尤其像电容式、压电式传感器等）、放大器等测试系统一起标定。根据系统的用途，输入可以是静态的也可以是动态的，因此传感器的标定有静态标定和动态标定两种。

为了保证各种被测量值的一致性和准确性，很多国家建立了一系列计量器具（包括传感器）检定的组织、规程和管理办法。我国于 1985 年 9 月公布了《中华人民共和国计量法》（已于 2018 年 10 月公布修订版）。

1．静态标定

传感器静态指标主要是线性度、灵敏度、迟滞和重复性。传感器的静态特性是在静态标准条件下进行标定的，主要用于检验、测试其静态特性指标。静态标准条件主要包括没有加速度、振动、冲击（除参数本身是被测量），环境温度一般为室温(20±5)℃、相对湿度不大于 85%，气压为(101±7.999)kPa 等条件。

静态标定须遵循一定的程序，其步骤如下：

1）将传感器全量程（测量范围）分成若干等间距点。

2）根据传感器量程分点情况，由小到大、逐点递增输入标准量值，并记录与各点输入值相对应的输出值。

3）将输入量值由大到小、逐点递减，同时记录与各点输入值相对应的输出值。

4）按步骤 2）、3）所述过程，对传感器进行正、反向行程往复循环多次（一般为 3～10 次）测试，将得到的输出/输入测试数据用表格列出或画成曲线。

5）对测试数据进行必要的处理。输入已知标准非电量，测出传感器的输出，给出标定曲线、标定方程和标定常数，从而计算灵敏度、线性度、迟滞、重复性等静态特性指标。

2．动态标定

传感器的动态标定就是通过实验得到传感器的动态性能指标。动态技术指标主要是研究传感器的动态响应，而与动态响应有关的参数，一阶传感器只有一个时间常数 τ，二阶传感器则有自然振荡频率 ω_n 和阻尼比 ξ 两个参数。

确定这些参数的方法常因传感器的形式（如电的、机械的、气动的等）不同而不完全一样，但从原理上一般可分为阶跃信号响应法、正弦信号响应法、随机信号响应法和脉冲信号响应法等，其中最常用的是测量传感器的阶跃信号响应法。

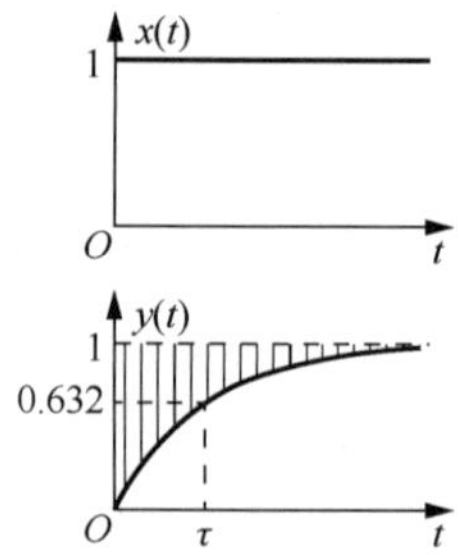

图 1.2.5　时间常数τ的确定

（1）阶跃信号响应法

测量一阶传感器的阶跃响应，当输出值达到稳态值的 63.2%时所经历的时间即为它的时间常数τ，如图 1.2.5 所示。

但这样确定时间常数实际上没有涉及响应的全过程，测量结果的可靠性仅取决于某些个别的瞬时值。为获得更可靠的结果常采用下面的方法。

1）一阶传感器的阶跃响应为

$$y(t)=1-\mathrm{e}^{-\frac{t}{\tau}}$$

令$Z=-\frac{t}{\tau}$，得

$$Z=\ln[1-y(t)]$$

根据测得的输出信号$y(t)$可求出对应的Z，作出Z–t曲线，如图 1.2.6 所示，则时间常数为

$$\tau=-\frac{\Delta t}{\Delta Z}$$

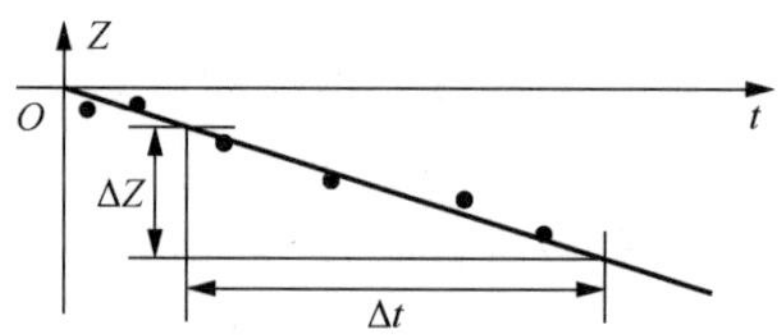

图 1.2.6　一阶传感器时间常数的确定

这种方法考虑了瞬态响应的全过程，具有较高的可靠性。另外，还可根据Z–t曲线与直线的符合程度判断传感器与一阶传感器的符合程度。

2）二阶传感器阻尼比ξ和固有频率ω_{n}的确定。

二阶传感器一般设计成阻尼比ξ为 0.6～0.8 的欠阻尼系统。阶跃输入时，典型的欠阻尼二阶传感器的瞬态响应是以阻尼角频率ω_{d}做衰减振荡的。阻尼角频率ω_{d}为

$$\omega_{\mathrm{d}}=\sqrt{1-\xi^2}\,\omega_{\mathrm{n}}$$

则$y(t)$为

$$y(t)=1-\frac{\mathrm{e}-\xi\omega_{\mathrm{n}}t}{\sqrt{1-\xi^2}}\sin\left(\omega_{\mathrm{d}}t+\arctan\frac{\sqrt{1-\xi^2}}{\xi}\right)$$

根据

$$\sigma\%=\frac{\mathrm{e}^{-\pi\xi}}{\sqrt{1-\xi^2}}\times 100\%$$

$$\sigma\%=\frac{h(t_{\mathrm{p}})-h(\infty)}{h(\infty)}\times100\%$$

得过调量 M 与阻尼比 ξ 的关系为

$$M=\mathrm{e}^{-\xi\pi\sqrt{1-\xi^2}}$$

所以测出过调量 M，即可得阻尼比 ξ 为

$$\xi=\sqrt{\frac{1}{1+\left(\frac{\pi}{\ln M}\right)^2}}$$

由某时刻 $t_{\mathrm{p}}=\frac{\pi}{\omega_{\mathrm{d}}}$，可得

$$\omega_{\mathrm{n}}=\frac{\pi}{t_{\mathrm{p}}\sqrt{1-\xi^2}}$$

（2）正弦信号响应法

首先测量传感器正弦稳态响应的幅值和相角，然后得到稳态正弦输出信号与输入信号的幅值比和相位差。逐渐改变输入正弦信号的频率，重复前述过程，即可得到幅频和相频特性曲线。由幅频和相频特性曲线即可确定传感器的动态特性参数。

1）一阶传感器时间常数 τ 的确定。

将一阶传感器的频率特性曲线绘成伯德图，则其对数幅频曲线下降3dB处所对应的角频率 $\omega_0=\frac{1}{\tau}$，由此可确定一阶传感器的时间常数 τ。因为一阶传感器的幅频特性为

$$A(\omega)=\frac{1}{\sqrt{1+(\omega\tau)^2}}$$

当 $\omega_0=\frac{1}{\tau}$ 时，$A(\omega)$ 下降3dB。

2）二阶传感器阻尼比 ξ 和固有频率 ω_{n} 的确定。

在欠阻尼情况下，从曲线上可以测得三个特征量，即零频增益 $A(0)$、谐振频率增益 $A(\omega_{\mathrm{r}})$ 和谐振频率 ω_{r}。根据

$$A(\omega)=\frac{1}{\sqrt{\left[1-\left(\frac{\omega}{\omega_{\mathrm{n}}}\right)^2\right]^2+\left(2\xi\frac{\omega}{\omega_{\mathrm{n}}}\right)^2}}$$

令

$$\frac{\mathrm{d}A(\omega)}{\mathrm{d}\omega}=0$$

得

$$\omega_{\mathrm{r}}=\omega_{\mathrm{n}}\sqrt{1-2\xi^2}$$

将 ω_{r} 代入 $A(\omega)$，得

$$A(\omega_{\mathrm{r}})=\frac{1}{2\xi\sqrt{1-\xi^2}}$$

从而便可确定 ξ 和 ω_n 。

虽然从理论上来讲，也可通过传感器的相频特性曲线确定 ξ 和 ω_n ，但是一般来说准确的相角测试比较困难，所以很少这样做。

工作手册

误差认知及处理工作手册如下。

姓名：	学号：	班级：	日期：

1.2　误差认知及处理工作手册

课堂笔记

任务接收

表 1-2-1　任务分配表

序号	角色	姓名	学号	分工
1	组长			
2	组员			
3	组员			
4	组员			
5	组员			
6	组员			

任务准备

表 1-2-2　工作方案设计表

序号	工作内容	负责人
1		
2		
3		
4		
5		

姓名：	学号：	班级：	日期：

表 1-2-3　实训设备、工具与耗材清单

序号	名称	型号与规格	数量	备注
1				
2				
3				
4				
5				
6				
7				
领取人：　　归还人：				

任务实施

1）请根据硬件电路连接表，画出硬件连接图，要求布局合理，线不交叉，且有完整标识。

负责人：	验收签字：

2）设定恒温箱的参数，布置好热敏电阻测量点的位置，注意该测量点与表 1-2-4 中被测温度的测量点保持一致。

表 1-2-4　静态原始数据表

温度/℃	第一组数据		第二组数据		第三组数据	
	正向行程/V	反向行程/V	正向行程/V	反向行程/V	正向行程/V	反向行程/V
30						
33						
36						
39						
42						
45						

课堂笔记

姓名：	学号：	班级：	日期：

续表

温度/℃	第一组数据		第二组数据		第三组数据	
	正向行程/V	反向行程/V	正向行程/V	反向行程/V	正向行程/V	反向行程/V
48						
51						
54						
57						
60						
63						
66						
69						

注：利用万用表测量电路中 U4-OUT 处，即可获得表中电压。

3）进行静态标定，并记录数据。从 30℃到 69℃，每 3℃逐一标定，每次记录三个数据，达到所测温度点时，为了减小误差，可使热敏电阻处于热交换平衡状态，在测量时要求待数据稳定一段时间后再记录数据。总共进行三次正、反向行程的测量。

4）计算出传感器静态特性中任意一个指标。

课堂笔记

5）采用不同数据处理方法对传感器特性进行非线性补偿，并比较补偿结果，分析误差原因。

表 1-2-5　误差因素表

序号	误差因子	简要说明
1		
2		
3		

6）描述任务实施过程中产生的错误，并分析原因。

表 1-2-6　实训产生错误的原因分析

序号	问题描述	产生原因	是否解决
1			
2			
3			

姓名：	学号：	班级：	日期：

任务验收

表 1-2-7　任务评分表

任务内容	评价标准	分值	自评	小组互评	教师评价
误差认知及处理实训	正确连接电路，完成静态原始数据的测量	40			
	计算出传感器静态特性中任意一个指标	20			
	采用不同数据处理方法对传感器特性进行非线性补偿	20			
	比较补偿结果，并分析误差原因	20			
总分		100			

任务反馈

表 1-2-8　任务反馈表

序号	评价项目	自评	教师评价
1	任务是否按时按质完成		
2	理论知识是否掌握		
3	实际操作是否合规、安全		
4	作品质量		
5	小组成员是否协作有序		

自己及组内成员需要改进的地方：

____

____

____

任务拓展

学习传感器的标定方式，选用一种动态标定方法对压电式加速度传感器进行灵敏度的标定。

课堂笔记

项目2 传感器在生产流水线上的应用

◎ **项目引入**

2012年，美国提出“工业互联网”；2013年，德国提出“工业4.0”；2015年，中国提出“中国制造2025”。在工业物联网、AR（augmented reality，增强现实）、云计算等技术热潮下，全球众多优秀制造企业都开始建设智慧工厂，实现自动化、信息化和智能化的智慧工厂是未来工业制造的发展趋势。

提到智慧工厂，人们首先想到的是自动化、智能化、工业机器人、工业物联网等概念。传感器为智慧工厂提供触觉，是实现自动检测和自动控制的首要环节。例如，一个小巧多功能的空气质量传感器，可实时监测工地、工程车辆、工厂四周的空气状况，继而方便地提取污染源数据并上传；在蔬菜大棚里装上传感器，棚内的空气温度、土壤相对湿度、光照度都可以被看得一清二楚，农户再也不用单凭经验和感觉种地；有了传感器这只“眼睛”，小区物业人员在手机上便能实现设施24小时监管，水箱有异味、电压不稳定、摄像头出了问题，传感器都会在第一时间发送预警信息，大大提高了管理效率……科技正在使我们的生活智能化、智慧化，而传感器就是这座“桥梁”。

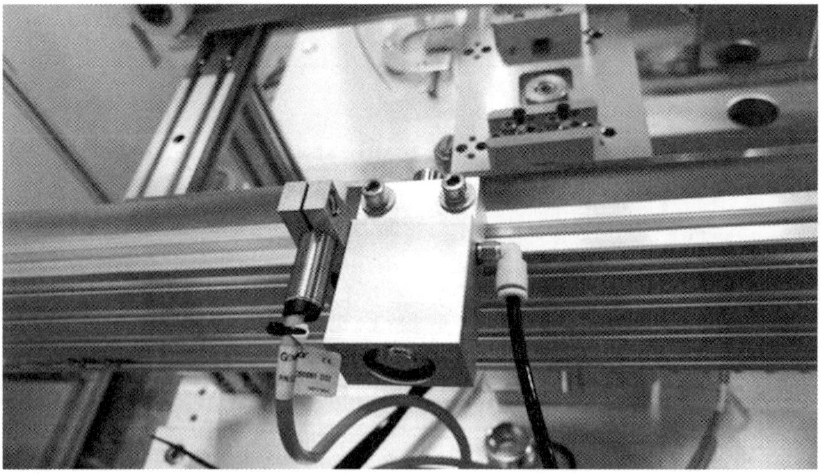

接近传感器到位检测应用于生产线

◎ 学习目标

知识目标	1．了解接近传感器、位移传感器、图像传感器和力敏传感器的基本结构和基本特性； 2．了解接近传感器、位移传感器、图像传感器和力敏传感器在生产流水线上的应用； 3．熟练掌握接近传感器、位移传感器、图像传感器和力敏传感器的工作原理与应用方法
能力目标	1．能正确选择并熟练使用通用电子仪器、仪表及辅助设备； 2．具备常用电子元器件的识别和检测能力； 3．具备分析电路功能，并使用专用仪表检测电路参数、调试电路、检修电路故障的能力； 4．培养分析问题与解决问题的能力，培养终身学习的能力
思政与素养目标	1．树立责任意识和质量意识； 2．发扬团结互助的团队精神和精益求精的工匠精神； 3．培养严谨、客观、认真分析问题的职业能力

◎ 思维导图

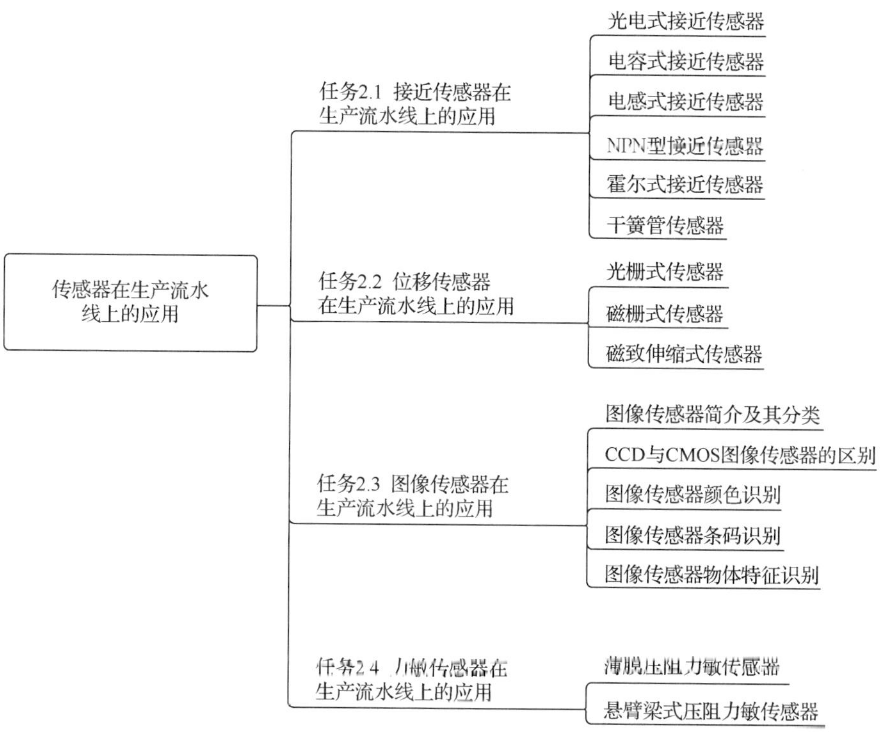

任务 2.1

接近传感器在生产流水线上的应用

任务描述

本任务要求利用接近传感器完成一个流水线零件计数器，计数值可在 3.5 英寸液晶显示屏终端上显示。通过学习了解接近传感器的工作特性与工作原理，完成接近传感器的接近检测和计数功能，模拟实现接近传感器在生产流水线上的应用（图 2.1.1）。

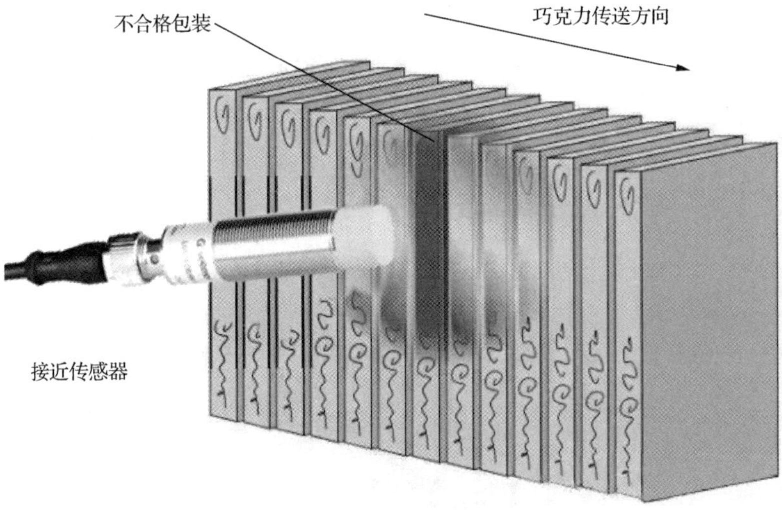

图 2.1.1　接近传感器的应用

机械化生产制造催生了对自动包装技术的需求，人工包装的方式已远远不能满足批量生产作业。自动包装机械能够在控制系统的引导下完成一系列物品的包装工艺流程，提高了产品包装效率，降低了包装成本，但免不了会出现纰漏。因此，自动包装检测就成为保证包装质量的一个重要环节。其中对于包装过程中含铁磁类物质的情况，利用接近传感器进行非接触检测是常采用的一种方式。

接近传感器内部含有能产生交变磁场的线圈，当被检测铁磁物处于该环境下时，会因电磁感应原理作用而在内部形成涡电流。当涡电流所产生的磁场足够大时就会反过来改变接近传感器原有电路参数，从而产生信号输出。因此，利用接近传感器能识别附近一定范围内是否存在含磁性或者易磁化的物质。在一些自动包装过程中，如巧克力金属箔纸包装，通过接近传感器对磁性物质存在性的检测，可以判断是否出现包装错误或工序遗漏的不合格产品，进而提高包装质量。

任务准备

金属探测传感器模块（图 2.1.2）1 个、3.5 英寸液晶显示屏终端 1 个、STM32F407 核心板 1 个、STM32F407 核心板电源适配器（5V/3A）1 个、示波器 1 个、万用表 1 个、20P 排线 2 条、杜邦线若干。

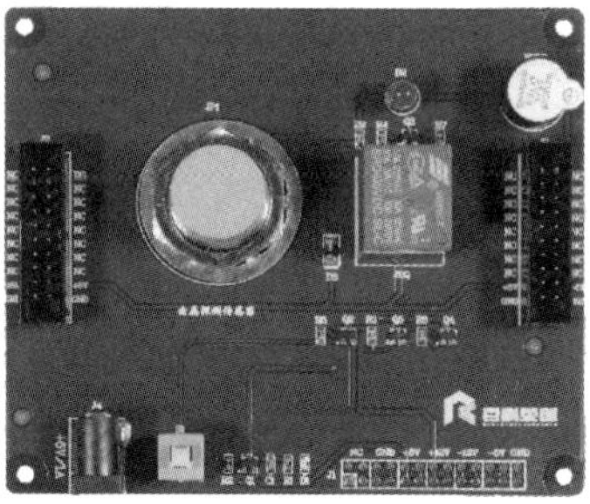

图 2.1.2　金属探测传感器模块

任务实施

本任务在实施过程中，由接近传感器产生信号触发单片机外部中断，进行物体接近检测。

接近传感器是利用振动器发生的一个交变磁场，当金属目标接近该磁场并达到感应距离时，在金属目标内产生涡流，从而导致振动衰减，以至接近传感器的振动器停振。接近传感器的振动器振动及停振的变化被后级放大电路处理并转换成开关信号，触发驱动控制器件，从而达到接近传感器的非接触式检测的目的。采用单片机对接近传感器的数据进行检测，即可实现物体的接近检测。

任务实施步骤如下：

1）按表 2.1.1 和表 2.1.2 所示连接硬件电路，并检测各电路连接的正确性，确保无误后通电使用。

表 2.1.1　STM32F407 核心板与接近传感器模块连线

STM32F407 核心板	接近传感器模块
PA8	OUT

表 2.1.2　STM32F407 核心板与 3.5 英寸液晶显示屏终端连线

STM32F407 核心板	3.5 英寸液晶显示屏终端
PC8	CS
PC9	RS
PC10	WR
PC11	RD
PC12	BL
PC13	RST
PD0～PD15	D0～D15

使用 20P 排线将核心板 PC 口与显示终端 J3 口、核心板 PD 口与显示终端 J2 口相连。

接近传感器的原理如图 2.1.3 所示。

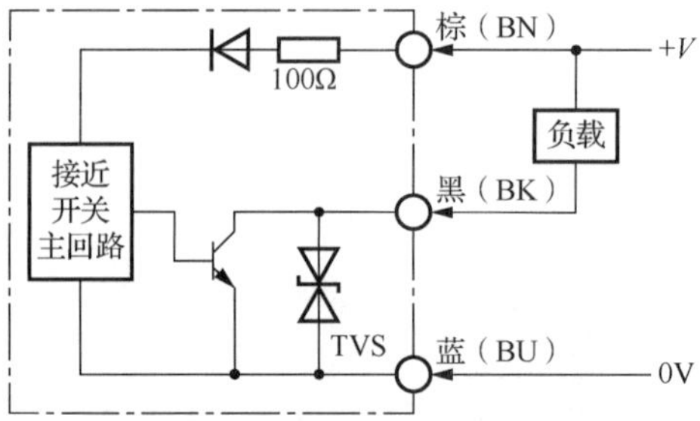

TVS—transient voltage suppressor，瞬变电压抑制二极管。

图 2.1.3　接近传感器原理图

2）利用示波器测量接近传感器的输出信号，观察是否产生下降沿。若产生下降沿，则代表检测到有金属物体接近；若未产生下降沿，则需说明未产生的原因，并调试出正确的下降沿。下降沿实测图如图 2.1.4 所示。

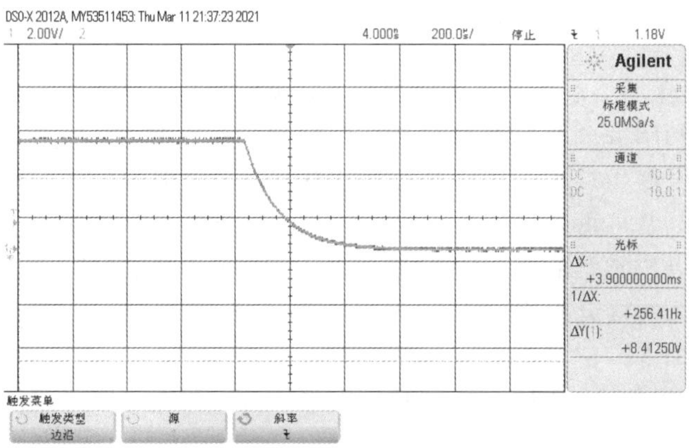

图 2.1.4　下降沿实测图

3）将金属物体靠近接近传感器，观察 3.5 英寸液晶显示屏终端液晶屏幕上的计数值是否产生变化。如果实验连线无误，且上一步骤能够检测出正确的下降沿信号，那么将金属物体靠近接近传感器时，接近传感器会输出下降沿信号，STM32F407 核心板检测到下降沿信号后，会将数据显示到 3.5 英寸液晶显示屏终端液晶屏幕，如图 2.1.5 所示。

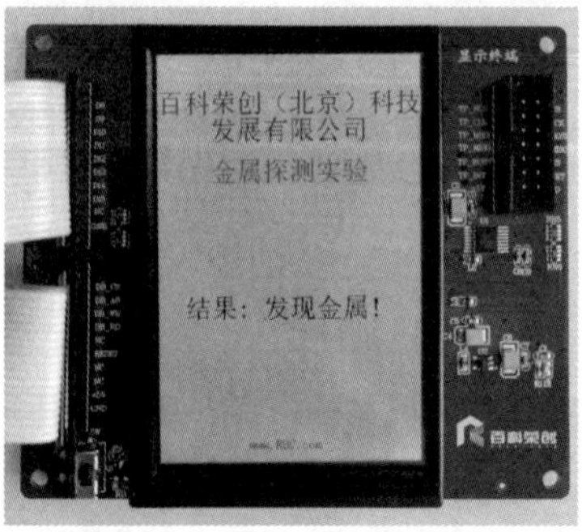

图 2.1.5　3.5 英寸液晶显示屏终端液晶屏幕显示实验结果

任务评价

任务实施后，完成表 2.1.3。

表 2.1.3　任务评价表

任务内容	评价标准	分值	自评	小组互评	教师评价
接近传感器在生产流水线上的应用实训	接近传感器检测到物体后是否产生下降沿	40			
	检测到有金属物体接近后，蜂鸣器是否报警	20			
	检测到有金属物体接近后，蜂鸣器报警的同时 LED 灯是否闪烁	20			
	3.5 英寸液晶显示屏终端是否正常显示计数值	20			
总分		100			

注：LED—light emitting diode，发光二极管。

拓展训练

零件计数功能优化：实现计数 20 次以后进行报警，提示计数值达到上限，并支持按键清零，计数值重新开始。

知识链接

微课：接近传感器

知识 2.1.1　光电式接近传感器

微课：光电效应

1．光电式接近传感器的工作原理

光电式接近传感器是通过首先把被测量的变化转换成光信号的变化，然后通过光电转换元件把光信号的变化转换成电信号的变化来进行检测的，是基于光电效应原理的传感器。

光电效应是指光照射到物体上使物体发射电子，进而使其电导率发生变化或产生光生电动势等。光电效应分为外光电效应和内光电效应两种。

在光线作用下，物体内的电子逸出物体表面向外发射的现象称为外光电效应。其表达式为

$$h\gamma = \frac{1}{2}mu_0^2 + A$$

式中，h 为普朗克常量，其值约为 $6.626\times10^{-34}\text{J·s}$；$\gamma$ 为入射光的频率；m 为电子质量；u_0 为电子逸出速度；A 为物体表面电子逸出功。

得到的结论如下：

1）当入射光的频率小于极限频率时，光强再大也不会产生光电子发射。

2）当入射光的频率高于极限频率时，即使光线微弱，也会产生光电子发射。

3）当频谱成分不变时，光子的数目越多，逸出的电子数也就越多，光电流越大。因此，光电流与光强成正比。

在光线作用下能使物体的电阻率发生变化，或产生光生电动势的效应称为内光电效应。内光电效应分为光电导效应和光生伏特效应两种。

在光线作用下，电子吸收光子能量从键合状态过渡到自由状态时，会引起材料电阻率的变化，这种效应称为光电导效应，基于这种效应的器件有光敏电阻等。

在光线作用下能够使物体产生一定方向电动势的现象叫作光生伏特效应，基于该效应的器件有光电池和光电晶体管等。

光电传感器一般由光源、光学通路和光电元件三部分组成。

光电开关是光电传感器的一种，它利用被检测物对光束的遮挡或反射，由同步回路选通电路，从而达到检测物有无其他相关参数的目的。

光电传感器的总体检测原理：发射器对准目标发射光束，发射的光束一般来源于半导体光源，如发光二极管、激光二极管及红外发射二极管，光束不间断地发射或者改变脉冲宽度。接收器由光电二极管、光电晶体管、光电池组成。在接收器的前面装有光学元件（如透镜和光圈等），其后面是检测电路，功能是通过放大、整形、滤波等处理得到检测的有效信号，并通过核心控制器进行显示、运算、存储、控制等处理。

2．光电式接近传感器的类型

（1）槽形光电式接近传感器

把一个光发射器和一个接收器面对面地装在一个槽的两侧的是槽形光电式接近传感器（图 2.1.6）。光发射器能发出红外光或可见光，在无阻情况下光接收器能收到光。但当检测物从槽中通过时，光被遮挡，此时光电式接近传感器便开始动作，通过输出一个开关控制信号，切断或接通负载电流，从而完成一次控制动作。该传感器的特点：检测距离因为受整体结构的限制一般只有几厘米。

（2）对射式光电式接近传感器

如果把光发射器和光接收器分离开，就可增加检测距离。由一个光发射器和一个光接收器组成的光电式接近传感器称为对射分离式光电式接近传感器，简称对射式光电式接近传感器（图 2.1.7）。它的检测距离可达几米乃至几十米。使用时把光发射器和光接收器分别装在检测物通过路径的两侧，当检测物通过时阻挡光路，同时光接收器动作，输出一个开关控制信号。

（3）反光板式光电式接近传感器

反光板式光电式接近传感器又称回归反射式光电式接近传感器，是把光发射器和光接收器装入同一个装置内，并在其前方装一块反光板，利用反射原理完成光电控制作用的光电式接近传感器（图 2.1.8）。正常情况下，发射器发出的光被反光板反射回来被接收器收到，但一旦光路被检测物挡住，接收器检测的光信号就会有变化，光电式接近传感器就开始动作，输出一个开关控制信号。

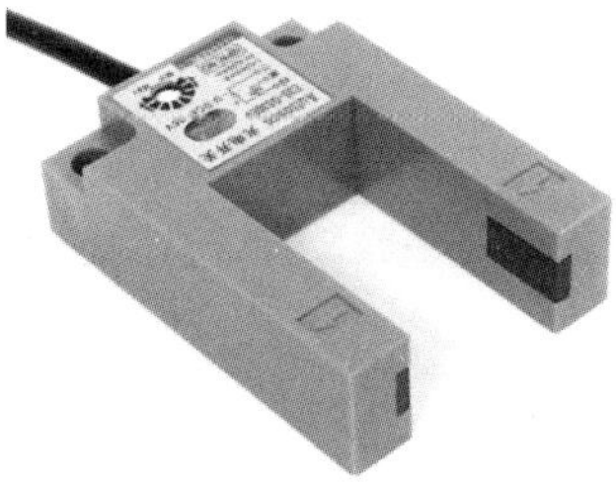

图 2.1.6　槽形光电式接近传感器

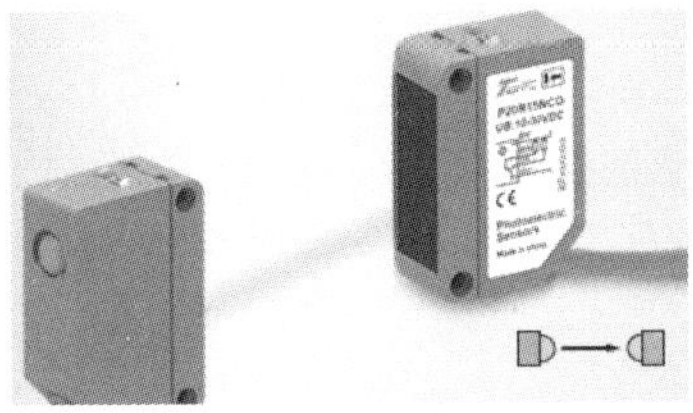

图 2.1.7　对射式光电式接近传感器

图 2.1.8　反光板式光电式接近传感器

（4）扩散反射式光电式接近传感器

扩散反射式光电式接近传感器又称漫反射光电式接近传感器（图 2.1.9），它的检测头中也装有一个光发射器和一个光接收器，但前方没有反光板。在正常情况下，光发射器发出的光，接收器是接收不到的，但当检测物通过时挡住了光，并把光部分反射回来，光接收器就会接收到光信号，从而输出一个开关信号。

3．光电式接近传感器的应用电路

光电式接近传感器的应用电路如图 2.1.10 所示。

图 2.1.9　扩散反射式光电式接近传感器

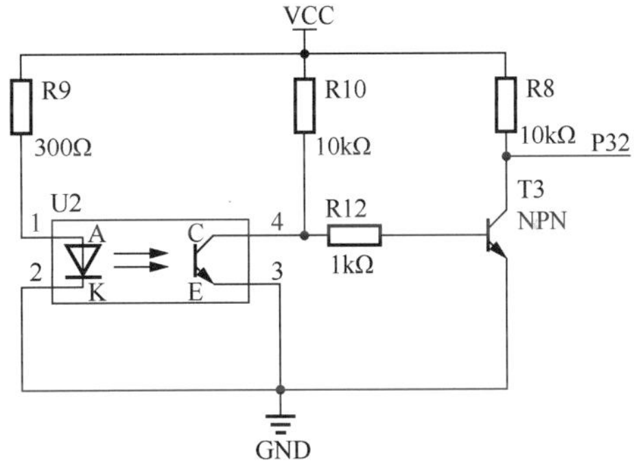

图 2.1.10　光电式接近传感器的应用电路

4．光电式接近传感器调试的注意事项

1）避免强光源：光电式接近传感器在环境照度较高时，一般能稳定工作，但应回避将传感器光轴正对太阳光、白炽灯等强光源。在不能改变传感器（受光器）光轴与强光源的角度时，可在传感器上方四周加装遮光板或套上遮光长筒。

微课：光电式接近传感器的应用——小车循迹

微课：光电式接近传感器在检测系统中的作用

视频：光电式接近传感器智能小车循迹实验

视频：光电式接近传感器智能小车循迹控制实验操作

2）要避免以下情况使用：

① 灰尘较多的场所；

② 腐蚀性气体较多的场所；

③ 水、油、化学品有可能直接飞溅的场所；

④ 环境温度变化超出产品规定范围的场所；

⑤ 振动大、冲击大，且未采取避振措施的场所。

3）不同检测方式的光电式接近传感器安装要求也不同。

① 对于扩散反射式光电式接近传感器，应安装在检测物动作距离内，大部分扩散反射式光电式接近传感器带有可调检测距离电位器，方便对检测物的反射光度进行距离调整，但不能工作在临界状态。利用光电式接近传感器检测物时，在检测距离 3 倍内不能有很强的背景反光物体。

② 对于反射板式光电式接近传感器，光电式接近传感器与反射板对准后平行安装在检测区内，反射板式光电式接近传感器大部分带有灵敏度调整电位器，方便在检测物面积过小时进行细光束调整，但不能工作在临界状态。该类传感器检测距离远，且不受检测区外背景物体的干扰。

③ 对于对射式光电式接近传感器，对射式光电式接近传感器分发射和接收两部分，由于光的发散性，发射部分发射出去的光束并不是一条直线，而是呈发散状的，这样在距离发射部分较远处的光斑可能就变得比较大。因此，对射式光电式接近传感器的安装，尤其是多个传感器同时安装且距离较近时，要注意传感器的安装方式，以防传感器之间的互相干扰。

知识 2.1.2 电容式接近传感器

微课：电容式接近传感器

1．电容式接近传感器的概述

电容式接近传感器的检测组件是由一个以检测端和接地为两极的静电电容器和高频振荡器组成的。通常检测电极与接地之间存在一定的电容量，当检测对象接近检测电极时，受检测电极上电压的影响，会产生极化现象，检测对象越接近检测电极，检测电极上的电荷增加得越多，由于检测电极的电容和电荷成正比，所以检测电极的电容也随之增加，从而使振荡电路的振荡减弱，甚至停止振荡。振荡电路的振荡与停振这两种状态的变化被检测电路转换为开关信号向外输出。电容式接近传感器能检测金属物体，也能检测非金属物体，对金属物体的检测可以获得最大的动作距离，对非金属物体检测的动作距离取决于材料的介电常数，材料的介电常数越大，可获得的动作距离越大。

2．电容式接近传感器的工作原理

电容式接近传感器（图 2.1.11）也属于一种具有开关量输出的位置传感器，它的测量头通常是构成电容器的一个极板，而另一个极板是物体本身。当物体移向接近传感器时，物体和接近传感器的介电常数发生变化，这使得和测量头相连的电路状态也随之发生变化，由此便可控制开关的接通和断开。这种接近开关的检测物，并不限于金属导体，也可以是绝缘的液体或粉状物体。

电容式接近传感器是一个具有可变参数的电容器，多数场合下，电容器是由两个金属平行板组成的并且以空气为介质，如图 2.1.12 所示。

图 2.1.11　电容式接近传感器

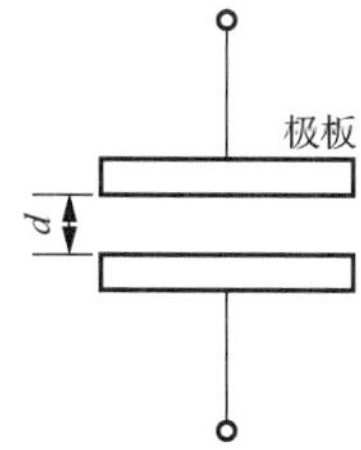

图 2.1.12　电容式接近传感器中可变参数电容器示意图

由绝缘介质分开的两个平行金属板组成的平板电容器，如果不考虑边缘效应，其电容量 C 为

$$C=\frac{\varepsilon A}{d}$$

式中，ε 为电容极板间介质的介电常数，$\varepsilon=\varepsilon_0\varepsilon_r$，其中，$\varepsilon_0$ 为真空介电常数 8.85pF/m，ε_r 为极板间介质相对介电常数（空气中为 1）；A 为两平行板所覆盖的面积；d 为两平行板之间的距离。

3．电容式接近传感器的种类

根据传感器的工作原理，电容式接近传感器可分为变面积型、变介质型和变极距型三种。

（1）变面积型电容式接近传感器

1）角位移传感器。图 2.1.13 所示是一只电容式角位移传感器的原理图。当动极板有一个角位移时，与定极板的遮盖面积就会改变，从而改变两极板间的电容量。当$\theta=0$时，则

$$C_0=\frac{\varepsilon_0\varepsilon_r A}{d_0}$$

当$\theta\neq0$时，则

$$C_x=\frac{\varepsilon_0\varepsilon_r\left(1-\frac{\theta}{\pi}\right)A}{d_0}=C_0-C_0\frac{\theta}{\pi}$$

式中，C_0 为电容传感器的初值；d_0 为两平行板之间的距离；θ为旋转的角位移。

可见，传感器的电容量 C 与角位移θ是成线性关系的。

2）圆柱形电容式接近传感器。图 2.1.14 所示为圆柱形电容式接近传感器。在初始位置（即 $a=0$）时，动极板、定极板相互覆盖，此时电容量 C_0 为

$$C_0=\frac{\varepsilon_1 l}{1.8\ln\frac{D_0}{D_1}}$$

式中，l, D_0 和 D_1 的单位为 cm，C_0 的单位为 pF。

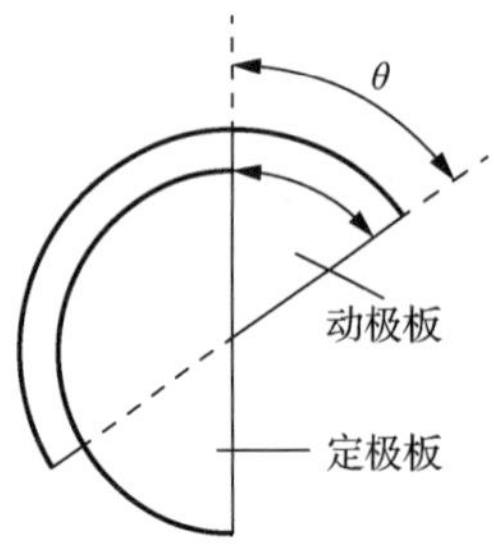

图 2.1.13　电容式角位移传感器原理图

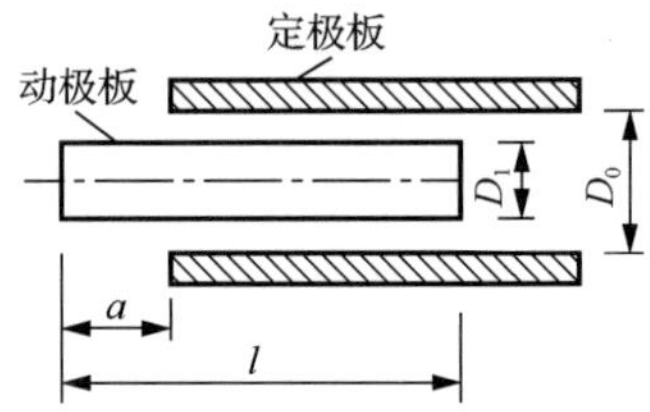

图 2.1.14　圆柱形电容式接近传感器

当动极板发生位移 a 后，其电容量为

$$C = C_0 - C_0 \frac{a}{l}$$

即 C 与 a 基本上成线性关系。采用圆柱形电容式接近传感器的原因，主要是动极板稍做径向移动时，不影响电容器的输出特性。

（2）变介质型电容式接近传感器

对于变介质型电容式接近传感器（图 2.1.15），有

$$\begin{aligned} C_x &= C_1 + C_2 \\ &= \frac{2\pi\varepsilon(H-A)}{\ln\frac{D}{d}} + \frac{2\pi\varepsilon_1 A}{\ln\frac{D}{d}} \\ &= \frac{2\pi\varepsilon H}{\ln\frac{D}{d}} + \frac{2\pi A(\varepsilon_1-\varepsilon)}{\ln\frac{D}{d}} \\ &= C_0 + \frac{2\pi A\left(\varepsilon_1-\varepsilon\right)}{\ln\frac{D}{d}} \end{aligned}$$

式中，C_1 为上面未注满液体部分的电容值；C_2 为下面注满液体部分的电容值。

可见，传感器的电容量与被测液位的高度成线性关系。

（3）变极距型电容式接近传感器

已知电容量 C 与极板距离 d 的关系为

$$C = \frac{\varepsilon A}{d}$$

可知，电容量 C 与极板距离 d 不是线性关系，而是如图 2.1.16 所示的曲线关系。若电容器的极板距离由初始值 d_0 缩小 Δd，极板距离分别为 d_0 和 $d_0 - \Delta d$，其电容量分别为 C_0 和 C_1，即

$$C_0 = \frac{\varepsilon A}{d_0}$$

$$C_1 = \frac{\varepsilon A}{d_0 - \Delta d} = \frac{\varepsilon A}{d_0\left(1 - \frac{\Delta d}{d_0}\right)} = \frac{\varepsilon A\left(1 + \frac{\Delta d}{d_0}\right)}{d_0\left(1 - \frac{\Delta d^2}{d_0^2}\right)}$$

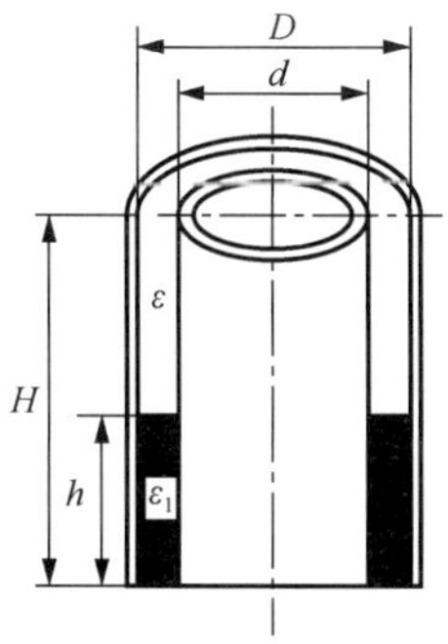

图 2.1.15　变介质型电容式接近传感器

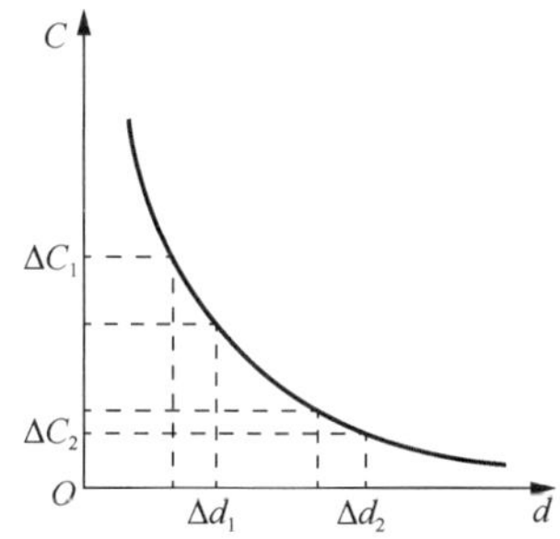

图 2.1.16　电容量与极板距离的关系

当 $\Delta d \ll d_0$ 时，$1-\dfrac{\Delta d^2}{d_0^2}\approx 1$，则上式可简化为

$$C_1=\frac{\varepsilon A\left(1+\dfrac{\Delta d}{d_0}\right)}{d_0}=C_0+C_0\frac{\Delta d}{d_0}$$

这时，C_1 与 Δd 近似成线性关系，所以改变极板距离的电容式接近传感器往往设计成 Δd 在极小的范围内变化。

在实际测量过程中，为了提高输出灵敏度，常采用差动结构。因为差动式一般优于单组（单边）式传感器，它具有灵敏度高、线性范围宽、稳定性高等特点。

知识 2.1.3　电感式接近传感器

微课：电感式接近传感器

电感式接近传感器是基于电涡流效应的一种具有开关量输出的位置传感器。它由高频振荡电路和放大处理电路等组成，金属物体在接近这个能产生电磁场的振荡感应头时，物体内部会产生涡流。这个涡流反作用于接近传感器，使接近传感器振荡能力衰减，内部电路的参数发生变化，由此识别出有无金属物体接近，进而控制开关的通或断。这种接近传感器所能检测的物体必须是金属物体。

电感式接近传感器由高频振荡电路、检波电路、放大电路、整形电路及输出电路组成。检测时用敏感元件作为检测线圈，它是振荡电路的一个组成部分。

当检测线圈通以交流电时，在检测线圈的周围就产生一个交变的磁场，当金属物体接近检测线圈时，金属物体就会产生电涡流而吸收磁场能量，使检测线圈的电感 L 发生变化，从而使振荡电路的振荡频率减小，以至停振。振荡与停振这两种状态经检测电路转换为开关信号输出。电感式接近传感器的工作原理如图 2.1.17 所示。

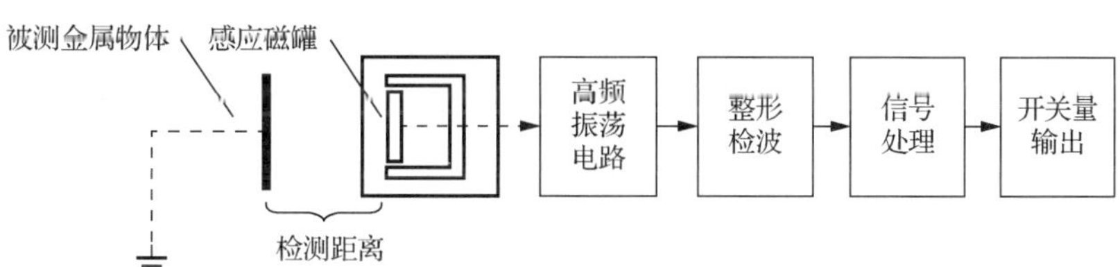

图 2.1.17　电感式接近传感器的工作原理

电感线圈产生的磁力线经过金属导体时，金属导体就会产生感应电流，且呈闭合回路，类似于水涡流形状，故称之为电涡流，也叫作电涡流效应，其实是电磁感应原理的延伸。

传感器探头内部有小型线圈，由控制器控制产生振荡电磁场，当接近被测体时，被测体表面会产生感应电流，从而产生反向的电磁场。这时电涡流传感器根据反向电磁场的强度来判断与被测体之间的距离。需要注意的是，电涡流传感器要求被测体必须是导体。

假定金属导体是均质的，其性能是线性和各向同性的，则线圈-金属导体系统用磁导率 u、电导率 σ、尺寸因子 r、线圈与金属导体的距离 δ、线圈激励电流 I 和频率 ω 等参数来描述。因此线圈的阻抗可用函数

$$Z = F(u, \sigma, r, \delta, I, \omega)$$

表示。

如果控制 u、σ、r、I、ω 恒定不变，那么阻抗 Z 就成为距离 δ 的单值函数，由麦克斯韦尔公式，可以求得此函数为非线性函数，其曲线为“S”形曲线，在一定范围内可以近似为线性函数。

通过前置器电子线路的处理，将线圈阻抗 Z 的变化，即头部体线圈与金属导体的距离 δ 的变化转换成电压或电流的变化。输出信号的大小随探头到被测体表面之间的间距而变化，电感式接近传感器就是根据这一原理来实现对金属物体的位移、振动等参数的测量的。

如图 2.1.18 所示，当接通传感器系统电源时，在前置器内会产生一个高频信号，该信号通过电缆送到探头的头部，在头部周围产生交变磁场 H_1。

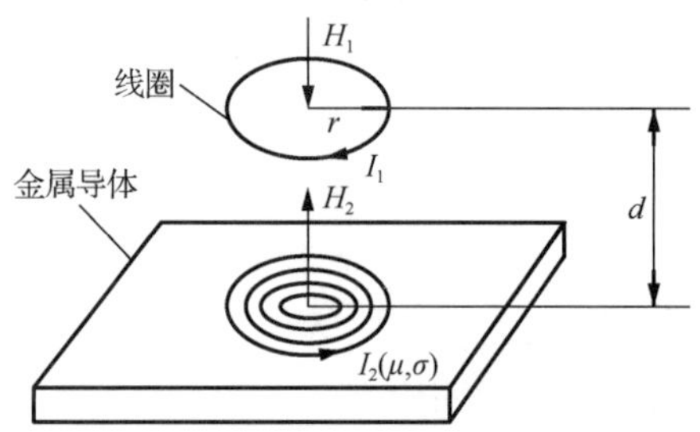

图 2.1.18　电感式接近传感器原理

如果在磁场 H_1 的范围内没有金属导体接近，则发射到这一范围内的能量都会被释放；反之，如果有金属导体接近探头头部，则交变磁场 H_1 将在导体的表面产生电涡流场，该电涡流场也会产生一个方向与 H_1 相反的交变磁场 H_2。

H_2 的反作用改变了探头头部线圈高频电流的幅度和相位，即改变了线圈的有效阻抗。这种变化与电涡流效应有关，也与静磁学效应有关（与金属导体的电导率、磁导率、几何形状、线圈几何参数、激励电流频率及线圈到金属导体的距离等参数有关）。

知识 2.1.4　NPN 型接近传感器

NPN 型接近传感器及其原理如图 2.1.19 和图 2.1.20 所示，这种光电开关的输出采用 NPN 型晶体管集电极开路输出模式，也就是说模块的黑线就是晶体管的集电极，如果模块检测到信号，晶体管就会导通，将黑线下拉到低电平，黑线和棕线之间就会出现电源电压，如果电源是 12V，那么这个电压就是 12V；如果电源是 24V，那么这个电压就是 24V。一般晶体管的驱动能力约为 100mA，所以可以直接驱动继电器等小功率负载。如果希望得到

一个电压信号，那么可以在黑线和棕线之间接一个 1kΩ 的电阻，当模块没有信号时，黑线就是电源+电压；当模块检测到信号时，黑线跳变成电源地（实际是 0.2V，晶体管的导通压降）。

图 2.1.19　NPN 型接近传感器

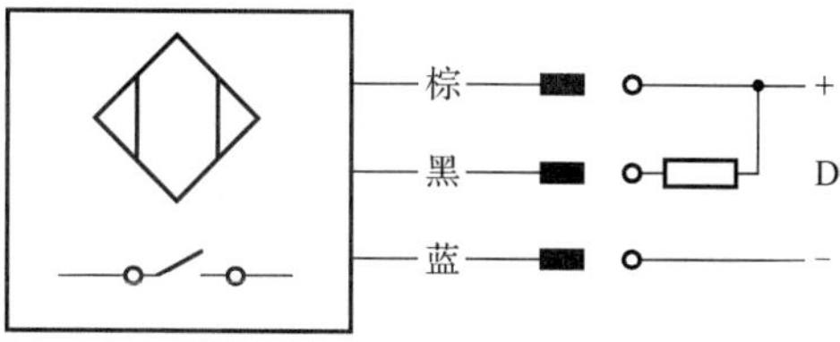

图 2.1.20　NPN 型接近传感器的原理

知识 2.1.5　霍尔式接近传感器

1. 霍尔式接近传感器的概述

霍尔式接近传感器是由开关型霍尔元件组成的接近开关。它具有无触点、无开关瞬态抖动、高可靠、抗干扰和长寿命等优点。它的负载能力强、功能适用性广等特点，使得其应用范围越来越广。

2. 霍尔式接近传感器的工作原理

当一块通有电流的金属或半导体薄片被垂直地放在磁场中时，薄片的两端就会产生电位差，这种现象称为霍尔效应。

霍尔式接近传感器就属于这种有源磁电转换器件，它是在霍尔效应原理的基础上，利用集成封装和组装工艺制作而成的，它可方便地把磁输入信号转换成实际应用中的电信号，同时又具备工业场合实际应用易操作和可靠性的要求。霍尔式接近传感器的输入端是以磁感应强度 B 来表征的，当 B 值达到一定的程度（如 B_1）时，霍尔式接近传感器内部的触发器就会翻转，霍尔式接近传感器的输出电平状态也随之翻转。输出端一般采用晶体管输出，和接近传感器类似有 NPN、PNP、常开型、常闭型、锁存型（双极性）、双信号输出之分，霍尔式接近传感器的内部原理如图 2.1.21 所示。霍尔式接近传感器具有无触点、功耗低、使用寿命长、响应频率高等特点，其内部采用环氧树脂封灌成一体化，所以能在各类恶劣环境下可靠地工作。

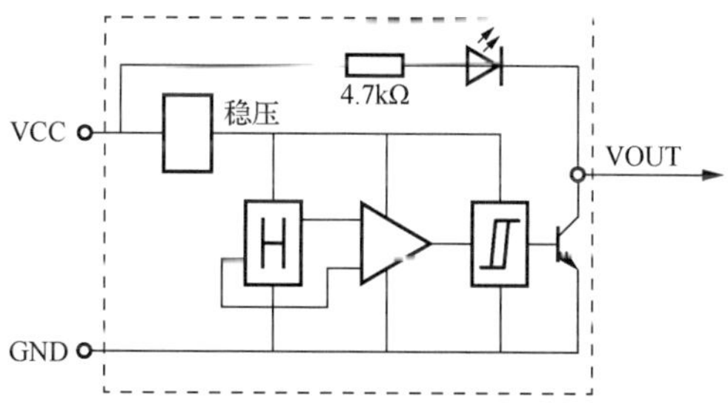

图 2.1.21　霍尔式接近传感器的内部原理

霍尔式接近传感器的功能类似干簧管传感器，但是比它寿命长、响应快且无磨损，在安装时要注意磁铁的极性，磁铁极性装反则无法工作。

知识 2.1.6　干簧管传感器

微课：光纤传感器

1. 干簧管传感器简介

干簧管（reed switch）也称舌簧管或磁簧开关，是一种磁敏的特殊开关，是干簧继电器和接近开关的主要部件。干簧管是 1936 年由贝尔电话实验室的沃尔特·埃尔伍德发明的。

干簧管（图 2.1.22）通常有两个软磁性材料做成的、无磁时断开的金属簧片触点，有的还有第三个作为常闭触点的簧片。这些簧片触点被封装在充有惰性气体（如氦）或真空的玻璃管里，玻璃管内平行封装的簧片端部重叠，并留有一定间隙或相互接触以构成开关的常开或常闭触点，如图 2.1.23 所示。

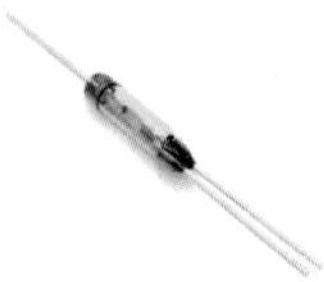

图 2.1.22　干簧管实物图

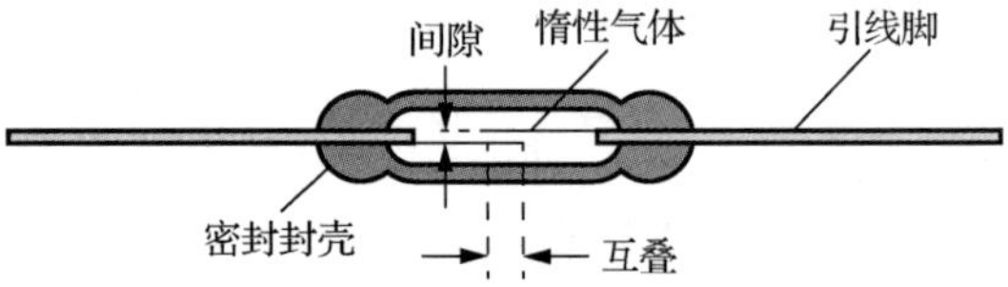

图 2.1.23　干簧管的结构

干簧管比一般机械开关结构简单、体积小、速度高、工作寿命长；与电子开关相比，它又有抗负载冲击能力强的特点，工作可靠性很高。

2. 干簧管的结构及工作原理

干簧管的工作原理非常简单，两片端点处重叠的可磁化的簧片（通常由铁和镍这两种金属所组成）密封于一玻璃管中，两簧片呈交叠状且间隔有一小段空隙（仅约几个微米），这两片簧片上的触点上镀有一层很硬的金属，通常是铑和钌，这层硬金属大大提升了切换次数及产品寿命。玻璃管中装有高纯度的惰性气体，部分干簧管为了提升其高压性能，还会把内部做成真空状态。

干簧片的作用相当于一个磁通导体。在尚未操作时，两片簧片并未接触；在通过永久磁铁或电磁线圈产生的磁场时，外加的磁场使两片簧片端点位置附近产生不同的极性，当磁力超过簧片本身的弹力时，这两片簧片会吸合从而导通电路；当磁场减弱或消失后，干簧片由于本身的弹性而释放，触面就会分开从而断开电路。

基本的全密封形态常开干簧管或单刀单掷（single pole single throw，SPST）干簧管的基本结构如图 2.1.24 所示。单刀双掷（single pole double throw，SPDT）三个簧片的干簧管的基本结构，如图 2.1.25 所示。单刀双掷代表一个开关带有一个共用簧片、一个常开簧片和一个常闭簧片。

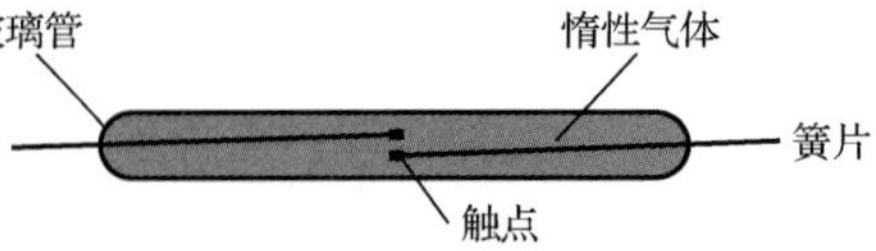

图 2.1.24　常开干簧管或单刀单掷干簧管的基本结构

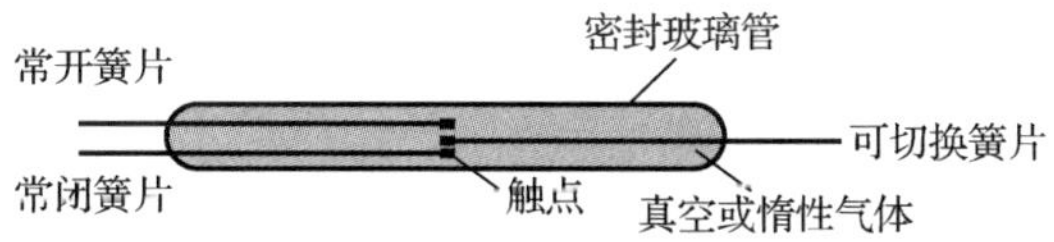

图 2.1.25　单刀双掷干簧管的基本结构

可切换的簧片，在没有磁场时会与常闭簧片接触，当足够强度的磁场产生时，该簧片会移向常开簧片，而常开簧片与常闭簧片都是固定不动的。这两个固定簧片与可切换簧片均为铁磁片，只是常闭簧片触点表面部分是由非磁性的金属熔焊于干簧片上的。

置于磁场下时，常开与常闭的固定片具有相同极性，且和可切换簧片极性相反，常闭端的非磁性金属会隔离磁通，因此当常开端与可切换簧片之间的磁力够大时，可切换簧片将与常开簧片接触闭合。

通常情况下，用于干簧管的干簧片吸合方式有两种：使用永久性磁铁；使用外加线圈。

干簧管在永久磁铁产生的磁场下的基本操作情况如图 2.1.26 所示。两簧片呈相反极性，当两簧片间产生足够的吸力时互相接触。

将干簧管放置在线圈中心轴位置，磁场在这部分是最强的。两簧片呈相反极性，当两簧片间产生足够的吸力时互相接触，如图 2.1.27 所示。

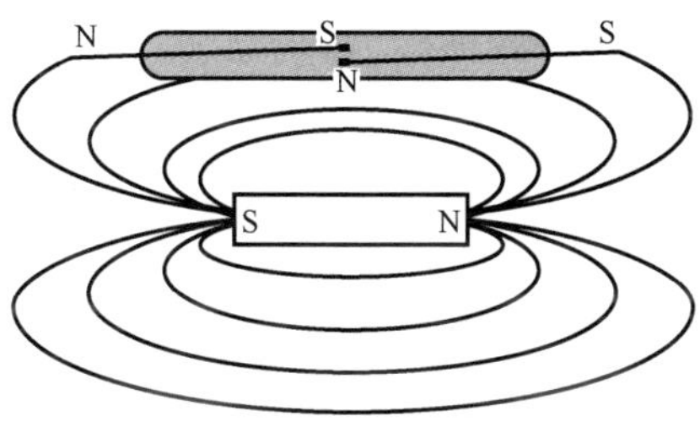

图 2.1.26　干簧管在永久磁铁产生的磁场下的基本情况

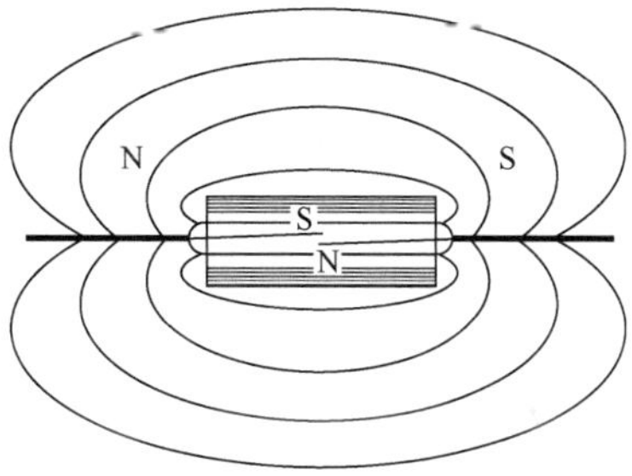

图 2.1.27　干簧管在线圈产生的磁场下的变化

当有一个永久磁铁接近干簧管时，此两簧片会被磁化成可相互吸引的不同极性。当磁场足够大时，两簧片间产生足够的吸力而互相接触。干簧片都是经过回火处理的，以便消除剩磁，所以当磁场退去后，在干簧片上的磁场会随即消失。

3．干簧管的分类

干簧管传感器的实物如图 2.1.28 所示，它的分类如下。

1）按簧片开关是否密封气体分类：封入型和开放型。

2）按触点构造分类。

A 型：属于经常开离型簧片开关。在施加外部磁场时触点才闭合，而在平常时，触点保持开离状态。

B 型：属于经常闭合型簧片开关。在施加外部磁场时触点才开离，而在平常时，触点保持闭合状态。

C 型：转接开关型。

3）按机能分类。

非自行保持型：具有可依外部磁场的有无而起作用的特征（单稳定型）。

自行保持型：一旦起作用以后，即使除掉外部磁场，仍可保持原来的状态（双稳定型）。

4）按形状分类。

大型：玻璃管长 30～60mm，玻璃管径 3.5～6mm。

中型：玻璃管长 20～30mm，玻璃管径 2.5～3.5mm。

小型：玻璃管长 5～20mm，玻璃管径 1.5～2.5mm。

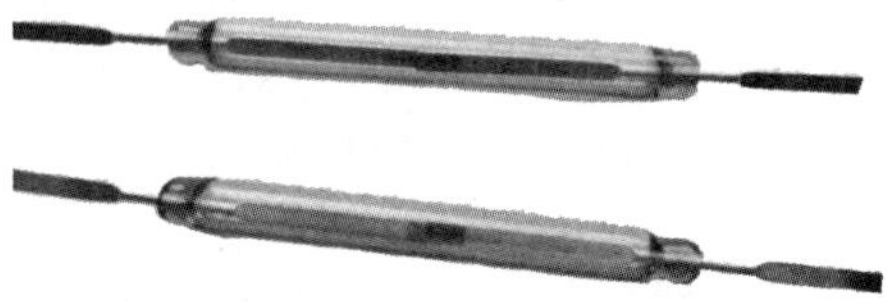

图 2.1.28　干簧管传感器实物图

4．干簧管的特点

1）干簧管的优点是体积小、质量轻，这使得它们易于安装且不显眼。由于操作开关体积很小，所以不需要复杂的凸轮或曲柄，也不会出现金属疲劳现象，保证了几乎无限的使用寿命，并且能够安装在有限的空间里，很适合用于微型设备。

2）干簧管的开关元器件被密封于惰性气体中，不与外界环境接触，这样就大大减少了触点在开、闭过程中由于触点火花而引起的触点氧化和炭化，并且防止了外界蒸气和灰尘等杂质对触点的侵蚀，工作寿命长。

3）簧片细而短，有较高的固有频率，提高了触点的通断速度，其开关速度要比一般的电磁继电器快 5～10 倍。

4）触点和簧片是相当小而精致的，所以它们难以承受高压或大电流。电流过大时，簧片会因过热而失去弹性，即开关容量小，触点易产生抖动。

5）干簧管有电压和电流额定值。虽然功率（P）=电压（U）×电流（I），但同样的功率可能由不同的电压和电流组合得到，切记不要超过额定电流。例如，10V×1A=10W，同时 1V×10A=10W，但在第二种情况下，电流会太大。如果要使用大电流，那么由继电器线圈与干簧管组成的继电器电路是更合适的选择。

6）故障排查工序多。故障干簧管需要用专用仪器［如 AT 值（灵敏值）测试器、绝缘耐压测试器、内阻测试器等］来检测。

7）不适合误差范围小的产品设计。AT 值范围大，从成本角度考虑不能保证批量产品的 AT 值都相同，并且配套磁石也不尽相同。

8）由于干簧管是相当脆弱的，如果引出线焊接到较厚器件上，则很容易破损玻璃和密封件。如果需要弯曲引出线，则需要恰当选择引出线的弯曲点。

5．干簧管的应用

干簧管在手机、程控交换机、复印机、洗衣机、电冰箱、照相机、消毒碗柜、门磁、电磁继电器、电子衡器、液位计、远传煤气表/水表、IC（integrated circuit，集成电路）卡煤气表/水表、电子煤气表/水表中都得到了很好的应用，电子电路中只要使用自动开关，基本上都可以使用干簧管。例如，汽车产品中的压力传感器、液位传感器、位置传感器、电流传感器、振动探测器、温度探测器；家电产品中的水/电/气表的计数器、电炒锅/电饭锅的温度传感器和位置传感器、空调加湿器等；健康器材中的自行车计速器、跑步器、运动器材的位置开关；玩具产品中的电子玩具的控制音乐/闪光等效果的位置开关等。另外，干簧管传感器还可应用于 IC 万用表、控制系统、数字测试设备，以及安防系统门/窗磁和门锁中。

工作手册

接近传感器在生产流水线上的应用工作手册如下。

姓名：	学号：	班级：	日期：

2.1　接近传感器在生产流水线上的应用工作手册

任务接收

表 2-1-1　任务分配表

序号	角色	姓名	学号	分工
1	组长			
2	组员			
3	组员			
4	组员			
5	组员			
6	组员			

课堂笔记

任务准备

表 2-1-2　工作方案设计表

序号	工作内容	负责人
1		
2		
3		
4		
5		

姓名：	学号：	班级：	日期：

表 2-1-3　实训设备、工具与耗材清单

序号	名称	型号与规格	数量	备注
1				
2				
3				
4				
5				
6				
7				
			领取人：	归还人：

任务实施

1）请根据硬件电路连接表画出硬件连接图，要求布局合理，线不交叉，有完整标识。

负责人：	验收签字：

2）利用示波器测量接近传感器的输出信号，观察是否产生下降沿。若产生下降沿，则代表检测到有金属物体接近；若未产生下降沿，则需说明未产生的原因，并调试出正确的下降沿，画出正确的下降沿图。

课堂笔记

姓名：	学号：	班级：	日期：

未产生下降沿的原因：

____

____

3）将金属物体靠近接近传感器，观察 3.5 英寸液晶显示屏终端液晶屏幕上的计数值是否产生变化。如果实验连线无误，且上一步骤能够检测出正确的下降沿信号，那么将金属物体靠近接近传感器时，接近传感器会输出下降沿信号，STM32F407 核心板检测到后，会将数据显示到 3.5 英寸液晶显示屏终端液晶屏幕。

4）描述任务实施过程中产生的错误，并分析原因。

表 2-1-4　实训产生错误的原因分析

成员	问题描述	产生原因	是否解决
1			
2			
3			

任务验收

表 2-1-5　任务评分表

任务内容	评价标准	分值	自评	小组互评	教师评价
接近传感器在生产流水线上的应用实训	接近传感器检测到物体后是否产生下降沿	40			
	检测到有金属物体接近后，蜂鸣器是否报警	20			
	检测到有金属物体接近后，蜂鸣器报警的同时 LED 灯是否闪烁	20			
	3.5 英寸液晶显示屏终端是否正常显示计数值	20			
总分		100			

任务反馈

表 2-1-6　任务反馈表

序号	评价项目	自评	教师评价
1	任务是否按时按质完成		
2	理论知识是否掌握		
3	实际操作是否合规、安全		
4	作品质量		
5	小组成员是否协作有序		

课堂笔记

姓名：	学号：	班级：	日期：

自己及组内成员需要改进的地方：

____

____

____

____

课堂笔记

任务拓展

零件计数功能优化：实现计数 20 次以后进行报警，提示计数值达到上限，并支持按键清零，计数值重新开始。

任务 2.2

位移传感器在生产流水线上的应用

任务描述

本任务要求利用位移传感器完成一个位移检测系统，距离值在 3.5 英寸液晶显示屏终端上显示。通过学习了解位移传感器的工作特性与工作原理，完成位移传感器的测距功能，模拟实现位移传感器在生产流水线上的应用。

位移传感器又称为线性传感器（图 2.2.1），位移的测量一般分为测量实物尺寸和机械位移两种。按被测变量变换的形式不同，位移传感器可分为模拟式和数字式两种。常用的位移传感器以模拟式居多，包括电位器式位移传感器、电感式位移传感器、电容式位移传感器、电涡流式位移传感器、霍尔式位移传感器等。数字式位移传感器的一个重要优点是便于将信号直接送入计算机系统。

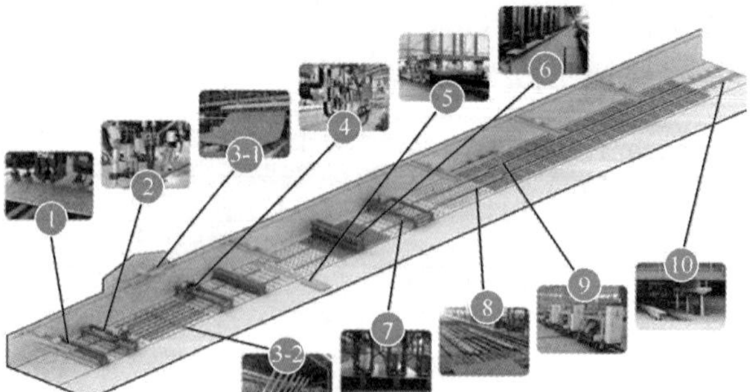

图 2.2.1　位移传感器实物图

任务准备

位移传感器模块（图 2.2.2）1 个、STM32F407 核心板 1 个、STM32F407 核心板电源适配器（5V/3A）1 个、20P 排线 2 条、杜邦线若干、万用表 1 个。

图 2.2.2　位移传感器模块

任务实施

本任务在实施过程中，由位移传感器产生电压信号，送入单片机 ADC（analog to digital converter，模拟数字转换器）模块进行采集，并将电压信号转换为距离值，进行位移检测。

物体的位移引起电位器移动端的电阻变化。阻值的变化量反映位移的量值，阻值的增加或减小则表明位移的方向。通常在电位器上通以电源电压，以把电阻变化转换为电压输出。线绕式电位器由于其电刷移动时电阻以匝电阻为阶梯而变化，所以其输出特性亦呈阶梯形。采用单片机对位移传感器的数据进行检测，即可实现物体的位移检测，步骤如下：

1）按表 2.2.1 和表 2.2.2 连接硬件电路，检测各电路连接的正确性，确保无误后通电使用。

表 2.2.1　STM32F407 核心板与 3.5 英寸液晶显示屏终端连线

STM32F407 核心板	3.5 英寸液晶显示屏终端
PC8	CS
PC9	RS
PC10	WR
PC11	RD
PC12	BL
PC13	RST
PD0～PD15	D0～D15

表 2.2.2　STM32F407 核心板与位移传感器模块连线

STM32F407 核心板	位移传感器模块
PA8	OUT

可使用 20P 排线将核心板 PC 口与显示终端 J3 口、核心板 PD 口与显示终端 J2 口相连。

2）利用万用表测量位移传感器输出的电压信号，推动位移传感器，观察电压是否发生变化。若电压发生变化，则观察其变化规律。位移传感器的原理如图 2.2.3 所示，电压-位移关系图如图 2.2.4 所示。

3）将金属物体靠近接近传感器，观察 3.5 英寸液晶显示屏终端液晶屏幕上的数值是否产生变化（图 2.2.5）。如果实训连线无误，且上一步骤能够检测到低电平，那么将金属物体靠近接近传感器时，接近传感器会输出下降沿信号，STM32F407 核心板检测到该信号后，会将数据显示到 3.5 英寸液晶显示屏终端液晶屏幕。

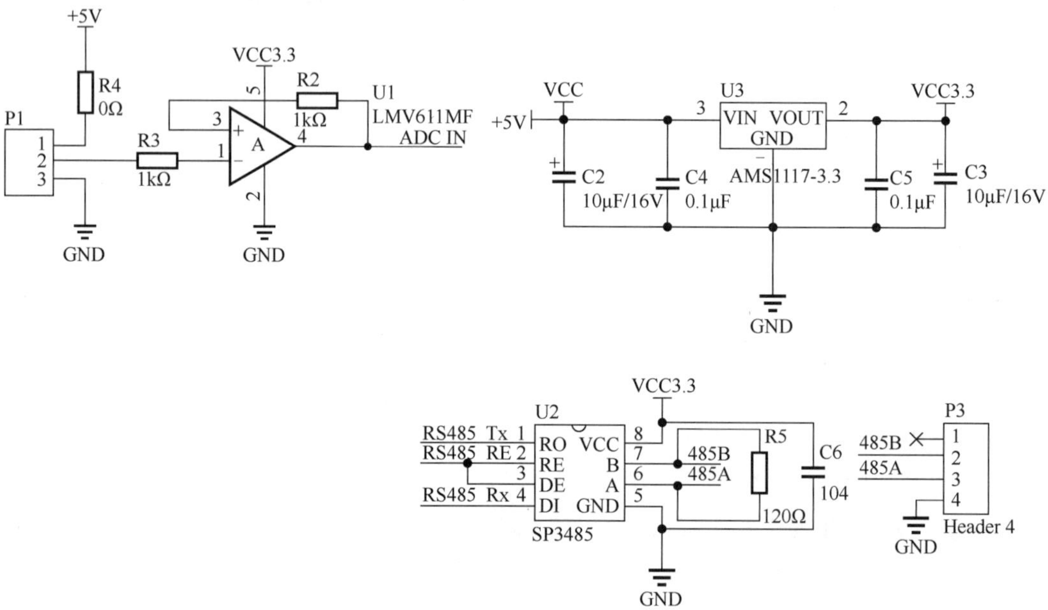

图 2.2.3　位移传感器原理图

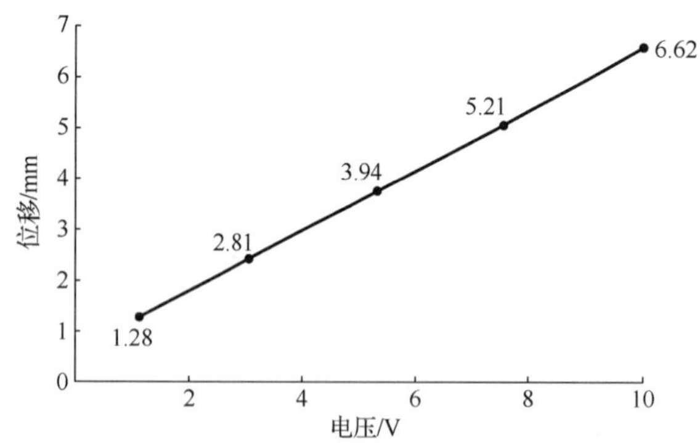

图 2.2.4　电压-位移关系图

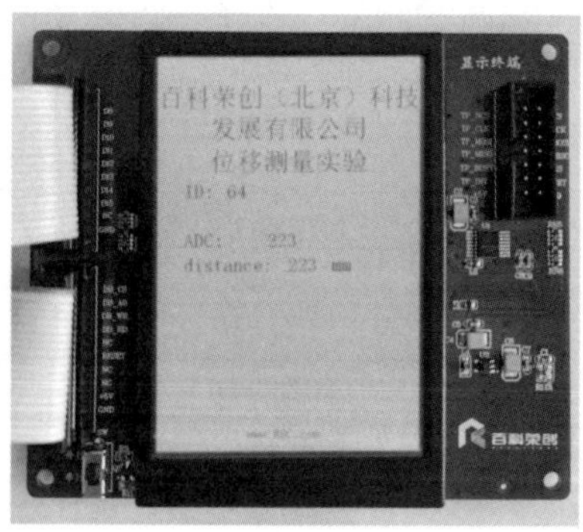

图 2.2.5　3.5 英寸液晶显示屏终端液晶屏幕显示实验结果

任务评价

任务实施后，完成表 2.2.3。

表 2.2.3　任务评价表

项目内容	评价标准	分值	自评	小组互评	教师评价
位移传感器在生产流水线上的应用实训	位移传感器是否输出电压信号	40			
	位移传感器到达指定位置，蜂鸣器是否报警	20			
	位移传感器到达指定位置，蜂鸣器报警的同时 LED 灯是否闪烁	20			
	3.5 英寸液晶显示屏终端是否正常显示数据	20			
总分		100			

拓展训练

在系统中增加限位检测，当位移传感器到达指定位置时进行报警。

知识链接

知识 2.2.1　光栅式传感器

光栅式传感器指采用光栅叠栅条纹原理测量位移的传感器。光栅是由大量等宽等间距的平行狭缝构成的光学器件。一般常用的光栅是通过在玻璃片上刻出大量平行刻痕制成的，刻痕为不透光部分，两刻痕之间的光滑部分可以透光，相当于一狭缝。精制的光栅，在 1cm 宽度内刻有几千条乃至上万条刻痕。

微课：光栅位移传感器　　微课：液位传感器　　微课：流量及流速传感器

1．光栅式传感器的结构与分类

光栅式传感器由主光栅标尺光栅和副光栅（指示光栅）两部分组成。标尺光栅一般固定在机床活动部件上，指示光栅装在光栅读数头内，它由光源、透镜、光电元件等组成。光栅式传感器的实物图和结构图分别如图 2.2.6 和图 2.2.7 所示。

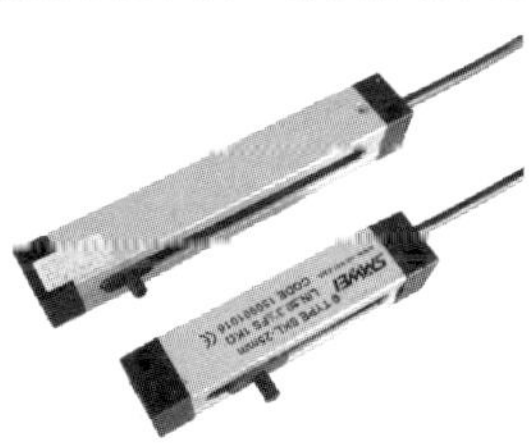

图 2.2.6　光栅式传感器实物图

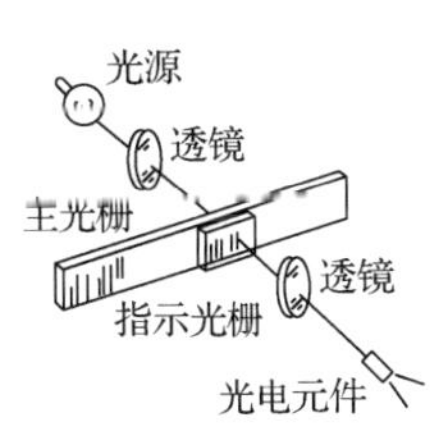

图 2.2.7　光栅式传感器结构图

光栅式传感器按照制造方法和光学原理的不同，分为透射光栅和反射光栅两大类。

1）透射光栅是指光源与接收装置分别放置在光栅尺的两侧，通过接收光栅尺透过来的衍射光的变化来反映位置变化，比较通用的是玻璃光栅。

2）反射光栅是指光源与接收装置安装在光栅尺的同一侧，通过接收光栅尺反射回来的衍射光的变化来反映位置变化，比较通用的有钢带光栅和玻璃光栅。

2．光栅式传感器的工作原理

光栅式传感器是指采用光栅叠栅条纹原理测量位移的传感器。光栅是在一块长条形的光学玻璃上密集等间距平行的刻线，刻线密度为10～100线/mm。由光栅形成的叠栅条纹具有光学放大作用和误差平均效应，因而能提高测量精度。光栅式传感器由标尺光栅、指示光栅、光路系统和测量系统四部分组成。标尺光栅相对于指示光栅移动时，便形成大致按正弦规律分布的明暗相间的叠栅条纹。这些条纹以光栅的相对运动速度移动，并直接照射到光电元件上，在它们的输出端得到一串电脉冲，通过放大、整形、辨向和计数系统产生数字信号输出，直接显示被测的位移量。

知识2.2.2　磁栅式传感器

1．磁栅式传感器的结构与分类

磁栅式传感器是利用磁栅（简称磁尺）与磁头的磁作用进行测量的位移传感器。它是一种新型的数字式传感器，成本较低且便于安装和使用。在需要时，可以将原来的磁信号（磁栅）抹去，重新录制，既可以安装在机床上后再录制磁信号，这对于消除安装误差和机床本身的几何误差，以及提高测量精度都是十分有利的，还可以采用激光定位录制磁信号，且不需要采用感光、腐蚀等工艺，因而精度较高，可达±0.01mm/m，分辨率为1～5μm。

磁栅式传感器是由磁栅、磁头和检测电路组成的，如图2.2.8所示。

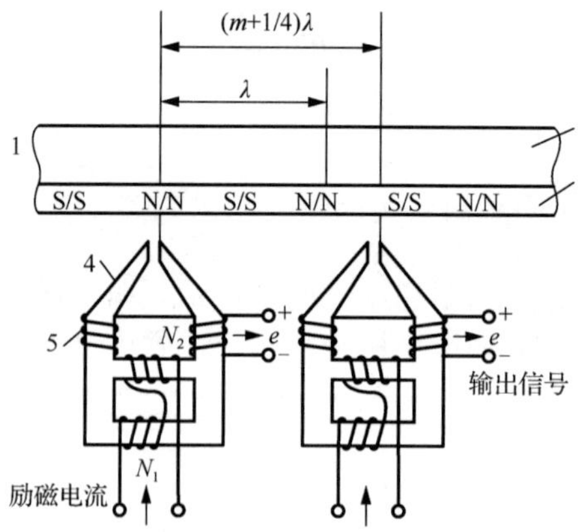

1—磁栅（磁尺）；2—栅基（尺基）；3—磁性薄膜；4—铁心；5—磁头。

图2.2.8　磁栅式传感器的组成

磁栅是通过在不导磁材料制成的栅基上镀一层均匀的磁膜，并录上间距相等、极性正负交错的磁信号栅条制成的。

磁头有动态磁头（速度响应式磁头）和静态磁头（磁通响应式磁头）两种。动态磁头有一个输出绕组，只有在磁头和磁栅产生相对运动时才能有信号输出。静态磁头有励磁和输出两个绕组，它与磁栅相对静止时也能有信号输出。静态磁头是用铁镍合金片叠成的有效截面不等的多间隙铁心。励磁绕组的作用相当于一个磁开关，当对它加以交流电时，铁心截面较小的那一段磁路每周两次被激励而产生磁饱和，使磁栅所产生的磁力线不能通过铁心。只有当励磁电流每周两次过零时，铁心不被饱和，磁栅的磁力线才能通过铁心。此时输出绕组才有感应电动势输出，其频率为励磁电流频率的两倍，输出电压的幅度与进入铁心的磁通量成正比，即与磁头相对于磁栅的位置有关。磁头制成多间隙的是为了增大输出，其输出信号是多个间隙所取得信号的平均值，因此可以提高输出精度。静态磁头总是成对使用，其间距为$(m+1/4)\lambda$，其中 m 为正整数，λ为磁栅栅条的间距。两磁头的激励电流或相位相同，或相差$\pi/4$。输出信号通过鉴相电路或鉴幅电路处理后可获得正比于被测位移的数字输出。

磁栅分为长磁栅和圆磁栅两类，前者用于测量直线位移，后者用于测量角位移。长磁栅可分为尺形、带形和同轴形三种，一般用尺形磁栅式传感器，其外形如图 2.2.9（a）所示。当安装面不好安排时，可采用带形磁栅式传感器，如图 2.2.9（b）所示。同轴形磁栅式传感器如图 2.2.9（c）所示，其结构特别小巧，可用于结构紧凑的场合。

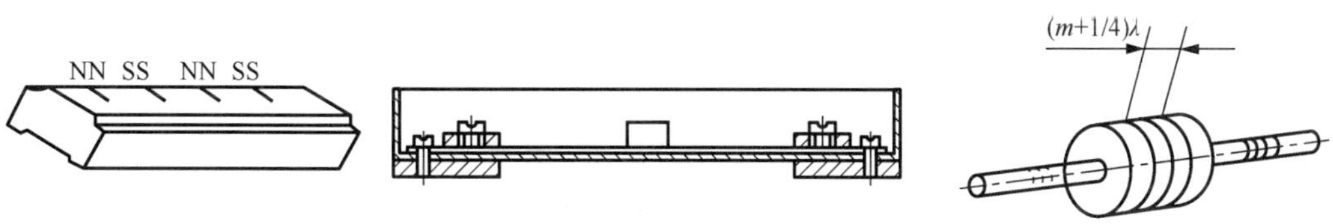

（a）尺形磁栅式传感器　（b）带形磁栅式传感器　（c）同轴形磁栅式传感器

图 2.2.9　磁栅式传感器的外形

2．磁栅式传感器的工作原理

磁信号的波长（周期）又称节距，用λ表示。磁信号的极性是首尾相接，在 N、N 重叠处为正的最强，在 S、S 重叠处为负的最强。

以静态磁头为例，简要说明磁栅式传感器的工作原理。静态磁头的结构如图 2.2.10 所示，它有两组绕组 N_1 和 N_2。其中，N_1 为励磁绕组的匝数，N_2 为感应输出绕组的匝数。在励磁绕组中通入交变的励磁电流，一般频率为 5kHz 或 25kHz，幅值约为 200mA。励磁电流使磁心的可饱和部分（截面较小）在每周期内发生两次磁饱和。磁饱和时磁心的磁阻很大，磁栅上的漏磁通不能通过铁心，输出绕组不产生感应电动势。只有在励磁电流每周两次过零时，可饱和磁心才能导磁，磁栅上的漏磁通使输出绕组产生感应电动势 e。可见感应电动势的频率为励磁电流频率的两倍，而 e 的包络线反映了磁头与磁栅的位置关系，其幅值与磁栅到磁心漏磁通的大小成正比。

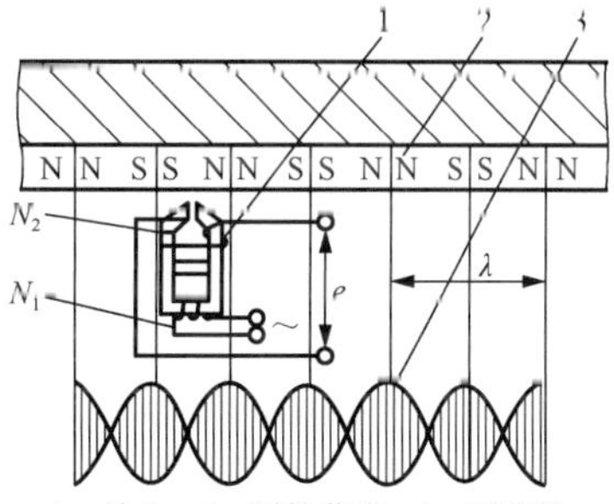

1—铁心；2—磁性薄膜；3—磁信号

图 2.2.10　静态磁头的结构

知识 2.2.3　磁致伸缩式传感器

1．磁致伸缩式传感器的结构

磁致伸缩式传感器通过内部非接触式的测控技术精确地检测活动磁环的绝对位置来测量被检测产品的实际位移值，该传感器的高精度和高可靠性已被广泛应用于成千上万的实际案例中。

由于作为确定位置的活动磁环和敏感元件并无直接接触，所以传感器可应用在极恶劣的工业环境中，不易受油渍、溶液、尘埃或其他污染的影响。此外，传感器采用了高科技材料和先进的电子处理技术，因而它能应用在高温、高压和高振荡的环境中。传感器的输出信号为绝对位移值，即使电源中断、重接，数据也不会丢失，更无须重新归零。由于敏感元件是非接触的，就算不断重复检测，也不会对传感器造成任何磨损，从而可以大大地提高检测的可靠性和使用寿命。磁致伸缩式传感器的结构如图 2.2.11 所示。

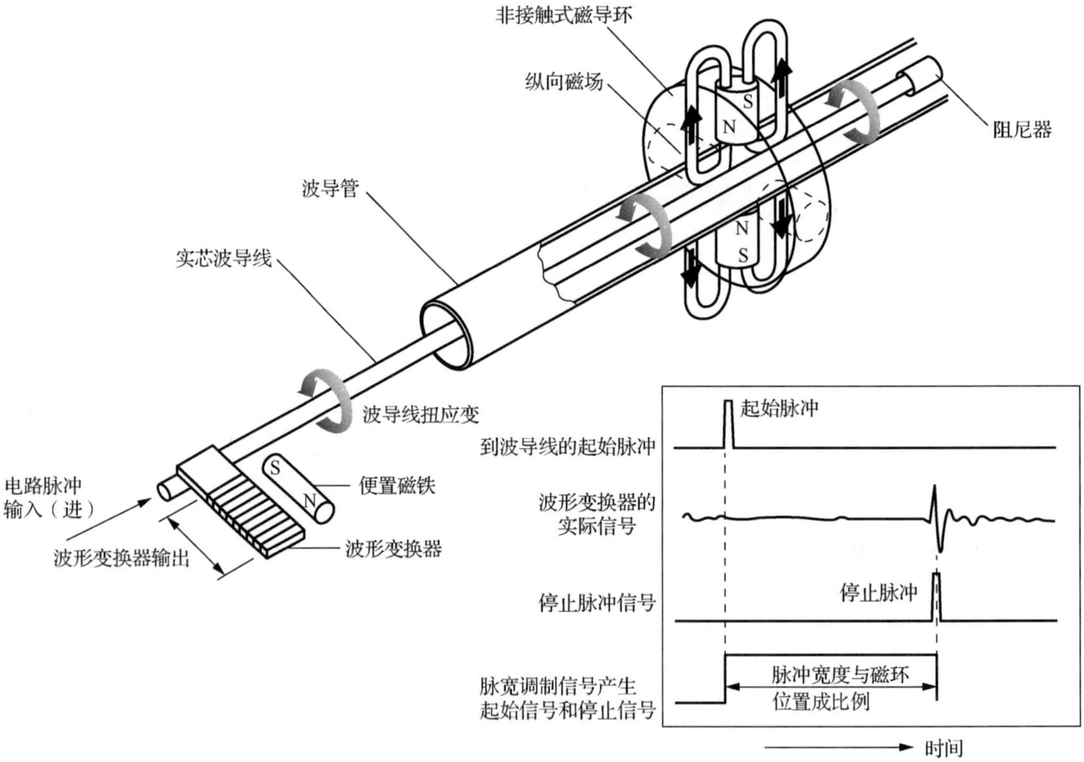

图 2.2.11　磁致伸缩式传感器的结构

2．磁致伸缩式传感器的工作原理

磁致伸缩式传感器是利用磁致伸缩原理，通过两个不同磁场相交产生一个应变脉冲信号来准确地测量位置的。测量元件是一根波导管，波导管内的敏感元件由特殊的磁致伸缩材料制成。测量过程是由传感器的电子室内产生电流脉冲，该电流脉冲在波导管内传输，从而在波导管外产生一个圆周磁场，当该磁场和套在波导管上作为位置变化的活动磁环产生的磁场相交时，由于磁致伸缩的作用，波导管内会产生一个应变机械波脉冲信号，这个应变机械波脉冲信号以固定的声音速度传输，并很快被电子室检测到。

一个触发线圈定期发出瞬时电流脉冲（起始脉冲）给波导线，当电流脉冲的伴发磁场与滑动永久磁铁环的磁场交叉时，磁致伸缩效应在波导线中引起瞬时扭应变，反射波沿波导线回传，并在主体内被转换成电脉冲（停止脉冲）。通过测量起始脉冲和停止脉冲之间的时间差，就可以精确地确定磁环的位置。

根据测量的原理可知，我们是通过两个磁场产生的扭转波来测量位移的，所以如果我们知道扭转波的速度和传播时间，就可以得到扭转波传播的路程，从而得到被测物的位移。

首先分析扭转波的速度。在波导线上取如图 2.2.12 所示的长度为 dx 的等截面波导线单元，图中 θ 为扭转角，T 为扭矩，ω为角速度，假设波导线变形时横截面始终保持为平面，则各个运动参量都可以简化为位移 x 和时间 t 的函数，于是，扭矩与扭转角的关系为

$$T(x,t)=GI\frac{\partial\theta(x,t)}{\partial x}$$

式中，I 为极惯性矩，G 为材料剪切模量。

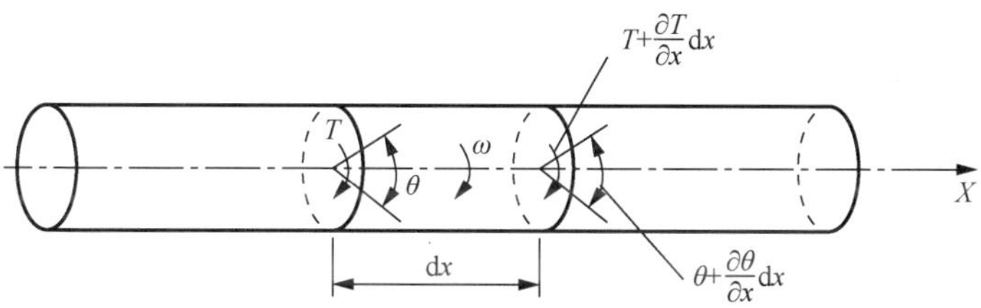

图 2.2.12　磁致伸缩式传感器波导线上截取部分等截面波导单元

由动量矩定理可得扭矩与扭转角的关系为

$$\rho I\mathrm{d}x\frac{\partial^2\theta(x,t)}{\partial t^2}=T(x,t)+\frac{\partial T(x,t)}{\partial x}\mathrm{d}x-T(x,t)=GI\frac{\partial^2\theta(x,t)}{\partial x^2}$$

即波导线中扭转波传播的波动方程为

$$\frac{\partial^2\theta(x,t)}{\partial x^2}=\frac{\rho}{G}\frac{\partial^2\theta(x,t)}{\partial t^2}$$

从而可得扭转波的传播速度为

$$v=\sqrt{G/\rho}$$

由此说明，在一定的温度范围内，扭转波的传播速度是恒定的。对于某种特定的材料，可通过查阅相关手册得到其扭转波的传播速度。磁致伸缩式传感器采用的波导线材料为具有磁致伸缩特性的铁镍合金，速度 $v=2800$m/s。故仪器的数学模型为

$$\begin{cases} v = \sqrt{G/\rho} \\ L = v\Delta T - L_0 \end{cases}$$

式中，L 为被测物位移；ΔT 为脉冲间隔；G 为材料剪切模量；ρ 为材料密度；L_0 为零点位置。

工作手册

位移传感器在生产流水线上的应用工作手册如下。

姓名：	学号：	班级：	日期：

2.2 位移传感器在生产流水线上的应用工作手册

任务接收

表 2-2-1 任务分配表

序号	角色	姓名	学号	分工
1	组长			
2	组员			
3	组员			
4	组员			
5	组员			
6	组员			

任务准备

表 2-2-2 工作方案设计表

序号	工作内容	负责人
1		
2		
3		
4		
5		

课堂笔记

姓名：	学号：	班级：	日期：

表 2-2-3　实训设备、工具与耗材清单

序号	名称	型号与规格	数量	备注
1				
2				
3				
4				
5				
6				
7				
			领取人：	归还人：

任务实施

1）根据硬件电路连接表画出硬件连接图，要求布局合理，线不交叉，有完整标识。

负责人：	验收签字：

2）利用万用表测量位移传感器输出的电压信号，推动位移传感器，观察电压是否变化。若电压发生变化，则观察其变化规律。

表 2-2-4　实验数据表

序号	推动位移传感器数值	电压值
1		
2		
3		
4		

课堂笔记

姓名：	学号：	班级：	日期：

请总结变化规律：

____

____

3）将金属物体靠近位移传感器，观察3.5英寸液晶显示屏终端液晶屏幕上的数值是否产生变化。如果实训连线无误，且上一步骤能够检测出正确的低电平，那么将金属物体靠近位移传感器时，位移传感器会输出下降沿信号，STM32F407核心板检测到该信号后，会将数据显示到3.5英寸液晶显示屏终端液晶屏幕。

4）描述任务实施过程中产生的错误，并分析原因。

表2-2-5 实训产生错误的原因分析

序号	问题描述	产生原因	是否解决
1			
2			
3			
4			
5			

课堂笔记

任务验收

表2-2-6 任务评分表

项目内容	评价标准	分值	自评	小组互评	教师评价
位移传感器在生产流水线上的应用实训	位移传感器是否输出电压信号	40			
	位移传感器到达指定位置，蜂鸣器是否报警	20			
	位移传感器到达指定位置，蜂鸣器报警的同时LED灯是否闪烁	20			
	3.5英寸液晶显示屏终端是否正常显示数据	20			
总分		100			

任务反馈

表2-2-7 任务反馈表

序号	评价项目	自评	教师评价
1	任务是否按时按质完成		
2	理论知识是否掌握		
3	实际操作是否合规、安全		
4	作品质量		
5	小组成员是否协作有序		

姓名：	学号：	班级：	日期：

自己及组内成员需要改进的地方：

____

____

____

____

课堂笔记

任务拓展

在系统中增加限位检测，当位移传感器到达指定位置时进行报警。

任务 2.3 图像传感器在生产流水线上的应用

微课：二维码的识别与应用　视频：二维码的识别与应用软件操作　视频：二维码的识别与应用实验操作

任务描述

本任务要求利用图像传感器完成一个图像识别系统，识别条码在 3.5 英寸液晶显示屏终端上显示。通过学习了解图像传感器的工作特性与工作原理，完成图像传感器的条码识别、颜色检测、物体特征识别功能，模拟实现图像传感器在生产流水线上的应用。

图像传感器在各种工业自动化应用中越来越受欢迎，成熟的 CMOS 技术正在提供更大的传感器阵列，以提供更大的视野，以及更快的图像捕获，以满足视觉检测的要求。同时，新的成像架构和新的软件算法正在提高识别速度，并使系统更具成本效益。随着现场可编程门阵列（field programmable gate array，FPGA）密度的增加和成本的降低，这些算法在工厂车间变得越来越有用，也更有助于图像传感器的普及。虽然传统观点认为机器视觉需要最高分辨率，但 CMOS 设备的新架构可提供更高的性能，而标准 CMOS 设备则用于工厂车间的更多成像和自动化应用。

图 2.3.1　用于工业成像的 CMOS 图像传感器

CMOS 图像传感器（图 2.3.1）是工业成像的支柱，虽然它们的分辨率不如双极电荷耦合器件（charge coupled device，CCD），但它们具有成本效益和坚固性的特点，可用于工业成像。

汽车市场中用于车道检测等应用的具有相同耐用性和可靠性的 CCD 图像传感器现在也可用于工业视觉检测。虽然 CCD 在工业视觉中具有性能优势，但随着主流传感器和相机成本的降低，性能提升的高端 CMOS 传感器可直接与 CCD 进行技术竞争。

任务准备

图像传感器模块（图 2.3.2）1 个、3.5 英寸液晶显示屏终端 1 个、STM32F407 核心板 1 个、STM32F407 核心板电源适配器（5V/3A）1 个、万用表 1 个、20P 排线 2 条、杜邦线若干。

图 2.3.2　图像传感器模块

任务实施

本任务在实施过程中，由图像传感器采集图像数据进行识别，通过串口将识别结果输出，单片机核心板通过串口读取数据，实现图像识别。

OpenMV 是一个成本低且功能强大的图像识别模块，以 STM32F767 MCU（microcontroller unit，微控制单元）为核心，集成了 OV7725 摄像头芯片，在小巧的硬件模块上，用 C 语言高效地实现了核心机器视觉算法并提供 Python 编程接口。

OpenMV 上的机器视觉算法包括寻找色块、人脸检测、眼球跟踪、边缘检测、标志跟踪等，可以用来完成非法入侵检测、产品残次品筛选、固定标记物跟踪等。使用者仅需要写一些简单的 Python 代码，即可轻松地完成各种机器视觉相关的任务。小巧的设计，使得 OpenMV 可以用于很多有创意的产品上。例如，可以给自己的机器人提供周边环境感知能力，给智能车增加视觉巡线功能，给智能玩具增加人脸识别功能，提高产品趣味性等，还可以给工厂产品线增加残次品筛选功能等。

OpenMV 采用的 STM32F767 拥有丰富的硬件资源，引出 UART、IIC、SPI、PWM、ADC、DAC 及 GPIO 等接口，可方便扩展外围功能。USB 接口用于连接计算机上的集成开发环境 OpenMV IDE，协助完成编程、调试和更新固件等工作。TF 卡（原名 trans-flash card，2004 年更名为 Micro SD card）槽支持大容量的 TF 卡，可以用于存放程序和保存照片等。

采用单片机对图像识别传感器的数据进行接收，即可实现物体接近检测，实施步骤如下。

1）按表 2.3.1 和表 2.3.2 连接硬件电路，检测各电路连接的正确性，确保无误后通电使用。

表 2.3.1　STM32F407 核心板与 3.5 英寸液晶显示屏终端连线

STM32F407 核心板	3.5 英寸液晶显示屏终端
PC8	CS
PC9	RS
PC10	WR
PC11	RD
PC12	BL
PC13	RST
PD0～PD15	D0～D15

表 2.3.2　STM32F407 核心板与图像传感器模块连线

STM32F407 核心板	图像传感器模块
PA9	RXD
PA10	TXD

使用 20P 排线将核心板 PC 口与显示终端 J3 口、核心板 PD 口与显示终端 J2 口相连。

2）更新图像识别传感器的条码识别固件，更新方式可扫描图 2.3.3 所示的二维码进行查看，更新后将图像识别传感器对准图 2.3.4 所示的条码进行识别。

图 2.3.3　图像识别传感器固件更新指南

图 2.3.4　条码识别结果

3）更新图像识别传感器的颜色识别固件，更新后将图像识别传感器对准物体即可进行颜色识别，如图 2.3.5 所示。

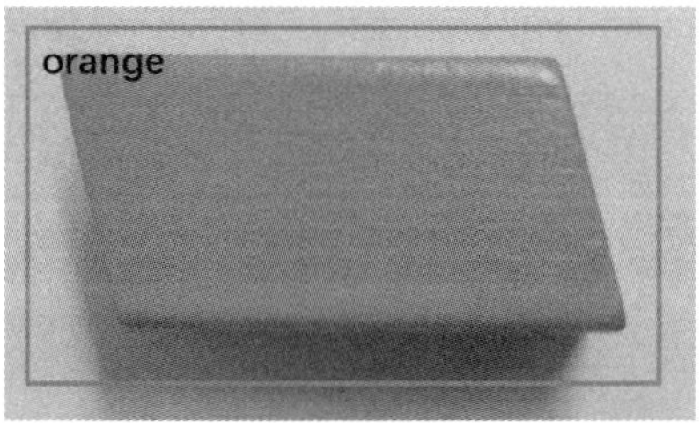

图 2.3.5　图像识别模块识别颜色

任务评价

任务实施后，完成表 2.3.3。

表 2.3.3　任务评价表

任务内容	评价标准	分值	自评	小组互评	教师评价
图像传感器在生产流水线上的应用实训	正确更新图像传感器的固件	40			
	更新图像传感器的条码识别固件，实现条码识别	20			
	更新图像传感器的颜色识别固件，实现颜色识别	20			
	3.5 英寸液晶显示屏终端液晶屏幕是否显示图像传感器的识别结果	20			
总分		100			

拓展训练

使用图像传感器实现零件缺陷检测系统的功能，检测生产流水线上的零件质量。

知识链接

知识 2.3.1 图像传感器简介及其分类

1．图像传感器的简介

成像物镜可将外界照明光照射下的（或自身发光的）景物成像在物镜的像面上（焦平面），并形成二维空间的光强分布（光学图像）。能够将二维光强分布的光学图像转变成一维时序电信号的传感器称为图像传感器，也称为感光元件。图像传感器输出的一维时序电信号经过放大和同步控制处理后，送给图像显示器，可以还原并显示二维光学图像。

微课：机器视觉传感器的应用——口罩检测

视频：机器视觉图像传感器操作

微课：图像传感器原理

2．图像传感器的分类

图像传感器是组成数字摄像头的重要组成部分，根据元件的不同，可分为 CCD 图像传感器和 CMOS 图像传感器两大类。

（1）CCD 图像传感器

1）CCD 图像传感器（图 2.3.6）介绍。

1969 年，美国贝尔实验室的 W. S. Boyle 与 G. E. Smith 将可视电话和半导体存储技术结合，率先发明了 CCD。CCD 本身开始是被当作单纯的存储器使用的，由于它能存储并传输信号电荷，所以可以利用内光电效应来拍摄并存储图像，具备图像传感器的功能。

经过几十年的研究与开发，CCD 在像素集成度、分辨力、灵敏度、工作速度等指标上取得突破性进展，其应用也从一维、二维向三维发展，其光波范围从紫外区到了红外区，CCD 已成为光子探测及视频采集领域最重要的技术，普遍认为是 20 世纪 70 年代以来出现的重要的半导体器件之一，并得到了广泛应用。目前 CCD 元件的尺寸多为 1/3 英寸或者 1/4 英寸，在相同的分辨率下，宜选择元件尺寸较大的 CCD。

2）CCD 图像传感器的优势。

CCD 作为固态图像传感器有体积小、质量轻、分辨率高、灵敏度高、动态范围宽、光敏源的几何精度高、光谱响应范围宽、工作电压低、功耗小、寿命长、抗振性和抗冲击性好、不受电磁场干扰和可靠性高等一系列优点。CCD 的高敏感度及可检测很低光度的入射光，使 CCD 的使用不受天气变化的影响。

（2）CMOS 图像传感器

1）CMOS 图像传感器（图 2.3.7）介绍。

CMOS 图像传感器是一种典型的固体成像传感器，通常由像敏单元阵列、行驱动器、列驱动器、时序控制逻辑、ADC、数据总线输出接口、控制接口等几部分组成，这几部分通常被集成在同一块硅片上。CMOS 图像传感器的工作过程一般可分为复位、光电转换、积分、读出几部分。

图 2.3.6　CCD 图像传感器

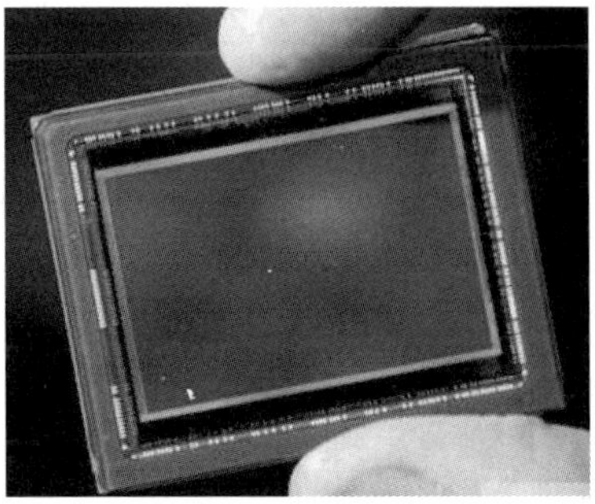

图 2.3.7　CMOS 图像传感器

在 CMOS 图像传感器芯片上还可以集成其他数字信号处理电路，如 ADC、自动曝光量控制、非均匀补偿、白平衡处理、黑电平控制、伽马校正等，为了进行快速计算甚至可以将具有可编程功能的 DSP（digital signal processing，数字信号处理）器件与 CMOS 器件集成在一起，从而组成单片数字相机及图像处理系统。

CMOS 图像传感器自 20 世纪 80 年代发明以来，应用范围越来越广泛，包括数字照相机、计算机摄像头、影像电话、视频会议、智能型保全系统、汽车倒车雷达、玩具，以及工业、医疗等方面。在低档产品方面，其画面质量已接近低档 CCD 图像传感器的解析度。CMOS 图像传感器又可细分为被动式图像传感器 CMOS（passive pixel sensor CMOS）与主动式图像传感器 CMOS（active pixel sensor CMOS）。

2）CMOS 图像传感器的优势。

① 系统集成。CMOS 图像传感器能在同一个芯片上集成各种信号和图像处理模块，如运算放大器、ADC、数字彩色处理和数据压缩电路、标准 TV（television，电视机）和计算机 I/O（input/output，输入/输出）接口等，形成单片成像系统。

② 功耗低。CMOS 图像传感器只需单一电压供电，静态功耗几乎为零，其功耗仅相当于 CCD 的 1/8，有利于延长便携式、机载或星载电子设备的使用时间。

③ 成像速度快。CCD 图像传感器采用串行连续扫描的工作方式，必须一次性读出整行或整列的图像，而 CMOS 图像传感器可以在每个像素扫描的基础上同时进行信号放大。

④ 响应范围宽。CMOS 图像传感器除可感应到可见光外，对红外等非可见光波也有反应。在 890～980nm 范围内，其灵敏度比 CCD 图像传感器的灵敏度要高出许多，并且随波长增加而衰减的梯度也较慢。

⑤ 抗辐射能力强。由于 CCD 图像传感器的像素由 MOS（metal-oxide-semiconductor，金属-氧化物-半导体）电容构成，所以其电荷激发的量子效应易受辐射的影响，而 CMOS 图像传感器的像素由光电二极管或光栅构成，其抗辐射能力比 CCD 图像传感器强十多倍。

⑥ 成本低。CMOS 图像传感器制造成本低、结构简单、成品率高，因此很多低档摄像头生产厂商采用普通 CMOS 感光元件作为核心组件。

知识 2.3.2 CCD 与 CMOS 图像传感器的区别

CCD 和 CMOS 图像传感器在制造上的主要区别是 CCD 图像传感器集成在半导体单晶材料上，而 CMOS 图像传感器集成在金属氧化物半导体材料上，它们的工作原理没有本质的区别。如今 CCD 图像传感器被应用在摄影摄像方面的高端技术元件中，CMOS 图像传感器则被应用在较低影像品质的产品中，它的优点是制造成本较 CCD 图像传感器更低，功耗也低，这也是市场上很多采用 USB 接口的产品无须外接电源且价格低廉的原因。

成像方面，在相同像素下，CCD 图像传感器的成像通透性、明锐度都很好，色彩还原、曝光可以保证基本准确。普通 CMOS 图像传感器的产品往往通透性一般，对实物的色彩还原能力偏弱，曝光也都不太好，由于自身物理特性的原因，普通 CMOS 图像传感器的成像质量和 CCD 图像传感器还是有一定差距的。但由于其低廉的价格及高度的整合性，所以在摄像头领域还是得到了广泛的应用。

在原理上，CMOS 图像传感器的信号是以点为单位的电荷信号，而 CCD 图像传感器的信号是以行为单位的电流信号，前者更为敏感，速度也更快，更为省电。现在高级的 CMOS 图像传感器并不比一般 CCD 图像传感器差，但是 CMOS 图像传感器工艺还不是十分成熟，普通的 CMOS 图像传感器一般分辨率较低且成像质量也较差。

CCD 图像传感器的元件尺寸还有 1/2、1/3、1/4 英寸之分。1/2 英寸的最好，但目前以 1/3 英寸的和 1/4 英寸的居多。从产品的技术发展趋势看，无论是 CCD 图像传感器还是 CMOS 图像传感器，其体积小型化及高像素化仍是业界积极研发的目标。

知识 2.3.3 图像传感器颜色识别

1. 图像传感器颜色识别的工作原理

通常所看到的物体颜色，实际上是物体表面吸收了照射到它上面的白光（日光）中的一部分有色成分，而反射出的另一部分有色光在人眼中的反应。白色是由各种频率的可见光混合在一起构成的，也就是说白光中包含着各种颜色的光（如红 R、黄 Y、绿 G、青 V、蓝 B、紫 P）。根据德国物理学家赫姆霍兹（Helinholtz）的三原色理论可知，各种颜色是由不同比例的三原色（红、绿、蓝）混合而成的。

微课：图像传感器应用

颜色分类常用的方法有线性色彩阈值法、最近邻域法和阈值向量法等。其中，线性色彩阈值法是用线性平面把色彩空间分割开来，其阈值的确定可采用直接取阈值和通过自动训练来获取目标颜色范围等方法，也可以采用神经网络和多参数决策树方法来进行自学习，以获得合适的阈值；而用最近邻域法分割图像时，则利用隶属度函数，即根据最大的隶属度来判断这个颜色属于哪个类；阈值向量法是先使用一组事先确定的阈值向量来确定色彩值在色彩空间中的位置从而来判断其属于哪种颜色。

在色彩分类之后，必须对各个颜色类的点进行处理。识别时，通常的做法是对分类后的像素进行一次扫描，即将相邻的同种颜色的像素连成色块。

2．图像传感器颜色识别的数据处理

图像传感器颜色识别的数据处理是基于阈值向量的颜色识别，其识别步骤如下。

（1）色彩空间选择

对于采用基于彩色图像分割的方法识别目标时，首先要选择合适的颜色空间，常用的颜色空间有 RGB、HSV、YUV、CMY 等。颜色空间的选择直接影响图像分割和目标识别的效果。

1）RGB——最常用的颜色空间，其中亮度等于 R、G、B 三个分量之和。RGB 颜色空间是不均匀的颜色空间，两个颜色之间的知觉差异与空间中两点间的欧几里得距离不成线性比例关系，并且 R、G、B 值之间的相关性很高。对同一颜色属性，在不同条件（光源种类、强度和物体反射特性）下，RGB 值很分散，对于某种特定颜色，很难确定其阈值和其在颜色空间中的分布范围。因此通常会选择能从中分离出亮度分量的颜色空间，其中较常见的是 YUV 和 HSV 颜色空间。

2）HSV——接近人眼感知色彩的方式，H 为色调（hue），S 为饱和度（saturation），V 为亮度（value）。色调 H 能准确地反映颜色种类，对外界光照条件变化敏感度低，但是 H 和 S 均为 R、G、B 的非线性变换，存在奇异点，在奇异点附近即使 R、G、B 的值有很小变化也会引起变换值有很大的跳动。

3）YUV——RGB 颜色空间线性变化为亮度色彩空间，是为了解决彩色电视机与黑白电视机的兼容问题而提出的。Y 表示亮度（luminance），UV 表示色差（chrominance）。YUV 表示法的重要性是它的亮度信号（Y）和色度信号（U、V）是相互独立的。色差是指基色信号中的 3 个分量信号（R、G、B）与亮度信号之差。

（2）阈值确定和色彩判断

在确定阈值时，首先通过采集样本进行训练，从而得到预定的几种颜色在 YUV 空间的分量的上下阈值，如图 2.3.8 所示。

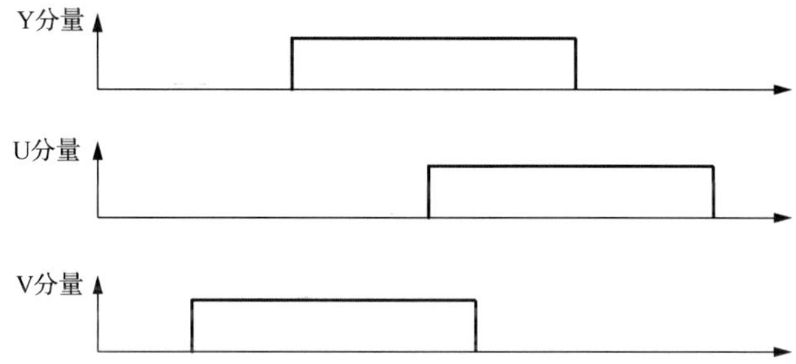

图 2.3.8　YUV 各分量阈值示意图

当一个待判定的像素在色彩空间中的位置落在这个长方体（即以 Y、U、V 三轴为坐标组成的坐标系来表示上下阈值范围的区间）中时，就认为该像素属于要找的颜色，从而完成对图像颜色的识别。在 Y 空间中，Y 值表示亮度，因为它的变化很大，所以只考虑 U 和 V 的值，在进行颜色判断时，首先分别建立 U、V 的阈值向量。

在颜色识别后进行图像分割，在图像分割中采用了种子填充算法，整个种子的填充是

和像素点的颜色同时进行的，一开始不是对所有的像素进行处理，而是分块进行的。当中心点是所要识别的颜色时，就以这个点为种子向四周扩散，并判定周围像素点的颜色，直到填满整个块。

知识 2.3.4 图像传感器条码识别

1．条码识别的工作原理

由于不同颜色的物体，其反射的可见光的波长不同，白色物体能反射各种波长的可见光，黑色物体则能吸收各种波长的可见光，所以当条码扫描器光源发出的光经光阑及凸透镜 1 后，照射到黑白相间的条码上时，反射光经凸透镜 2 聚焦后，照射到光电转换器上，于是光电转换器接收到与白条和黑条相应的强弱不同的反射光信号，并转换成相应的电信号输出到放大整形电路，整形电路先把模拟信号转化成数字电信号，再经译码接口电路译成数字字符信息，如图 2.3.9 所示。

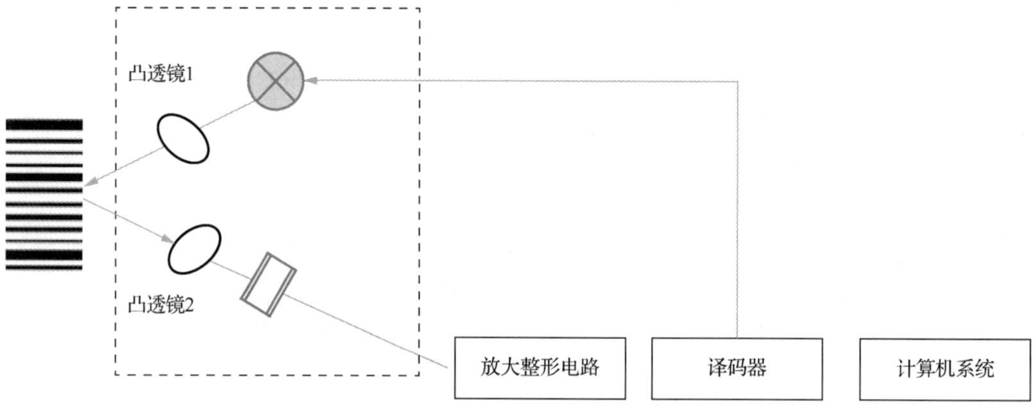

图 2.3.9　图像传感器条码识别原理

白条、黑条的宽度不同，相应的电信号持续时间长短也不同。但是，由光电转换器输出的与条码的条和空相应的电信号一般仅 10mV 左右，不能直接使用，因而先要将光电转换器输出的电信号送放大器放大。放大后的电信号仍然是一个模拟电信号，为了避免由条码中的疵点和污点导致错误信号，在放大电路后需加一个整形电路，把模拟信号转换成数字电信号，以便计算机系统能准确判读。

整形电路的脉冲数字信号经译码器译成数字、字符信息。它通过识别起始、终止字符判别出条码符号的码制及扫描方向；通过测量脉冲数字电信号 0、1 的数目判别出条和空的数目；通过测量 0、1 信号持续的时间判别出条和空的宽度。这样便得到了被辨读的条码符号的条和空的数目及相应的宽度和所用码制，根据码制所对应的编码规则，便可将条形符号换成相应的数字、字符信息，然后通过接口电路送给计算机系统进行数据处理与管理，便完成了条码辨读的全过程。

2．图像传感器条码识别的数据处理

在对条码的信息进行识别时，需要运用一定的算法对条码的图像进行去噪、校正、灰度化、二值化、边缘化及信息特征识别的提取并上传数据库。

（1）条码图像的噪声过滤

目前常用的噪声处理算法主要有形态学滤波算法、小波滤波算法、中值滤波算法及均值滤波算法，这些算法对常见的噪声模型（如高斯噪声及椒盐噪声）具有较好的处理效果，但是这些算法也有自身的缺陷。例如，形态学滤波算法会丢失图像边缘信息；小波滤波算法往往会导致有效信息丢失，且其计算量大；中值滤波算法只能有效地处理脉冲型噪声；均值滤波算法会使图像模糊化，不便于辨识等。

（2）条码图像的处理方法

本任务要处理的是CCD图像传感器拍摄的图像，要求处理速度快，且处理效果好。本任务将采用最大类间方差算法对扫描图像进行处理。

最大类间方差算法是在最小二乘法的基础上推导出来的一种自适应阈值确定方法，其特点是算法简单、适用范围广。该算法通过求取像素划分后各灰度级别所对应的方差来确定最佳效果阈值，当方差达到最大值时，表明采用该灰度级别小的阈值是图像当前景与图像背景取得最佳效果的阈值，即其差异性最大。

若扫描图像模型大小为 a、b，其灰度范围为 $1\sim l(l\in\mathbf{N}^+)$，用集合来表示即 $K=\{1,2,3,\cdots,l\}$。

若灰度级别为 j 的像素点数为 n_j 个，则灰度级别为 j 的概率为

$$p(j)=\frac{n_j}{ab}$$

设图像当前景 M_0 与图像背景 M_1 的最佳阈值为 T_{M}，则它们对应的集合分别为

$$K_0=\{1,2,3,\cdots\},\quad K_1=\{T_1+1,T_2+2,T_3+3,\cdots,T_M+l\}$$

对应的概率分别为

$$P(M_0)=\sum_{t=1}^{T}p(i)$$

$$P(M_1)=\sum_{t=T+1}^{l}p(i)$$

图像当前景 M_0 与图像背景 M_1 的平均灰度水平及整体平均灰度水平分别为

$$u_0=\sum_{i=1}^{T}ip(i)$$

$$u_1=\sum_{i=1}^{T}ip(i)$$

$$u=\sum_{i=1}^{T}ip(i)$$

式中，u_0 为图像当前景 M_0 的平均灰度水平；u_1 为图像背景 M_1 的平均灰度水平；u 为图像的整体平均灰度水平。

图像当前景 M_0 与图像背景 M_1 间的方差表示为

$$\sigma=M_0(u_0-u)^2+M_1(u_1-u)^2$$

让变量 i 在 $[1,l]$ 内取值，若某个灰度水平 i 能使图像当前景 M_0 与图像背景 M_1 间的方差取得最大值，则该灰度水平 σ 的值即为类间最大方差的最佳阈值：

$$T_M = \arg\max_{1\leqslant i\leqslant l}(\sigma(i))$$

图 2.3.10 给出了该滤波算法对受干扰图像的处理效果图，由图可知滤波处理效果较明显。

（a）原始受噪声干扰图像　　（b）滤波处理后的图像

图 2.3.10　最大类间方差算法的滤波效果

知识 2.3.5　图像传感器物体特征识别

1．物体特征识别的步骤

（1）图像的预处理

预处理几乎是所有计算机视觉算法的第一步，其动机是尽可能在不改变图像承载的本质信息的前提下，使得每张图像的表观特性（如颜色分布、整体明暗、尺寸大小等）尽可能一致，主要完成模式采集、A/D 转换、滤波、消除模糊、减少噪声、纠正几何失真等操作。

预处理经常与具体的采样设备和所处理的问题有关。例如，从图像中将汽车车牌的号码识别出来，就需要先将车牌从图像中找出来，再对车牌进行划分，将每个数字都划分开。做到这一步以后，才能对每个数字进行识别。以上工作都应该在预处理阶段完成。在物体识别中所用到的典型的预处理方法有高斯模糊、直方图均衡及滤波几种。高斯模糊可以使之后的梯度计算更为准确；直方图均衡可以克服一定程度的光照影响。值得注意的是，有些特征本身已经带有预处理的属性，因此不需要再进行预处理操作。

预处理通常包括以下五种基本运算。

编码：实现模式的有效描述，适合计算机运算。

阈值或滤波运算：按需要选出某些函数，抑制另一些函数。

模式改善：排除或修正模式中的错误，或不必要的函数值。

正规化：使某些参数值适应标准值或标准值域。

离散模式运算：离散模式处理中的特殊运算。

（2）图像的特征提取

特征提取是识别的一个重要组成部分，好的图像特征能使不同的物体对象在高维特征空间中有较好的分离性，从而能够有效地减轻识别算法后续步骤的负担，达到事半功倍的效果。

图像特征提取方法就是提取出一幅图像中不同于其他图像的根本属性，以区别不同的图像。图像的灰度、亮度、纹理和形状等特征都是与图像的视觉外观相对应的，还有一些特征则缺少自然的对应性，如颜色直方图、灰度直方图和空间频谱图等。基于图像特征进行物体识别实际上是根据提取到的图像的特征来判断图像中物体属于什么类别。形状、纹理和颜色等特征是最常用的视觉特征，也是现阶段基于图像的物体识别技术中采用的主要特征。

1）图像颜色特征提取。

图像的颜色特征描述了图像或图像区域的物体的表面性质，反映出的是图像的全局特征。一般来说，图像的颜色特征是基于像素点的特征，只要是属于图像或图像区域内的像素点都会有贡献。

典型的图像颜色特征提取方法有颜色直方图、颜色集和颜色矩。

① 颜色直方图：颜色直方图是最常用的表达颜色特征的方法。其优点是能简单描述图像中不同色彩在整幅图像中所占的比例，特别适用于描述一些不需要考虑物体空间位置的图像和难以自动分割的图像。其缺点是它无法描述图像中的某一具体的物体，无法区分局部颜色信息。

② 颜色集：颜色集可以看成颜色直方图的一种近似表达。具体方法：首先将图像从 RGB 颜色空间转换到视觉均衡的颜色空间；然后将视觉均衡的颜色空间量化；最后采用色彩分割技术自动地将图像分为几个区域，用量化的颜色空间中的某个颜色分量来表示每个区域的索引，这样就可以用一个二进制的颜色索引集来表示一幅图像。

③ 颜色矩：颜色矩方法的数学基础在于图像中任何的颜色分布都可以用相应的矩来表示。由于颜色分布信息主要集中在低阶矩中，所以表达图像的颜色分布仅需要采用颜色的一阶矩、二阶矩和三阶矩即可。

2）图像纹理特征提取。

图像的纹理是与物体表面结构和材质有关的图像的内在特征，反映出来的是图像的全局特征。图像的纹理可以描述为一个邻域内像素的灰度级发生变化的空间分布规律，包括表面组织结构、与周围环境关系等许多重要的图像信息。

典型的图像纹理特征提取方法有统计方法、几何法、模型法、信号处理法。其中，统计方法是灰度共生矩阵纹理特征分析方法；几何法是建立在基本的纹理元素理论基础上的一种纹理特征分析方法；模型法是将图像的构造模型的参数作为纹理特征；信号处理法主要是以小波变换为主。

3）图像形状特征提取。

形状特征是反映图像中物体最直接的视觉特征，大部分物体可以通过分辨其形状来进行判别。因此，在物体识别中，形状特征的正确提取显得非常重要。

常用的图像形状特征提取方法有两种：基于轮廓的方法和基于区域的方法。这两种方法的不同之处在于，对于基于轮廓的方法来说，图像的轮廓特征主要针对物体的外边界，描述形状的轮廓特征的方法主要有样条、链码和多边形逼近等；而在基于区域的方法中，图像的区域特征关系到整个形状区域，描述形状的区域特征主要有区域的面积、凹凸面积、形状的主轴方向、纵横比、形状的不变矩等。这些关于形状的特征目前已得到了广泛的应用。典型的形状特征描述方法有边界特征法、傅里叶形状描述符法、几何参数法和形状不变矩法。

2．图像传感器物体特征识别的数据处理

图像传感器物体特征识别的数据处理流程如图 2.3.11 所示。

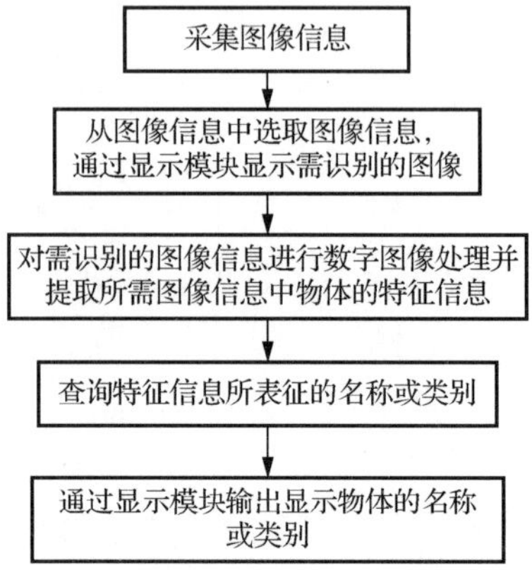

图 2.3.11　图像传感器物体特征识别的数据处理流程

工作手册

图像传感器在生产流水线上的应用工作手册如下。

姓名：	学号：	班级：	日期：

2.3　图像传感器在生产流水线上的应用工作手册	课堂笔记

任务接收

表 2-3-1　任务分配表

序号	角色	姓名	学号	分工
1	组长			
2	组员			
3	组员			
4	组员			
5	组员			
6	组员			

姓名：	学号：	班级：	日期：

任务准备

表 2-3-2　工作方案设计表

序号	工作内容	负责人
1		
2		
3		
4		
5		

表 2-3-3　实训设备、工具与耗材清单

序号	名称	型号与规格	数量	备注
1				
2				
3				
4				
5				
6				
7				
		领取人：		归还人：

任务实施

1）请根据硬件电路连接表画出硬件连接图，要求布局合理，线不交叉，有完整标识。

负责人：	验收签字：

课堂笔记

姓名：	学号：	班级：	日期：

2）更新图像识别传感器的条码识别固件，更新方式可扫描图 2-3-1 所示的二维码进行查看，更新后将图像识别传感器对准图 2-3-2 所示的条码进行识别。

图 2-3-1　图像识别传感器固件更新指南

1300 2180 4622 454018

图 2-3-2　条码识别结果

请写出条码识别结果：

____

____

____

3）更新图像识别传感器的颜色识别固件，更新后将图像识别传感器对准物体即可进行颜色识别。多尝试几次不同颜色的识别并记录。

表 2-3-4　实验数据表

序号	颜色物件	3.5 英寸液晶显示屏终端是否显示正确
1		
2		
3		
4		

4）描述在任务实施过程中产生的错误，并分析原因。

表 2-3-5　实训产生错误的原因分析

序号	问题描述	产生原因	是否解决
1			
2			
3			
4			
5			

任务验收

表 2-3-6　任务评分表

任务内容	评价标准	分值	自评	小组互评	教师评价
图像传感器在生产流水线上的应用实训	正确更新图像传感器的固件	40			
	更新图像传感器条码识别固件，实现条码识别	20			

课堂笔记

姓名：	学号：	班级	日期：

续表

任务内容	评价标准	分值	自评	小组互评	教师评价
图像传感器在生产流水线上的应用实训	更新图像传感器的颜色识别固件，实现颜色识别	20			
	3.5 英寸液晶显示屏终端液晶屏幕是否显示图像传感器的识别结果	20			
总分		100			

任务反馈

表 2-3-7　任务反馈表

序号	评价项目	自评	教师评价
1	任务是否按时按质完成		
2	理论知识是否掌握		
3	实际操作是否合规、安全		
4	作品质量		
5	小组成员是否协作有序		

自己及组内成员需要改进的地方：

____

____

____

____

任务拓展

使用图像传感器实现零件缺陷检测系统的功能，检测生产流水线上的零件质量。

课堂笔记

任务 2.4 力敏传感器在生产流水线上的应用

任务描述

力敏传感器，顾名思义就是能对各种力或能转化为力的物理量产生反应，并能将其转变为电参数的装置或元件。很显然，要成为真正实用意义上的力敏传感器，这个由力转化为电参数的过程最好保持线性关系。根据由力至电参数转变的方式不同，力敏传感器一般有电阻应变式

微课：力的测量概述

传感器、电位计式传感器、电感式传感器、压电式传感器、电容式传感器等，它们也可用来测量力值。

本任务要求利用力敏传感器完成一次质量检测，检测结果在 3.5 英寸液晶显示屏终端上显示。通过学习了解力敏传感器的工作特性与工作原理，完成力敏传感器的压力检测功能，模拟实现力敏传感器在生产流水线上的应用。

任务准备

压阻力敏传感器应用模块（图 2.4.1）1 个、3.5 英寸液晶显示屏终端 1 个、STM32F407 核心板 1 个、STM32F407 核心板电源适配器（5V/3A）1 个、万用表 1 个、20P 排线 2 条、杜邦线若干。

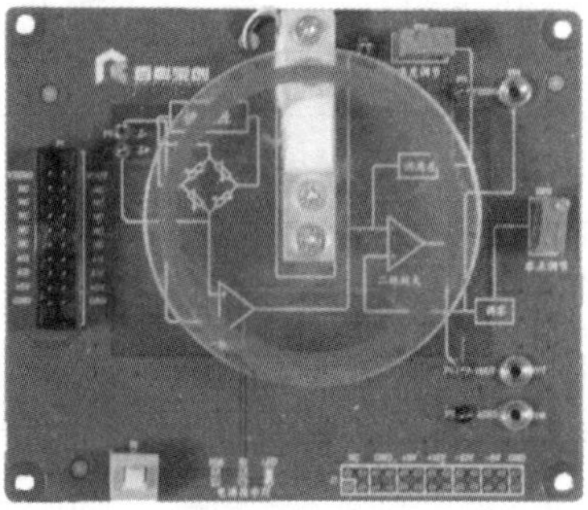

图 2.4.1　压阻力敏传感器应用模块

任务实施

本任务在实施过程中，由压阻力敏传感器模块进行压力采集并输出电压信号，单片机核心板通过 ADC 读取数据，实现压力检测。

采用单片机对压阻力敏传感器的数据进行读取，即可实现压力检测，实施步骤如下：

1）按表 2.4.1 和表 2.4.2 连接硬件电路，检测各电路（图 2.4.2）连接的正确性，确保无误后通电使用。

表 2.4.1　STM32F407 核心板与 3.5 英寸液晶显示屏终端连线

STM32F407 核心板	3.5 英寸液晶显示屏终端
PC8	CS
PC9	RS
PC10	WR
PC11	RD
PC12	BL
PC13	RST
PD0～PD15	D0～D15

表 2.4.2　STM32F407 核心板与压阻力敏传感器应用模块连线

STM32F407 核心板	压阻力敏传感器应用模块
PA0	VZERO
PA1	VOUT

使用 20P 排线将核心板 PC 口与显示终端 J3 口、核心板 PD 口与显示终端 J2 口相连。

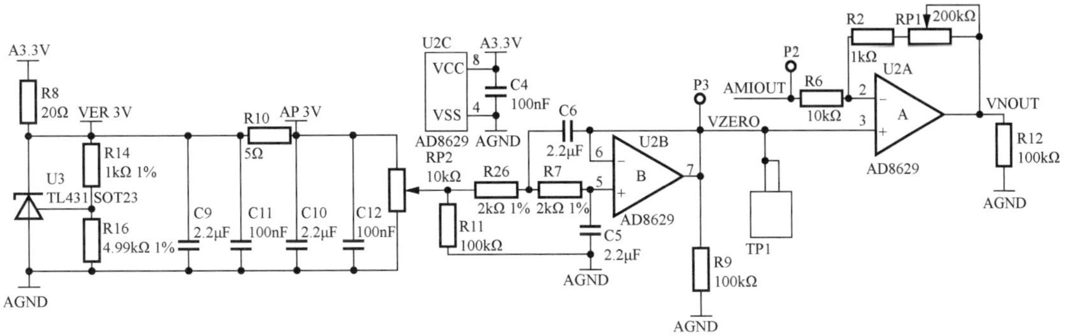

图 2.4.2　压阻力敏传感器原理图

2）在托盘未加载物品的情况下，调节电路板上的 R_{P_2}，使压阻力敏传感器模块测试端 P2 与 P3 压差为零。

3）加载 50g 的砝码，调节电路板上的满度调节电位器 R_{P_1}，使数字万用表的示数与砝码质量相对应（使 1g 对应 10mV）。

4）调节完传感器参数后将砝码放置在托盘上，3.5 英寸液晶显示屏终端可显示正确的质量。两次结果分别如图 2.4.3 和图 2.4.4 所示。

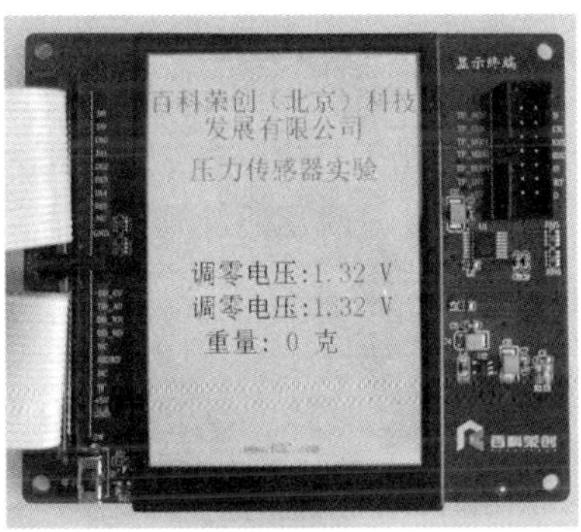

图 2.4.3　调零

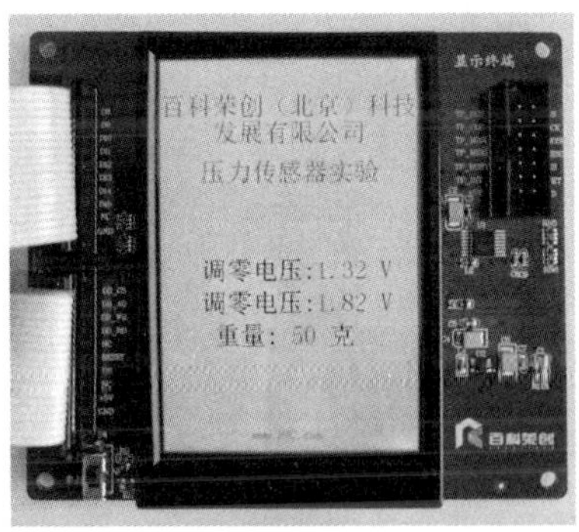

图 2.4.4　加载 50g 的砝码结果

任务评价

任务实施后，完成表 2.4.3。

表 2.4.3 任务评价表

项目内容	评价标准	分值	自评	小组互评	教师评价
力敏传感器在生产流水线上的应用实训	按照任务实施步骤正确连线	20			
	对压阻力敏传感器进行校准	20			
	使用数字万用表测量传感器的输出电压，使 1g 对应 10mV	30			
	3.5 英寸液晶显示屏终端是否显示正确的结果	30			
总分		100			

拓展训练

利用压阻力敏传感器应用模块制作一个电子秤，并结合矩阵键盘计算物品价格。

微课：电阻应变式传感器

知识链接

微课：压电式传感器

知识 2.4.1 薄膜压阻力敏传感器

薄膜压阻力敏传感器的外形如图 2.4.5 所示，其主要组成部分有弹性敏感元件、转换元件及信号调理电路等，如图 2.4.6 所示。合金薄膜压阻力敏传感器一般采用溅射、蒸镀等方法把合金沉积在弹性基体上，薄膜电阻层通过感受弹性元件的应变而产生相应的电阻变化，通过信号调理电路输出相应的电压信号，从而完成从非电量到电量的转换。

薄膜压阻力敏传感器采用单晶硅作为基体，压力腔弹性膜由单晶硅通过各向异性腐蚀而得到，沉积 SiO_2（二氧化硅）作为绝缘层，化学气相沉积等方法外延生长压敏电阻薄膜，具体结构如图 2.4.7 所示。薄膜压阻层通过感受外部压力引起压阻材料载流子密度的变化，从而导致薄膜电阻的变化，其后的信号调理和电量转换与合金薄膜压阻力敏传感器类似。

图 2.4.5 薄膜压阻力敏传感器

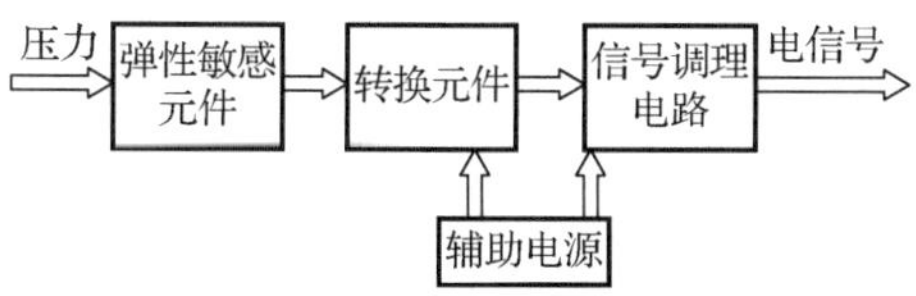

图 2.4.6 薄膜压阻力敏传感器的主要组成部分

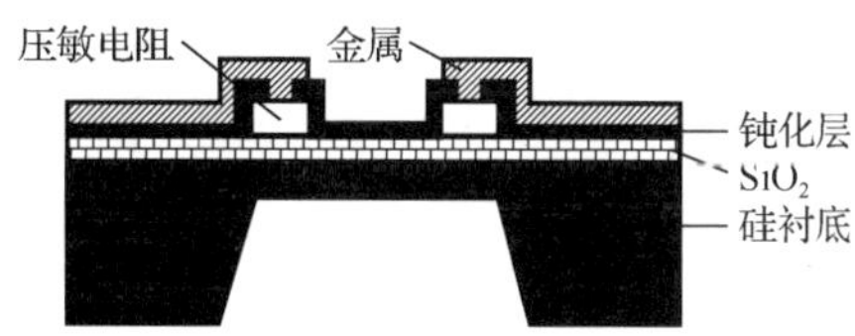

图 2.4.7 薄膜压阻力敏传感器示意图

拉伸或弯曲一片压电聚偏氟乙烯（PVDF）高分子膜（压电薄膜），薄膜上下电极表面之间就会产生一个电信号（电荷或电压），并且同拉伸或弯曲的形变成比例。一般的压电材料都对压力敏感，但对于压电薄膜来说，在纵向施加一个很小的力时，横向上会产生很大的应力，而如果对薄膜大面积施加同样的力，产生的应力会小很多。因此，压电薄膜对动态应力非常敏感，28μm 厚的 PVDF 的灵敏度典型值为 10～15mV/微应变（长度的百万分率变化）。

使用“动态应力”这个术语是因为形变产生的电荷会从与薄膜连接的电路流失，所以压电薄膜并不能探测静态应力。当需要探测不同水平的预应力时，这就成为压电薄膜的优势所在。薄膜只感受到应力的变化量，最低响应频率可达 0.1Hz。

压电薄膜很薄，很轻，非常柔软，可以无源工作，因此可以广泛应用于医用传感器，尤其是需要探测细微的信号时。显然，该材料的特点在供电受限的情况下尤为突出（在某些结构中，甚至还可以产生少量的能量），并且压电薄膜极其耐用，可以经受数百万次的弯曲和振动。

知识 2.4.2 悬臂梁式压阻力敏传感器

1. 悬臂梁式压阻力敏传感器的工作原理

悬臂梁式压阻力敏传感器的结构和示意图分别如图 2.4.8 和图 2.4.9 所示。

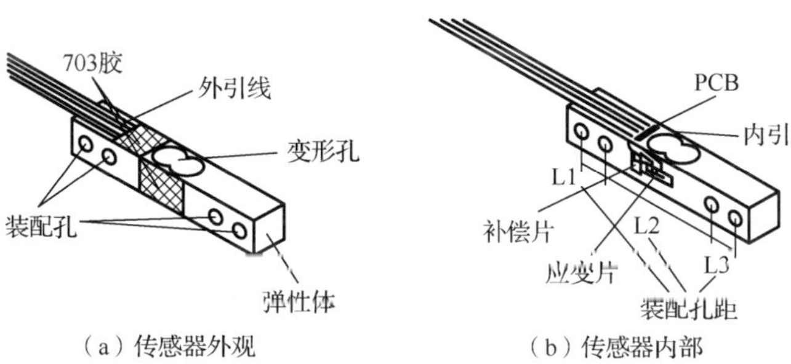

（a）传感器外观　（b）传感器内部

图 2.4.8 悬臂梁式压阻力敏传感器的结构

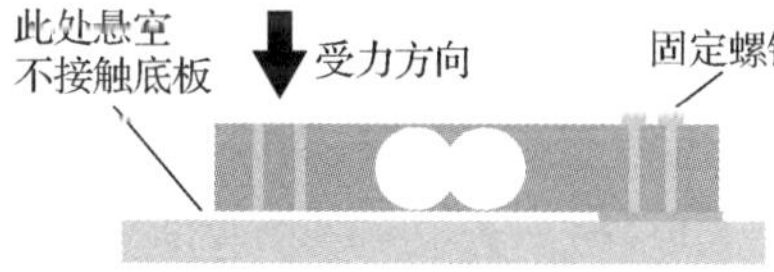

图 2.4.9 悬臂梁式压阻力敏传感器示意图

弹性体（弹性元件、敏感梁）在外力作用下产生弹性变形，使粘贴在其表面的电阻应变片（转换元件）也随同产生变形，电阻应变片变形后，它的阻值将发生变化（增大或减小），再经相应的测量电路把这一电阻变化转换为电信号（电压或电流），从而完成将外力转换为电信号的过程。

悬臂梁式压阻力敏传感器主要由电阻应变片和惠斯通电桥组成。

1）电阻应变片：一种将被测件上的应变变化转换为一种电信号的敏感器件，它是压阻式应变传感器的主要组成部分之一。电阻应变片应用较多的是金属电阻应变片和半导体应变片两种，金属电阻应变片又有丝状应变片和金属箔状应变片两种。通常是将应变片通过特殊的黏合剂紧密地黏合在产生力学应变的基体上，当基体受力发生应力变化时，电阻应变片也一起产生形变，使应变片的阻值发生改变，从而使加在电阻上的电压发生变化。这种应变片在受力时产生的阻值变化通常较小，一般这种应变片都组成应变电桥，并通过后续的仪表放大器进行放大，再传输给处理电路（通常是 A/D 转换电路和 CPU）显示或执行机构。

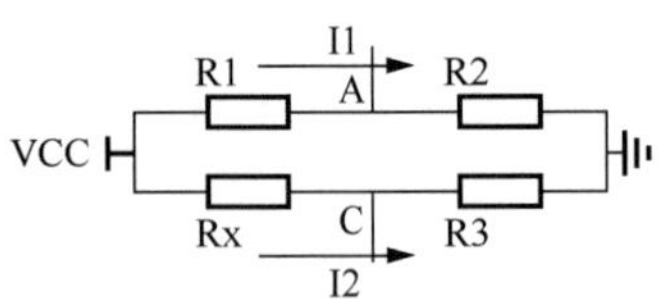

图 2.4.10　惠斯通电桥

2）惠斯通电桥：惠斯通电桥（又称单臂电桥）是一种可以精确测量电阻的仪器。通用的惠斯通电桥电阻 R_1、R_2、R_3、R_x 叫作电桥的四个臂。假设流过 R_1、R_2 桥臂的电流为 I_1，流过 R_3、R_x 桥臂的电流为 I_2，电桥供电电压为 V_{CC}，如图 2.4.10 所示。

通过欧姆定律可以计算出每个电阻两端的电压。在 R_1 和 R_2 这两个桥臂上，R_1、R_2 将 V_{CC} 电压分压，R_2 电阻两端得到的电压即为 V_1；在 R_3 和 R_x 这个桥臂上，R_3、R_x 将 V_{CC} 电压分压，R_3 电阻两端得到的电压即为 V_2。下面分别用欧姆定律计算 V_1 和 V_2。

流过电阻 R_1 和 R_2 的电流 I_1 为

$$I_1 = \frac{V_{CC}}{R_1 + R_2}$$

R_2 两端的电压 V_1 为

$$V_1 = I_1 R_2 = V_{CC} \frac{R_2}{R_1 + R_2}$$

流过电阻 R_3 和 R_x 的电流 I_2 为

$$I_2 = \frac{V_{CC}}{R_3 + R_x}$$

R_3 两端的电压为

$$V_2 = I_2 R_3 = V_{CC} \frac{R_3}{R_3 + R_x}$$

V_1 和 V_2 的电压差为

$$\Delta V = V_1 - V_2 = V_{CC}\left(\frac{R_2}{R_1 + R_2} - \frac{R_3}{R_3 + R_x}\right) = V_{CC} \frac{R_2 R_x - R_3 R_1}{(R_1 + R_2)(R_3 + R_x)}$$

由此可以看出，如果四个电阻都相等，即 $R_1 = R_2 = R_3 = R_x$，那么 $\Delta V=0$，即电桥处于平衡状态；R_x 发生变化会导致 ΔV 发生变化。

2．悬臂梁式压阻力敏传感器的电路调试

电阻应变式压阻力敏传感器的核心是电阻应变片，内部利用电阻应变片组成电桥形式，如图 2.4.11 所示。先利用应变片将弹性元件的形变转换为阻值的变化，再通过转换电路转变成电压输出，从而实现对一定范围质量的测量。具体的调试步骤如下。

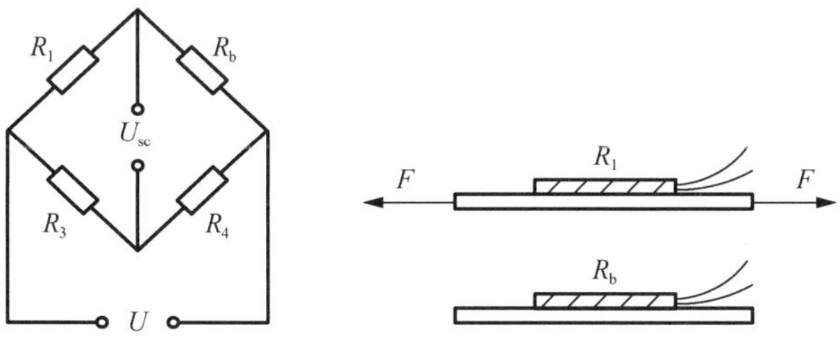

图 2.4.11　电阻应变式压力传感器桥式电路

注：图中的 R 均为桥臂电阻。

微课：压阻力敏传感器应用实例

1）将数字万用表红表笔与压力传感器应用模块测试端 P2 相连接，数字万用表黑表笔与压力传感器应用模块测试端 P3 相连接。

2）在托盘未加载物品的情况下，调节调零电位器 R_{P_2}，使压力传感器应用模块测试端 P2 与 P3 压差为零；加载 50g 的砝码，调节满度调节电位器 R_{P_1}，使智能显示终端显示 50.0g。

3）将数字万用表红表笔与压力传感器应用模块输出端 V_{OUT} 相连接，数字万用表黑表笔与压力传感器应用模块测试端 P3 相连接。

4）在托盘未加载物品的情况下，调节调零电位器 R_{P_2}，使压力传感器应用模块输出端 V_{OUT} 与 P3 压差为零；加载 50g 的砝码，调节满度调节电位器 R_{P_1}，使数字万用表的示数与砝码质量相对应（使 1g 对应 10mV）。

5）显示终端将压力传感器测量的质量数据显示在屏幕上。假设当前托盘上的砝码质量为 50g，则屏幕上会显示 50.0g。

工作手册

力敏传感器在生产流水线上的应用工作手册如下。

姓名：	学号：	班级：	日期：

2.4　力敏传感器在生产流水线上的应用工作手册

课堂笔记

任务接收

表 2-4-1　任务分配表

序号	角色	姓名	学号	分工
1	组长			
2	组员			

姓名：	学号：	班级：	日期：

续表

序号	角色	姓名	学号	分工
3	组员			
4	组员			
5	组员			
6	组员			

任务准备

表 2-4-2　工作方案设计表

序号	工作内容	负责人
1		
2		
3		
4		
5		

表 2-4-3　实训设备、工具与耗材清单

序号	名称	型号与规格	数量	备注
1				
2				
3				
4				
5				
6				
7				
			领取人：	归还人：

任务实施

1）请根据硬件电路连接表画出硬件连接图，要求布局合理，线不交叉，有完整标识。

课堂笔记

姓名：	学号：	班级：	日期：

负责人：	验收签字：

2）在托盘未加载物品的情况下，调节调零电位器 R_{P_2}，使压力传感器模块测试端 P2 与 P3 压差为零。

是否调零？调零过程中遇到了什么困难？如何解决的？

____

____

____

3）加载 50g 的砝码，调节满度调节电位器 R_{P_1}，使数字万用表的示数与砝码质量相对应（使 1g 对应 10mV）。

4）调节完传感器参数后，将砝码放置在托盘上，3.5 英寸液晶显示屏终端可显示正确的质量。

是否显示正确质量？遇到了什么困难？如何解决的？

____

____

____

____

5）描述任务实施过程中产生的错误，并分析原因。

表 2-4-4　实训产生错误的原因分析

序号	问题描述	产生原因	是否解决
1			
2			
3			
4			
5			

课堂笔记

姓名：	学号：	班级：	日期：

任务验收

表 2-4-5　任务评分表

任务内容	评价标准	分值	自评	小组互评	教师评价
力敏传感器在生产流水线上的应用实训	按照任务实施步骤正确连线	40			
	对压阻力敏传感器进行校准	20			
	使用数字万用表测量传感器的输出电压，1g 对应 10mV	20			
	3.5 英寸液晶显示屏终端是否显示正确的结果	20			
总分		100			

任务反馈

表 2-4-6　任务反馈表

序号	评价项目	自评	教师评价
1	任务是否按时按质完成		
2	理论知识是否掌握		
3	实际操作是否合规、安全		
4	作品质量		
5	小组成员是否协作有序		

自己及组内成员需要改进的地方：

____

____

____

____

任务拓展

利用压阻力敏传感器应用模块制作一个电子秤，并结合矩阵键盘计算物品价格。

课堂笔记

项目3 传感器在工厂物流机器人中的应用

◎ 项目引入

我国的物流机器人发展虽然取得了长足进步，但仍存在一定的技术壁垒，与工业发达国家相比还有较大差距。如何突破技术瓶颈、提高我国仓储机器人的发展和应用水平，成为业界要进一步思考的问题。没有机动车辆的轰鸣，没有工作人员的频繁走动，只看到AGV（automated guided vehicle，自动导引车）在快速移动、码垛机器人在举重若轻地搬运货物——这是理想中的“无人仓”场景。如今，这一理想已经变为现实。

1）AGV。AGV是一种具有高度柔性化和智能化的物流搬运设备，被称为移动机器人。在国外，AGV从20世纪50年代开始在仓储业使用；在国内，AGV在汽车、烟草、印钞、新闻纸等行业也有大规模应用。目前，以亚马逊Kiva机器人为代表的“货到人”解决方案在仓储物流系统中的应用日益广泛。AGV的核心技术主要包括传感器技术、导航技术、伺服驱动技术、系统集成技术。拥有自主核心技术是每个AGV企业发展的关键。

2）码垛机器人。码垛机器人能适应于纸箱、袋装、罐装、箱体、瓶装等各种形状包装物品的码垛/拆垛作业。该类型机器人不仅能搬运重物，而且作业速度和搬动的质量远远高于人工，提高了作业效率。每一台码垛机器人都有其独立的控制系统，极大地保证了作业精度。通过科学、合理的刚性机械本体设计，码垛机器人可以适应高负重、高频率、高灵活性的码垛作业。

3）分拣机器人。分拣机器人一般具备传感器、物镜、图像识别系统和多功能机械手等结构，该类机器人可先利用图像识别系统“看到”物品的形状、颜色等分类信息，再用机械手抓取物品，然后放到指定位置，实现货物快速分拣。

亚马逊Kiva机器人

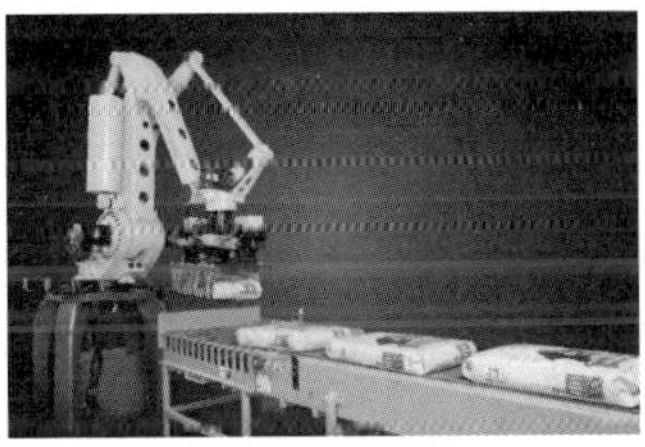

码垛机器人

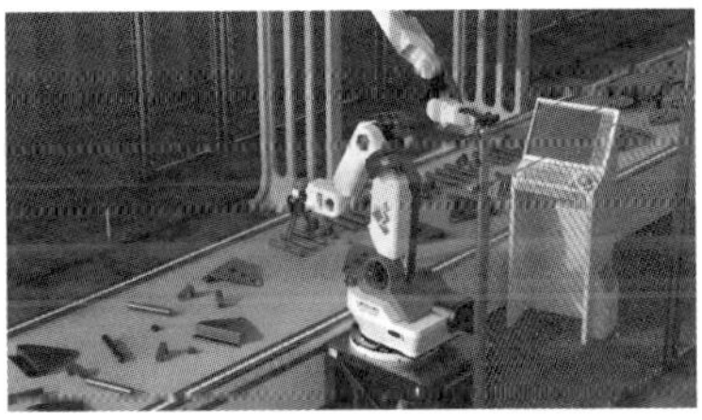

分拣机器人

在当今智能制造的大环境下，机器人企业如雨后春笋般涌现，各种物流机器人也随之迅速面世，并在搬运、码垛、拣选等物流环节中得到广泛应用，而传感器就是保证物流机器人准确地操作其自身状态及行为的重要部件。

传感器在工厂物流机器人中的应用

◎ 学习目标

知识目标	1. 了解超声波传感器、加速度传感器和电子罗盘传感器的基本结构和基本特性； 2. 了解超声波传感器、加速度传感器和电子罗盘传感器在工业物流机器人中的应用； 3. 熟练掌握超声波传感器、加速度传感器和电子罗盘传感器的工作原理与应用方法
能力目标	1. 能正确选择并熟练使用通用电子仪器、仪表及辅助设备； 2. 具备常用电子元器件的识别和检测能力； 3. 具备分析电路功能，并使用专用仪表检测电路参数、调试电路、检修电路故障的能力
思政与素养目标	1. 培养实事求是、严肃认真、客观公正的职业道德； 2. 培养积极沟通交流、分析问题与解决问题的职业能力； 3. 培养团结互助的团队精神，增强集体主义荣誉感

◎ 思维导图

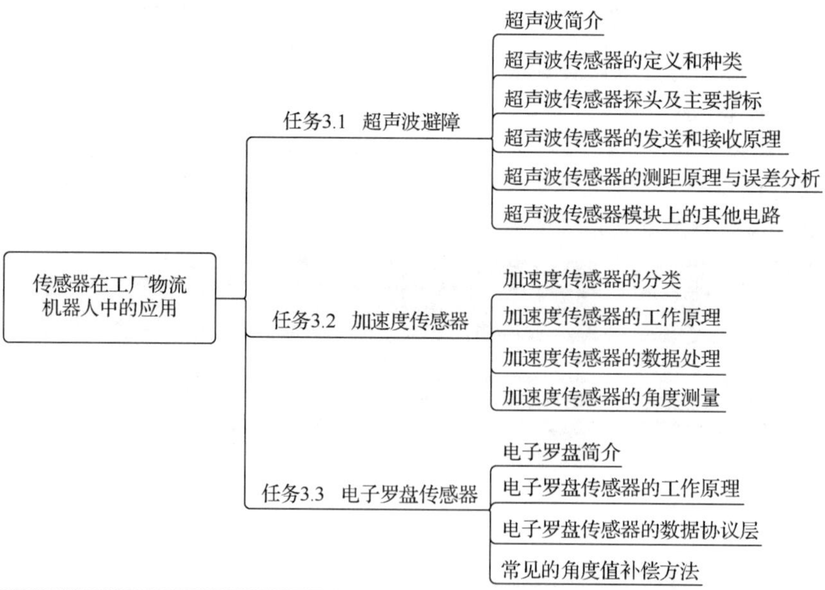

任务 3.1　超声波避障

任务描述

在工业物流上 AGV 通常有固定的行动路线，目前，AGV 已具有超声波避障功能。超声波传感器主要由发射装置和接收装置组成，其原理是发射装置向被探测区域发射超声波，在接收装置检测到信号后传入单片机，通过单片机计算出探测区域中的发射装置与障碍物的距离，通过设置距离阈值，当探测距离小于阈值时，做出报警反应和重新规划路线行进等动作。

微课：趣谈超声波传感器

本任务要求利用超声波传感器完成一个超声波避障系统，超声波传感器测得的距离数据可在数码管上显示。通过学习了解超声波传感器的工作特性与工作原理，完成超声波传感器的测距和报警功能，模拟实现超声波传感器在工厂物流机器人中的应用。

任务准备

超声波传感器模块（图 3.1.1）1 个、STM32F407 核心板 1 个、STM32F407 核心板电源适配器（5V/3A）1 个、示波器 1 个、万用表 1 个、20P 排线 2 条、杜邦线若干。

图 3.1.1　超声波传感器模块

任务实施

本任务在实施过程中，通过单片机产生 40kHz 的固定频率传输到 CD4069 反相器的第 13 脚，再通过 CD4069 反相器传输给超声波发射装置，最后由超声波发射装置将超声波发送出去。

当超声波接收装置接收到超声波后，接收端 CX20106 的第 7 脚会产生一个下降沿，利用单片机对该引脚的下降沿进行采集，可获得超声波发送与接收的时间差，而超声波在空气中的传播速度约为 340m/s（15℃），根据速度、时间、距离三者之间的关系即可计算出障碍物与超声波装置的实际距离，在设置距离阈值后，当距离小于阈值时，即可做出报警反应和重新规划路线行进，具体实施步骤如下：

1）按表 3.1.1 连接硬件电路，检测各电路（图 3.1.2～图 3.1.5）连接的正确性，确保无误后通电使用。

表 3.1.1　STM32F407 核心板与超声波传感器模块连线

STM32F407 核心板	超声波传感器模块
PA8	IN
PA9	OUT
PA10	BEEP
PE0～PE7	A～DP
PE8～PE11	COM1～COM4

使用 20P 排线将核心板 GPIO A、GPIO E 口与超声波传感器模块 J2、J3 口相连。

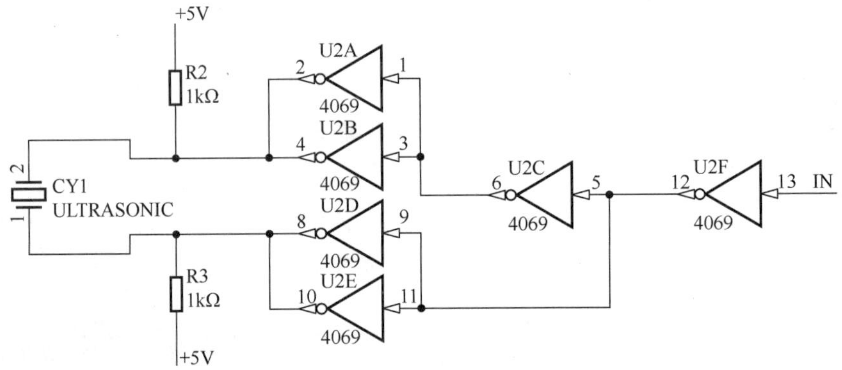

图 3.1.2　超声波传感器发射电路

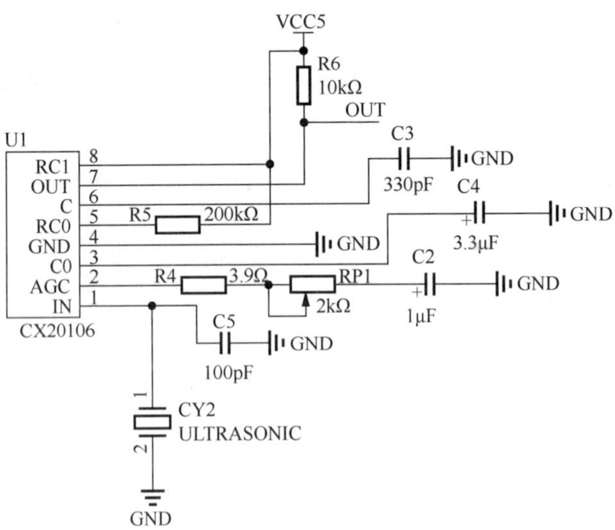

图 3.1.3　超声波传感器接收电路

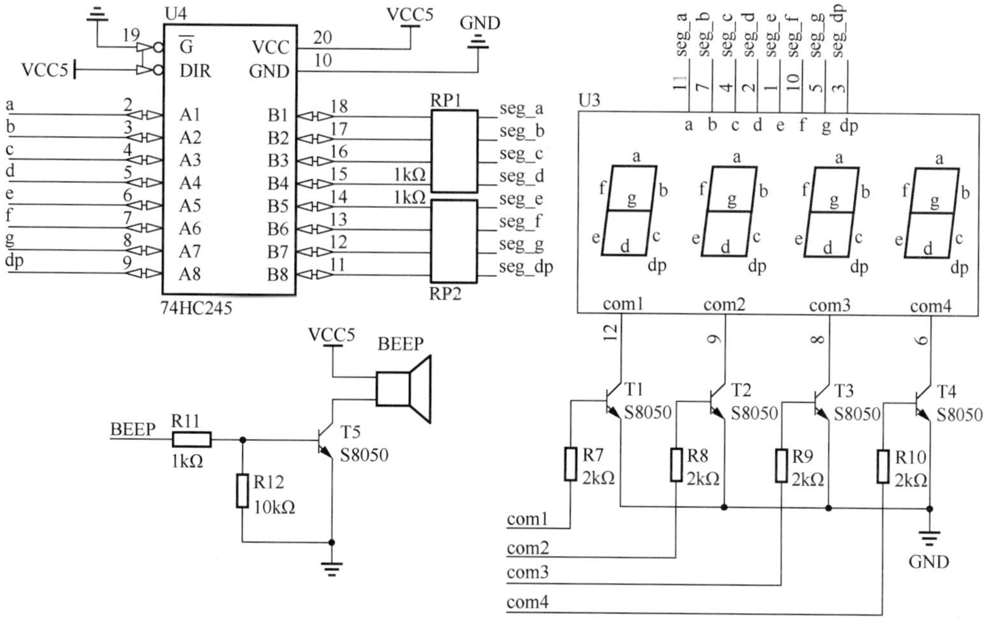

图 3.1.4　超声波传感器模块上的蜂鸣器和数码管电路

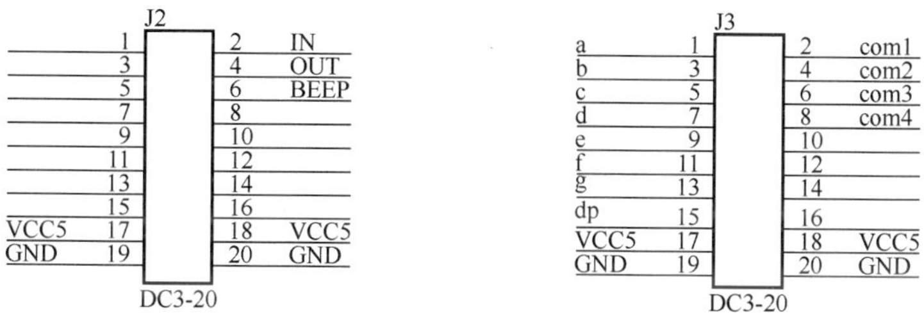

图 3.1.5　超声波传感器模块上的接口电路

2）利用示波器测量超声波传感器发射装置的固定频率，观察频率是否正确。若不正确，则需说明错误原因，并调试出正确的固定频率。频率实测图如图 3.1.6 所示。

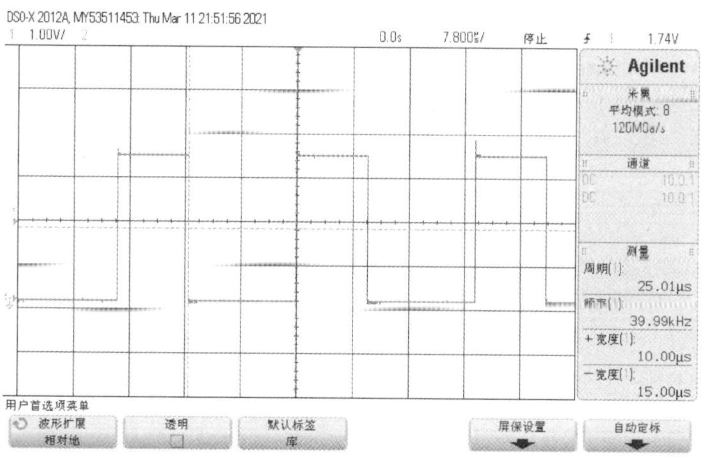

图 3.1.6　频率实测图

3）利用示波器测量超声波传感器接收部分 CX20106 集成芯片的第 7 脚，观察是否产生下降沿。若未产生下降沿，则需说明未产生原因，并调试出正确的下降沿。下降沿实测图如图 3.1.7 所示。

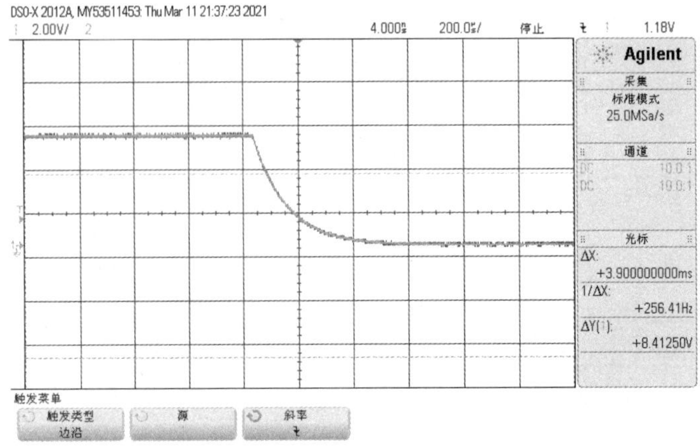

图 3.1.7　下降沿实测图

4）观察超声波传感器模块上数码管显示的超声波数据是否正确。若不正确，则需说明错误原因，并调试出正确无误的数据。

5）观察当超声波传感器测距数值小于阈值时，蜂鸣器是否报警。若未报警，则需说明未报警原因，并调试出因数值过小而鸣叫的报警声。

6）观察当超声波传感器测距数值小于阈值时，在蜂鸣器报警的同时，核心板上的 LED 灯是否闪烁。若没有闪烁，则需说明不闪烁原因，并调试出报警后 LED 灯闪烁的功能（将 AGV 重新规划行进路线的功能用 LED 灯闪烁代替）。

任务评价

任务实施后，完成表 3.1.2。

表 3.1.2　任务评价表

任务内容	评价标准	分值	自评	小组互评	教师评价
超声波避障实训	超声波传感器发射装置的固定频率是否正确	40			
	超声波传感器接收装置接收到数据后是否产生下降沿	20			
	超声波传感器测距数值小于阈值时，蜂鸣器是否报警	20			
	超声波传感器测距数值小于阈值时，在蜂鸣器报警的同时，LED 灯是否闪烁	20			
总分		100			

拓展训练

1）改进超声波数值的准确性：通过软件滤波算法完成超声波数值的准确度和实时性的测试。

2）倒车雷达检测系统：结合舵机和上位机软件，利用超声波传感器实现前方 180° 方位探测预警功能。超声波探测图如图 3.1.8 所示。

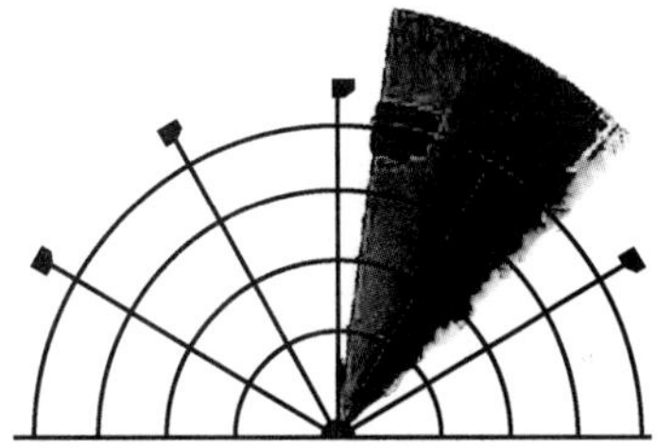

图 3.1.8　超声波探测图

知识链接

知识 3.1.1　超声波简介

声波是声音传播形式，超声波是声波中的一种，声波按频率可以分为次声波、超声波和人可听见的声波。次声波的频率为 20Hz 以下，人可听见声波的频率为 20Hz～20kHz，超声波的频率则高于 20kHz。

在工业生产中，超声波广泛应用于工业探伤、清洗、焊接，以及对各种高温、有毒和强腐蚀性液体液位的测量等。在日常生活中，超声波广泛应用于消毒杀菌、汽车倒车雷达和自动清扫机器人等。超声波可以穿过各种介质（气体、液体、固体）来检测声阻抗不匹配的物体。例如，在 20℃（68℉）的干燥空气中，声速为 343m/s，空气中的超声波衰减随着频率和湿度的增加而增加，因此，由于过度的路径损耗/吸收，空气耦合超声波的频率通常被限制在 500kHz 以下。

超声波测距相比红外测距，价格更低，相应地，感应速度和精度也逊色一些。同样，由于需要主动发射声波，所以对于太远的障碍物，精度也会随着声波的衰减而降低。此外，对于海绵等吸收声波的物体或者在大风干扰的情况下，超声波将无法工作。超声波的传输过程如图 3.1.9 所示。

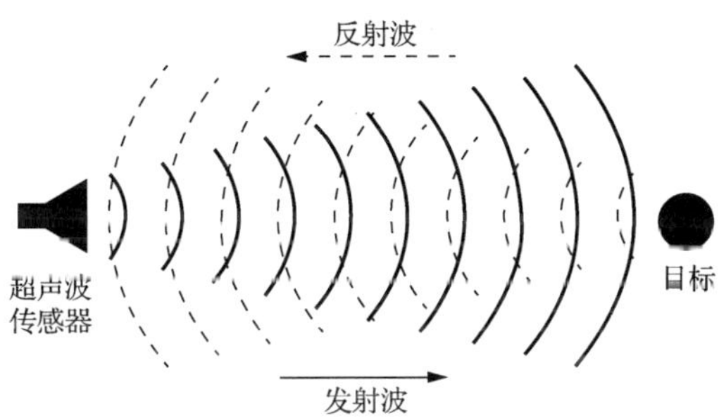

图 3.1.9　超声波的传输过程

知识 3.1.2　超声波传感器的定义和种类

1．超声波传感器的定义

超声波传感器是将超声波信号转换成其他能量信号（通常是电信号）的传感器，也称为超声波探测器、换能器、探头，广泛应用在工业、国防、生物医学和日常生活等方面。

2．超声波传感器的种类

超声波传感器按照原理不同可分为压电式超声波传感器、磁致伸缩式超声波传感器、电磁式超声波传感器等多种类型，其中最常用的是压电式超声波传感器。

（1）压电式超声波传感器

压电式超声波传感器是利用压电材料的压电效应原理将高频电振动转换成高频机械振动，从而产生超声波。当外加交变电压的频率等于压电材料的固有频率时会产生共振，此时产生的超声波最强。压电式超声波传感器可以产生几十千赫到几十兆赫的高频超声波，其声强可达几十瓦每平方厘米。

压电材料通常可分为有机压电材料和无机压电材料两大类。有机压电材料又称为压电聚合物，如聚偏氟乙烯（PVDF，薄膜）及其为代表的其他有机压电（薄膜）材料；无机压电材料又分为压电陶瓷和压电晶体。压电式超声波传感器常用的材料是压电陶瓷和压电晶体。

超声波发生器是利用逆压电效应制成的，即在压电元件上施加电压，元件发生应变引起空气振动而产生超声波，超声波以疏密波形式传播，传送给超声波接收器。超声波接收器是利用正压电效应原理进行工作的，当超声波作用到压电晶片上时引起晶片变形，在晶片的两个表面上便产生极性相反的电荷，这些电荷被转换成电压经放大后送到测量电路，最后记录或显示出来。

（2）磁致伸缩式超声波传感器

磁致伸缩式超声传感器是利用材料的磁致伸缩效应及其逆效应进行工作的。当铁磁材料置于磁场中时，它的几何尺寸会发生变化，这种现象称为磁致伸缩效应。根据铁磁材料在磁场中的几何尺寸变化的形式不同，磁致伸缩效应可分为纵向效应、横向效应、扭转效应和体积效应等。用于磁致伸缩式超声波传感器的材料主要有铝铁合金、铁钴合金、镍钴合金及铁氧体等。

磁致伸缩式超声波发生器是把铁磁材料放置于交变磁场中，使它产生机械尺寸的交替变换及机械振动，从而产生超声波；磁致伸缩式超声波接收器是当超声波作用在磁致伸缩材料上时，引起材料伸缩，从而导致它的内部磁场发生改变，根据电磁感应，磁致伸缩材料上所绕的线圈里便获得电动势，将该电动势送入测量电路便可用于记录或显示。

知识 3.1.3 超声波传感器探头及主要指标

超声波传感器探头（图 3.1.10）主要由压电晶片组成，既可以发射超声波，也可以接收超声波，小功率超声波传感器探头多起探测作用。它有许多不同的结构，可分直探头（纵波）、斜探头（横波）、表面波探头（表面波）、兰姆波探头（兰姆波）、双探头（一个探头反射、一个探头接收）等。

超声波传感器探头的核心是其塑料外套或者金属外套中的一块压电晶片。构成晶片的材料可以有许多种，晶片的大小，如直径和厚度也各不相同，因此每个探头的性能是不同的，我们使用前必须预先了解它的性能。

图 3.1.10　超声波传感器探头

超声波传感器探头的主要性能指标，包括：

1）工作频率。工作频率就是压电晶片的共振频率。当加到它两端的交流电压的频率和晶片的共振频率相等时，输出的能量最大，灵敏度也最高。

2）工作温度。由于压电材料的居里点一般比较高，特别是诊断用超声波传感器探头使用功率较小，所以工作温度比较低，可以长时间地工作而不产生失效。医疗用的超声波传感器探头的温度比较高，需要单独的制冷设备。

3）灵敏度。该指标主要取决于制造晶片本身。机电耦合系数大，灵敏度高；反之，灵敏度低。

知识 3.1.4　超声波传感器的发送和接收原理

1．超声波传感器发送原理

超声波传感器发射电路（图 3.1.2）采用 CD4069 集成芯片，由 6 个 COS/MOS（complementary symmetry/metal oxide semiconductor，互补对称/金属氧化物半导体）反相器电路组成。反相器是逻辑电路的一种芯片，反相器可以将输入信号的相位反转 180°，通常应用于模拟电路，如音频放大、时钟振荡器等。

发射电路中只使用了一个超声波元器件（CY1），元器件两端连接着上拉电阻。电路中 CD4069 集成芯片（六通道反相器）可将输入电压状态反向输出。更多的反相器可以起提高驱动电路能力的作用。图 3.1.2 中 CY1 的一端经过了三个反相器，另一端经过了两个反相器，所以 CY1 两端始终存在 5V 压差。

超声波传感器探头（CY1）内部存有一个陶瓷压电片，在陶瓷压电片两边电极上接通交流音频信号时，压电片会根据信号的大小频率发生振动而产生相应的声音。因此，通过在 IN 端输入 40kHz 的脉冲信号就可以控制超声波传感器探头发出超声波。

2．超声波传感器接收原理

超声波传感器接收电路（图 3.1.3）采用集成电路 CX20106。这是一款红外线检波接收的专用芯片，常用于电视机红外遥控接收器。考虑到红外遥控常用的载波频率 38kHz 与测距超声波频率 40kHz 较为接近，所以可以利用它作为超声波检测电路。实验证明，红外遥控具有很高的灵敏度和较强的抗干扰能力。

当 CX20106 接收到 40kHz 的信号时，会在第 7 脚产生一个脉冲信号（产生一个下降沿，这个信号可以接到单片机的外部中断引脚，作为中断信号输入），然后使用 CX20106 集成电路对接收装置接收到的信号进行放大、滤波，其总放大增益为 80dB。CX20106 的引脚注解如下。

1 脚：超声信号输入端，该引脚的输入阻抗约为 40kΩ。

2 脚：该引脚与地之间连接 RC 串联网络，它们是负反馈串联网络的一个组成部分，改变它们的数值能改变前置放大器的增益和频率特性。增大 R_4 和 R_{P_1} 串联电阻，或减小 C_2，将使负反馈量增大，放大倍数下降，反之则放大倍数增大。但 C_2 的改变会影响频率特性，一般在实际使用中不必改动，推荐选用参数为 R_4=3.9Ω，R_4 和 R_{P_1} 的串联电阻为 4.7Ω，C_2=1μF。

3 脚：该引脚与地之间连接检波电容，若电容量大，则为平均值检波，瞬间响应灵敏度低；若电容量小，则为峰值检波，瞬间响应灵敏度高，但检波输出的脉冲宽度变动大，易造成误动作，推荐参数为 3.3μF。

4 脚：接地端。

5 脚：该引脚与电源间接入一个电阻，用以设置带通滤波器的中心频率 f_0，阻值越大，中心频率越低。例如，取 R = 200kΩ 时，$f_0 \approx$ 42kHz；取 R = 220kΩ 时，$f_0 \approx$ 38kHz。

6 脚：该引脚与地之间接一个积分电容，标准值为 330pF，如果该电容取得太大，会使探测距离变短。

7 脚：遥控命令输出端，它是集电极开路输出方式，因此该引脚必须接一个上拉电阻到电源端。没有接收信号时，该端输出为高电平；有信号时，则产生下降沿。

8 脚：电源正极，接 4.5～5V。

适当改变 C_2 的大小，可改变接收电路的灵敏度和抗干扰能力。R_4 和 R_{P_1} 串联电阻及 C_2 控制 CX20106 内部的放大增益，R_5 控制带通滤波器的中心频率，一般取 R_4 = 4.7Ω，C_2 = 1μF。

知识 3.1.5 超声波传感器的测距原理与误差分析

超声波传感器通过超声波装置发射超声波与接收超声波的时间差，来获得距离。

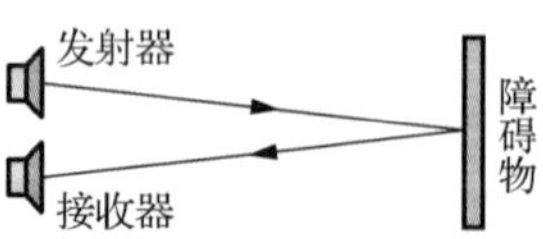

图 3.1.11 测距示意图

如图 3.1.11 所示，超声波传感器发射装置（发射器）向某一方向发射超声波，在发射的同时开始计时，超声波在空气中传播，途中碰到障碍物则立即返回，在超声波传感器接收装置（接收器）接收到反射波的同时停止计时，通过这个时间差来获得距离。设超声波在空气中的传播速度为 V，发射与接收的时间差为 Δt，发射装置到障碍物，障碍物再到接收装置的距离为 S，则计算公式为

$$S = V \cdot \Delta t$$

由于超声波也是一种声波，其声速与温度有关。声速与温度的关系如表 3.1.3 所示。

表 3.1.3　声速与温度的关系

温度/℃	−30	−20	−10	0	10	20	30	100
声速/(m/s)	313	319	325	332	338	344	349	386

表 3.1.3 列出了几种不同温度下的声速，常温下超声波的传播速度是 344m/s，如果温度变化不大，则可以认为声速是基本不变的。

超声波的传播速度 V 易受到空气中温度、湿度、压强等因素的影响，其中受温度的影响较大。温度每升高 1℃，声速就增加约 0.6m/s。如果测距精度要求很高，则应通过温度补偿的方法加以校正。已知现场环境温度为 T 时，超声波传播速度 V 的计算公式为

$$V = 331.45 + 0.607T$$

声速确定后，测得超声波往返的时间，即可求得测量距离。这个测量距离和实际距离的关系如图 3.1.12 所示，根据发射装置和接收装置的间距，利用勾股定理即可求出实际距离。

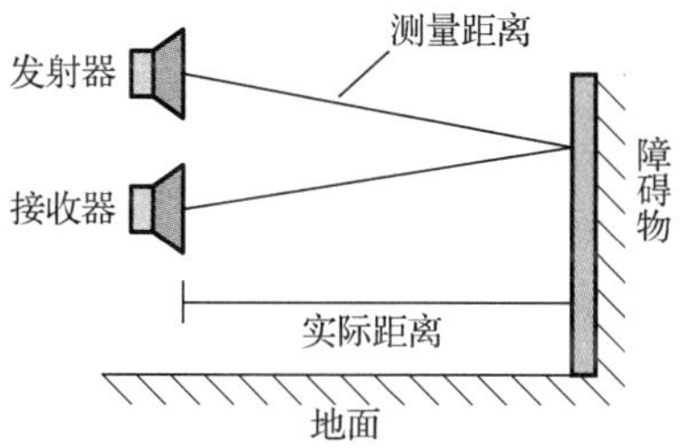

图 3.1.12　测量距离与实际距离的关系

若测量距离为 S，超声波发射器和超声波接收器的间距为 d，则实际距离 S_1 的计算公式为

$$S_1 = \sqrt{\left(\frac{S}{2}\right)^2 - \left(\frac{d}{2}\right)^2}$$

知识 3.1.6　超声波传感器模块上的其他电路

超声波传感器模块上还有其他电路，如蜂鸣器和数码管电路，如图 3.1.4 所示，采用 74HC245 芯片与晶体管方式驱动。晶体管与 MOS 管驱动方式相同，具体驱动原理可查阅相关数据手册。

工作手册

超声波避障工作手册如下。

姓名：	学号：	班级：	日期：

3.1　超声波避障工作手册

任务接收

表 3-1-1　任务分配表

序号	角色	姓名	学号	分工
1	组长			
2	组员			
3	组员			
4	组员			
5	组员			
6	组员			

课堂笔记

任务准备

表 3-1-2　工作方案设计表

序号	工作内容	负责人
1		
2		
3		
4		
5		

表 3-1-3　实训设备、工具与耗材清单

序号	名称	型号与规格	数量	备注
1				
2				

姓名：	学号：	班级：	日期：

续表

序号	名称	型号与规格	数量	备注
3				
4				
5				
6				
7				
			领取人：	归还人：

任务实施

1）请根据硬件电路连接表画出硬件连接图，要求布局合理，线不交叉，有完整标识。

负责人：	验收签字：

2）利用示波器测量超声波传感器发射装置的固定频率，观察频率是否正确。若不正确，则需说明错误原因，并调试出正确的固定频率，画出频率实测图。

课堂笔记

姓名：	学号：	班级：	日期：

固定频率不正确的原因：

____

____

____

3）利用示波器测量超声波传感器接收部分 CX20106 集成芯片的第 7 脚，观察是否产生下降沿。若未产生下降沿，则需说明未产生原因，并调试出正确的下降沿，画出下降沿实测图。

未产生下降沿的原因：

____

____

____

4）观察超声波传感器模块上数码管显示的超声波数据是否正确。若不正确，则需说明错误原因，并调试出正确无误的数据。

超声波数据不正确的原因：

____

____

____

5）观察当超声波传感器测距数值小于阈值时，蜂鸣器是否报警。若未报警，则需说明未报警原因，并调试出因数值过小而鸣叫的报警声。

未报警的原因：

____

____

____

课堂笔记

姓名：	学号：	班级：	日期：

6）观察当超声波传感器测距数值小于阈值时，在蜂鸣器报警的同时，核心板上的 LED 灯是否闪烁。若没有闪烁，则需说明不闪烁原因，并调试出报警后，LED 灯闪烁的功能（将 AGV 重新规划行进路线的功能用 LED 灯闪烁代替）。

LED 灯没闪烁的原因：

___

___

___

7）描述任务实施过程中产生的错误，并分析原因。

表 3-1-4 实训产生错误的原因分析

序号	问题描述	产生原因	是否解决
1			
2			
3			
4			
5			

任务验收

课堂笔记

表 3-1-5 任务评分表

任务内容	评价标准	分值	自评	小组互评	教师评价
超声波避障实训	超声波传感器发射装置的固定频率是否正确	40			
	超声波传感器接收装置接收到数据后是否产生下降沿	20			
	超声波传感器测距数值小于阈值时，蜂鸣器是否报警	20			
	超声波传感器测距数值小于阈值时，在蜂鸣器报警的同时，LED 灯是否闪烁	20			
总分		100			

任务反馈

表 3-1-6 任务反馈表

序号	评价项目	自评	教师评价
1	任务是否按时按质完成		
2	理论知识是否掌握		
3	实际操作是否合规、安全		
4	作品质量		
5	小组成员是否协作有序		

姓名：	学号：	班级：	日期：

自己及组内成员需要改进的地方：

____

____

____

____

课堂笔记

任务拓展

1）改进超声波数值的准确性：通过软件滤波算法完成超声波数值的准确度和实时性的测试。

2）倒车雷达检测系统：结合舵机和上位机软件，利用超声波传感器实现前方 180° 方位探测预警功能。

任务 3. 2

加速度传感器

微课：加速度传感器的应用——送快递无人机

视频：三轴加速度传感器实验软件操作

视频：三轴加速度传感器实验操作

任务描述

在工业物流 AGV 上通常配有加速度传感器，可检测机器人的姿态并实时进行调整，使工业机器人在运行时更加稳定。

本任务要求通过学习加速度传感器的工作原理与数据处理，完成加速度传感器的 X、Y、Z 轴的角度值转换计算，模拟实现加速度传感器在工厂物流机器人中的应用。

任务准备

三轴加速度传感器模块（图 3.2.1）1 个、3.5 英寸液晶显示屏终端 1 个、STM32F407

核心板 1 个、STM32F407 核心板电源适配器（5V/3A）1 个、示波器 1 个、万用表 1 个、20P 排线 3 条、杜邦线若干。

图 3.2.1　三轴加速度传感器模块

任务实施

本任务在实施过程中，通过单片机产生的时序与三轴加速度传感器模块上的 ADXL345（电容式加速度传感器）进行通信，获取加速度传感器的 *X*、*Y*、*Z* 轴加速度值，并在 3.5 英寸液晶显示屏终端上显示。

1）按表 3.2.1 和表 3.2.2 连接硬件电路，检测各电路（图 3.2.2 和图 3.2.3）连接的正确性，确保无误后通电观察实验数据并将数据填入表 3.2.3 中。

表 3.2.1　STM32F407 核心板与 3.5 英寸液晶显示屏终端连线

STM32F407 核心板	3.5 英寸液晶显示屏终端
PC8	CS
PC9	RS
PC10	WR
PC11	RD
PC12	BL
PC13	RST
PD0～PD15	D0～D15

使用 20P 排线将核心板 PC 口与显示终端 J3 口、核心板 PD 口与显示终端 J2 口相连。

表 3.2.2　STM32F407 核心板与三轴加速度传感器模块连线

STM32F407 核心板	三轴加速度传感器模块
PA4	SDA
PA5	SCL
PA6	SDO
PA7	CS

使用 20P 排线将核心板 GPIO A 口与三轴加速度传感器模块 J2 口相连。

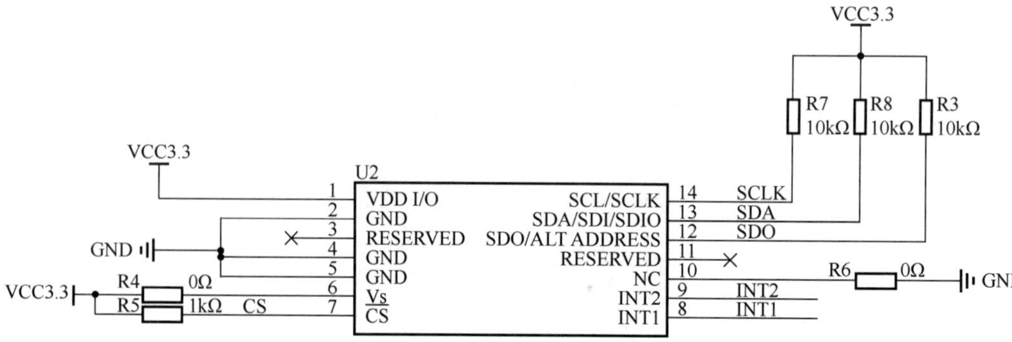

图 3.2.2　三轴加速度传感器电路原理图（1）

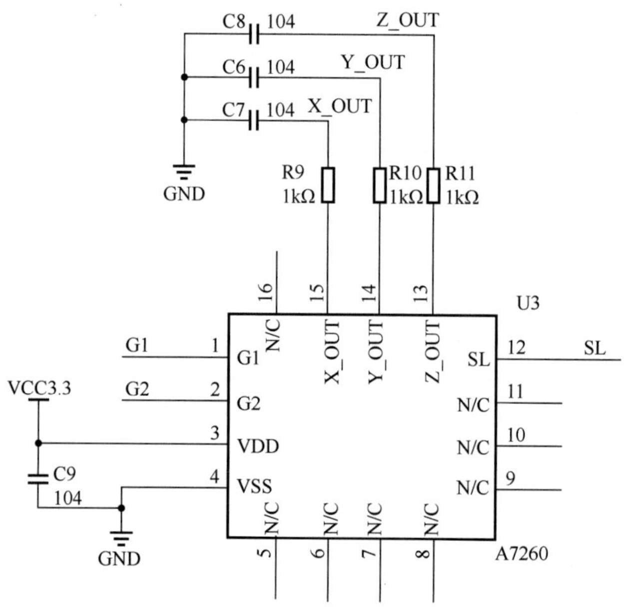

图 3.2.3　三轴加速度传感器电路原理图（2）

表 3.2.3　实验数据表

序号	A_x	A_y	A_z
1			
2			
3			
4			
5			

2）根据实验数据计算出弧度值，即 *X*、*Y*、*Z* 轴与水平线的夹角的弧度值，填入表 3.2.4 中。

表 3.2.4　实验数据表

序号	α_1	β_1	γ_1
1			
2			
3			
4			
5			

注：α_1、β_1、γ_1 分别是 X、Y、Z 轴与水平线的夹角的弧度值。

3）根据实验数据计算出 X、Y、Z 轴与水平线夹角的角度值，填入表 3.2.5 中。

表 3.2.5　实验数据表

序号	θ_x	θ_y	θ_z
1			
2			
3			
4			
5			

注：θ_x、θ_y、θ_z 分别是 X、Y、Z 轴与水平线夹角的角度值。

4）通过修改相关测量值，对比加速度前后值的变化。

任务评价

任务实施后，完成表 3.2.6。

表 3.2.6　任务评价表

任务内容	评价标准	分值	自评	小组互评	教师评价
加速度传感器实训	正确连接电路，完成各轴加速度值的获取	40			
	完成角速度值的转换	20			
	完成各轴角度值的转换	20			
	利用任意算法完成加速度数值校正	20			
总分		100			

拓展训练

利用三轴加速度传感器模块制作一个计步器。

知识链接

知识 3.2.1　加速度传感器的分类

加速度传感器是一种能够测量加速度的传感器，通常由质量块、阻尼器、弹性元件、敏感元件和适调电路等部分组成。传感器在加速过程中，通过对质量块所受惯性力的测量，利用牛顿第二定律获得加速度值。根据传感器敏感元件的不同，常见的加速度传感器包括压电式加速度传感器、压阻式加速度传感器、电容式加速度传感器、电感式加速度传感器、伺服式加速度传感器、应变式加速度传感器等。

（1）压电式加速度传感器

压电式加速度传感器又称压电式加速度计，也属于惯性式传感器。压电式加速度传感器的原理是利用压电陶瓷或石英晶体的压电效应，在加速度计受振时，质量块加在压电元件上的力也随之变化。当被测振动频率远低于加速度计的固有频率时，力的变化与被测加速度成正比。

压电式加速度计最常用的压电晶体为石英，其特点为工作温度范围宽、性能稳定，因此，在实际应用中经常被用作标准传感器的压电材料。由于石英的压电系数比其他压电材料低得多，所以对通用型压电式加速度计而言更为常用的压电材料为压电陶瓷。压电陶瓷中的锆钛酸铅（PZT）是目前压电式加速度计中最常用的压电材料，其特点为具有较高的压电系数和居里点，各项机电参数随温度、时间等外界条件的变化相对较小。

常用的压电式加速度计的结构形式如图 3.2.4 所示。图 3.2.4（a）为中心安装压缩型，在该类型中，压电元件—质量块—弹簧系统装在圆形中心支柱上，支柱与基座连接，这种结构有较高的共振频率。然而当基座与测试对象连接时，如果基座有变形，那么将直接影响拾振器输出。此外，测试对象和环境温度变化也会影响压电元件，使预紧力发生变化，易引起温度漂移。图 3.2.4（b）为环形剪切型，该类型结构简单，能做成极小型且高共振频率的加速度计，环形质量块粘到中心支柱上的环形压电元件上。由于黏结剂会随温度的增高而变软，所以最高工作温度受到限制。图 3.2.4（c）为三角剪切型，在该类型中，压电元件由夹持环将其夹牢在三角形中心柱上。在加速度计感受轴向振动时，压电元件承受切应力。这种结构对底座变形和温度变化有极好的隔离作用，并且有较高的共振频率和良好的线性。

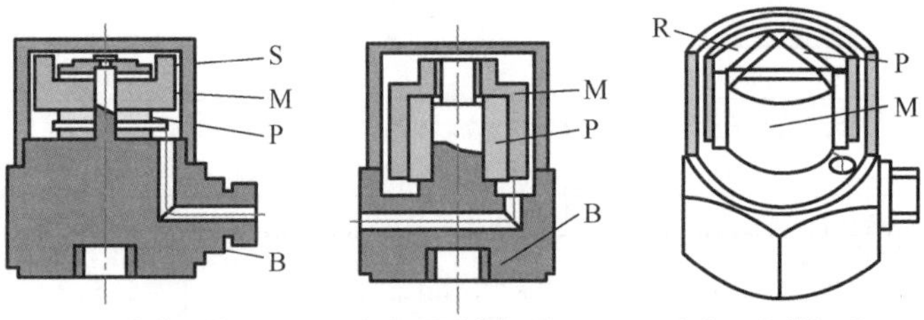

（a）中心安装压缩型　（b）环形剪切型　（c）三角剪切型

S—弹簧；M—质量块；B—基座；P—压电元件；R—夹持环。

图 3.2.4　常用的压电式加速度计的结构形式

（2）压阻式加速度传感器

当力作用于固体材料时，固体材料的电阻率将发生显著变化，这种现象称为压阻效应。利用固体的压阻效应原理制成的传感器称为压阻式传感器，主要有压阻式压力传感器和压阻式加速度传感器。基于世界领先的 MEMS 硅微加工技术，压阻式加速度传感器具有体积小、功耗低等特点，易于集成在各种模拟和数字电路中，广泛应用于汽车碰撞实验、测试仪器、设备振动监测等领域。压阻式加速度传感器的结构如图 3.2.5 所示。

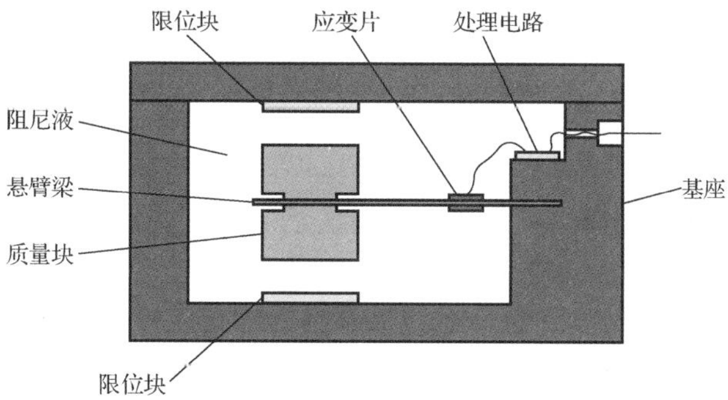

图 3.2.5　压阻式加速度传感器的结构

压阻式加速度传感器与其他传感器相比有如下优点：

1）频率响应高。由于压阻式加速度传感器集成于整块硅膜片上，没有活动部件，所以固有频率很高，可以达 1.5MHz 以上，这一特性有利于系统的动态测量。

2）精度高。由于没有机械传动过程中的摩擦误差或应变计粘贴时的蠕动和迟滞产生的误差，所以压阻式加速度传感器的精度很高。目前，精度可达 0.05%以上。

3）微型化。由于采用了集成电路技术，所以可将压敏电阻做得很小，从而实现整个传感器结构的微型化。传感器的外径一般为 0.8mm，最小可达到 0.1mm。

4）灵敏度高。压敏电阻的敏感度很高，这使压阻式加速度传感器具有很高的灵敏度。

5）可靠性高，没有运动组件。工作可靠、耐腐蚀、耐冲击、抗振、抗干扰能力突出，可以工作在恶劣的环境条件中。

压阻式加速度传感器的主要缺点：由于压阻式加速度传感器是用半导体材料制作的，半导体材料受温度影响较大，所以在温度变化大的环境中使用时，必须进行温度补偿。

（3）电容式加速度传感器

电容式加速度传感器是电容极距变化的传感器。电容式加速度传感器是比较通用的加速度传感器，在某些领域无可替代，如安全气囊、手机移动设备等。电容式加速度传感器采用了 MEMS 工艺，在大量生产时可以保证较低的成本。

在电容式加速度传感器中，加速度的检测是通过微机械结构将外部加速度值转化为电容的变化值，加速度检测电路就可以通过检测该电容的变化来间接检测出加速度。当加速度传感器运动时，输入加速度传感器的加速度值与质量块相对于平衡位置的位移成正比，因此只要能够检测该质量块的位移就可以得到输入加速度传感器的加速度值。电容式加速度传感器的基本原理就是将该位移反映在电容值的变化上，通过电容检测电路对电容的变化进行检测就可以得到需要测量的加速度值。

（4）伺服式加速度传感器

伺服式加速度传感器是一种闭环测试系统，具有动态性能好、动态范围大和线性度好等特点。其振动系统与一般加速度计相同，但质量 m 上还接着一个电磁线圈，当基座上有加速度输入时，质量块偏离平衡位置，该位移大小由位移传感器检测出来，经伺服放大器放大后转换为电流输出，该电流流过电磁线圈，在永久磁铁的磁场中产生电磁恢复力，力图使质量块保持在仪表壳体中原来的平衡位置上，因此伺服式加速度传感器在闭环状态下工作。

由于有反馈作用，增强了抗干扰的能力，提高了测量精度，扩大了测量范围，所以伺服式加速度测量技术广泛应用于惯性导航和惯性制导系统中，在高精度的振动测量和标定中也有应用。

本任务中采用的是 ADXL345，属于电容式加速度传感器。ADXL345 是一款完整的三轴加速度测量系统，既能测量运动或冲击导致的动态加速度，也能测量静止加速度，如重力加速度，因此该器件还可作为倾斜传感器使用。

ADXL345 芯片的差分电容由独立固定板和活动质量连接板组成，能对结构偏转进行测量。加速度使惯性质量偏转、差分电容失衡，从而传感器输出的幅度与加速度成正比。利用相敏解调可确定加速度的幅度和极性。

知识 3.2.2　加速度传感器的工作原理

ADXL345 加速度传感器首先由前端感应器件感测加速度的大小，然后由感应电信号器件转换为可识别的电信号，这个信号是模拟信号。ADXL345 中集成了 ADC，可以将此模拟信号数字化。ADC 输出的是 16 位的二进制补码，经过数字滤波器的滤波后在中断逻辑单元的控制下访问 32 级 FIFO（first input first output，先进先出），通过串行接口读取数据。ADXL345 的控制命令也是通过接收来自串行接口的读写命令来实现的，这主要是对寄存器的操作。

ADXL345 共有 30 个寄存器，包括 29 个功能寄存器（地址为 0X1D～0X39）和 1 个识别设备标记的只读寄存器 DEVID（地址为 0X00）。访问寄存器时，先要发送 1 字节读写地址信息，最高位为操作类型，0 代表写操作，1 代表读操作；第 6 位是读写类型，0 代表单值读写，1 代表多值读写；D5～D0 为寄存器地址，可以选择 30 个寄存器中的任意一个进行读写操作。

对于 ADXL345 加速度传感器，公司提供的参考资料仅限于数据手册和一个自由落体实验。若要成功地对它进行初始化，首先要仔细研读数据手册，理解每个寄存器的功能和它们之间的联系。

ADXL345 支持标准的 IIC（inter integrated circuit，集成电路）总线或 SPI（serial peripheral interface，串行外围设备接口）数字接口，自带 32 级 FIFO 存储，并且内部有多种运动状态检测和灵活的中断方式等。ADXL345 传感器的检测轴如图 3.2.6 所示。

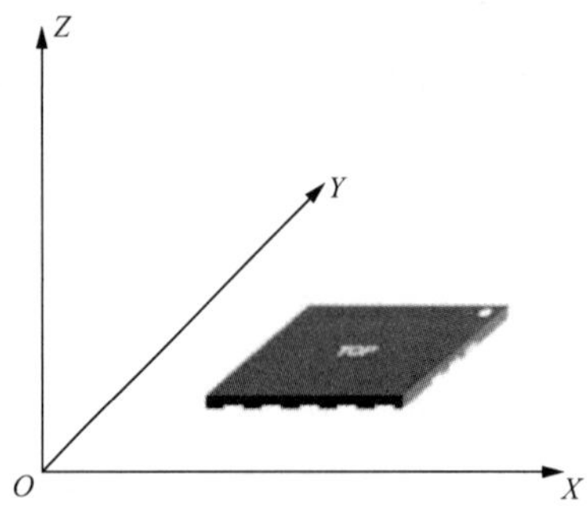

图 3.2.6　ADXL345 传感器的检测轴

当 ADXL345 沿检测轴正向加速时，是对正加速度进行检测。在检测重力时需要注意，当检测轴的方向与重力的方向相反时检测的是正加速度。图 3.2.7 为 ADXL345 输出对重力的响应，列出了 ADXL345 在不同摆放方式时的输出。

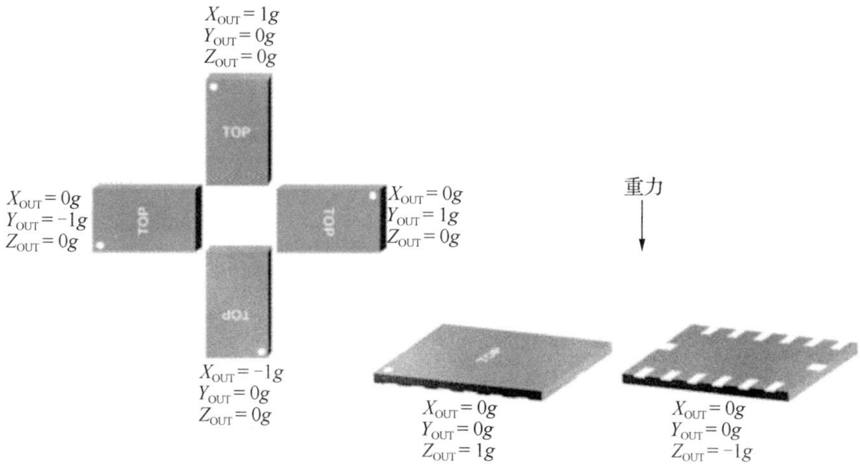

图 3.2.7　ADXL345 输出对重力的响应

知识 3.2.3　加速度传感器的数据处理

ADXL345 为用户提供了两种与单片机通信的方式：SPI 通信和 IIC 总线通信。在这两种方式下 ADXL345 都是从设备，利用 ADXL345 采集数据和对其进行相关控制操作都是通过这两种通信方式来完成的，下面详细介绍这两种通信方式。

（1）ADXL345 的 SPI 通信

SPI 是摩托罗拉公司推出的同步接口技术。SPI 的通信原理很简单，它以主从方式工作，通常有一个主设备和一个或多个从设备，需要至少四根线（事实上三根也可以，用于单向传输时，也就是半双工方式），也是所有基于 SPI 的设备共有的，它们是 SDI（serial data input，串行数据输入）、SDO（serial data output，串行数据输出）、SCK（serial clock，串行时钟）、CS（chip selected，片选）。

ADXL345 的 SPI 通信过程：通信开始时，主 MCU 选择 CS 置位，CS 复位则通信结束，SCK 由主 MCU 提供串行时钟。SDI 与 SDO 分别在时钟的上升沿获取数据。一次通信过程中，读写多字节必须要设定 MB 位（multiple-byte bit），在读取完第一个寄存器的数据后，ADXL345 会自动将地址指向下一个寄存器。ADXL345 三轴加速度传感器输出 16 位二进制补码，每个轴都分配了 2 字节输出数据寄存器，共 6 个，地址为 0X32～0X37，这样会连续输出 6 字节数据。但对地址非连续的寄存器进行操作，必须通过 CS 停止通信并单独设定下一个要操作的寄存器地址，然后建立通信。因此，通过 SPI 读取 ADXL345 采集的数据只能连续读取 6 字节数据，然后地址返回 0X32 继续读取 6 字节数据。

（2）ADXL345 的 IIC 总线通信

IIC 总线是一种由飞利浦公司开发的两线式串行总线，用于连接微控制器及其外围设备。目前很多集成电路芯片上集成了 IIC 总线。

ADXL345 的 IIC 总线通信过程：ADXL345 的 CS 引脚与 V_{DD} 的 I/O 引脚通过上拉电阻相连便选择了 IIC 总线通信模式。它完全符合飞利浦公司的 IIC 总线协议规定和用户手册，支持标准传输模式（100kHz）和快速传输模式（400kHz），同时支持单字节和多字节数据通信。SDO/ALT ADDRESS 置位选择了 7bit 的 IIC 总线地址为 0X1D，读写地址分别为 0X3A 和 0X3B；SDO/ALT ADDRESS 复位则选择了 7bit 的 IIC 总线地址为 0X53，读写地址分别为 0XA6 和 0XA7。

本任务中采用的是 IIC 总线通信，在加电之后，等待 1.1ms 左右，发送初始化序列，初始化序列结束后，ADXL345 就开始正常工作了。这里的初始化序列，最简单的只需要配置三个寄存器，如表 3.2.7 所示。

表 3.2.7　ADXL345 加速度传感器的初始化步骤

步骤	寄存器地址	寄存器名称	寄存器值	功能描述
1	0X31	DATA_FORMAT	0X0B	±16*g*，13 位模式
2	0X2D	POWER_CTL	0X08	测量模式
3	0X2E	INT_ENABLE	0X80	能使 DATA_ READY 中断

ADXL345 正常工作后，*X*、*Y* 和 *Z* 轴的数据将存入 FIFO 缓存，以及 DATAX、DATAY 和 DATAZ 寄存器（地址 0X32～0X37）中，我们只需要读取 0X32～0X37 地址的数据即可获取到转换后 *X*、*Y* 和 *Z* 轴的数据。

ADXL345 加速度传感器的 IIC 总线时序如图 3.2.8 所示，通过程序设计即可实现 ADXL345 加速度传感器的功能。

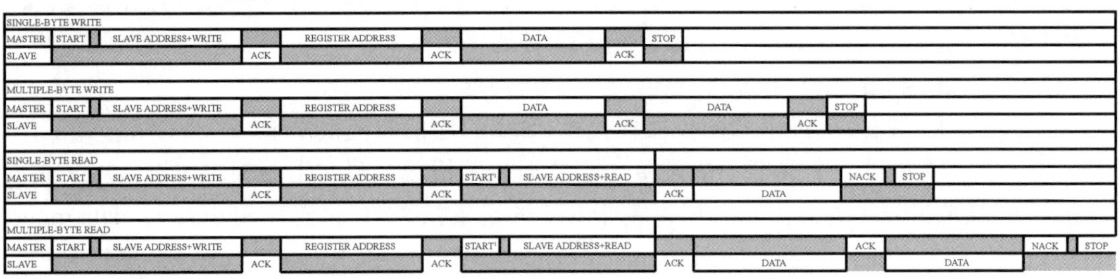

图 3.2.8　ADXL345 加速度传感器的 IIC 总线时序

知识 3.2.4　加速度传感器的角度测量

如果芯片水平静置，*X*、*Y* 轴方向的重力分量为 0，而 *Z* 轴方向的重力分量为 *g*，如图 3.2.9 所示，即 $X=0$，$Y=0$，$Z=g$。

如果各边与水平方向有一些夹角，如图 3.2.10 所示，*X* 轴方向的加速度大小为 A_x，其与水平线的夹角为 α_1，与重力加速度 *g* 的夹角为 α；同理，*Y* 轴方向的加速度为 A_y，与水平线的夹角为 β_1，与重力加速度 *g* 的夹角为 β；*Z* 轴方向的加速度为 A_z，与水平线的夹角为 γ_1，与重力加速度 *g* 的夹角为 γ。

基于图 3.2.10 中夹角的概念，它们的关系为

$$\alpha=90^\circ-\alpha_1,\ \beta=90^\circ-\beta_1,\ \gamma=90^\circ-\gamma_1$$

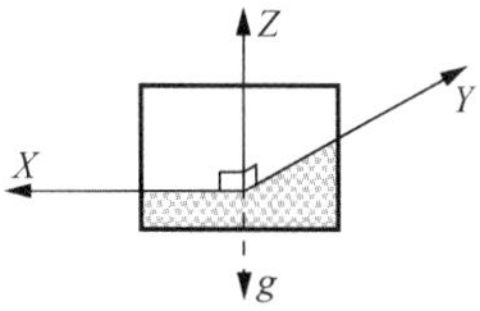

图 3.2.9　芯片水平静置

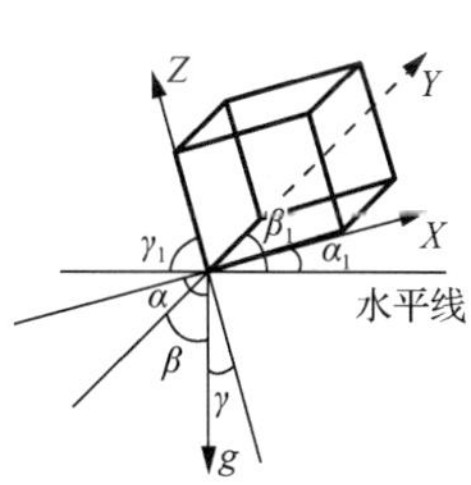

图 3.2.10　各边夹角

g 在各轴方向上的分量分别为

$$A_x = g\cos\alpha\text{，}\quad A_y = g\cos\beta\text{，}\quad A_z = g\cos\gamma$$

将图 3.2.11 中的数据代入，得

$$A_x = g\cos\alpha = g\cos(90^\circ - \alpha_1) = g\sin\alpha_1$$

同理，得

$$A_y = g\sin\beta_1\text{，}\quad A_z = g\sin\gamma_1$$

如图 3.2.11 所示，其中各垂直虚线的值为 $g\cdot g = A_x\cdot A_x + g\cos\alpha_1\cdot g\cos\alpha_1$，所以

$$g\cos\alpha_1 = \sqrt{g^2 - A_x^2}$$

同理，得

$$g\cos\beta_1 = \sqrt{g^2 - A_y^2}\text{，}\quad g\cos\gamma_1 = \sqrt{g^2 - A_z^2}$$

在立体几何中，g 相当于立方体的对角线，A_x、A_y、A_z 相当于三条边，如图 3.2.12 所示，所以虚线值等于 $\sqrt{A_y^2 + A_z^2}$，根据勾股定理，得

$$A_x^2 + A_y^2 + A_z^2 = g^2$$

由图 3.2.11 和图 3.2.12 可知（以 X 轴为例）：

$$\sin\alpha_1 = \frac{A_x}{g}$$

$$\cos\alpha_1 = \frac{\sqrt{g^2 - A_x^2}}{g}$$

所以

$$\tan\alpha_1 = \frac{\dfrac{A_x}{g}}{\left[\dfrac{\sqrt{g^2 - A_x^2}}{g}\right]} = \frac{A_x}{\sqrt{g^2 - A_x^2}} = \frac{A_x}{\sqrt{A_y^2 + A_z^2}}$$

同理，得

$$\tan\beta_1 = \frac{A_y}{\sqrt{A_x^2 + A_z^2}}$$

$$\tan\gamma_1 = \frac{A_z}{\sqrt{A_x^2 + A_y^2}}$$

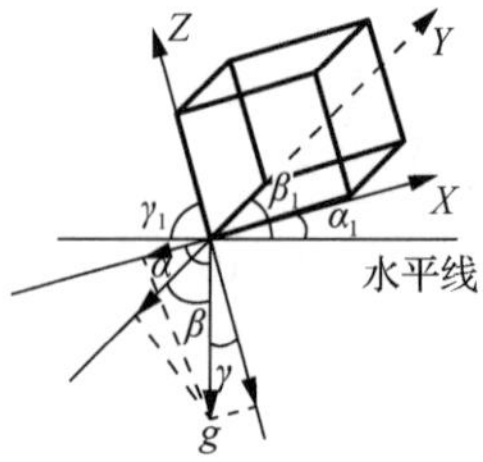

图 3.2.11 重力加速度 g 在各轴上的分量

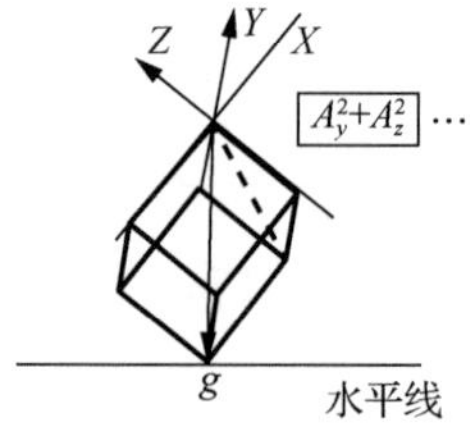

图 3.2.12 重力加速度 g 作为立方体的对角线

最后得出 ADXL345 的加速度值与夹角的弧度值的关系为

$$\tan\alpha_1 = \frac{A_x}{\sqrt{A_y^2 + A_z^2}}$$

$$\tan\beta_1 = \frac{A_y}{\sqrt{A_x^2 + A_z^2}}$$

$$\tan\gamma_1 = \frac{A_z}{\sqrt{A_x^2 + A_y^2}}$$

式中，α_1、β_1、γ_1 分别是 X、Y、Z 轴与水平线的夹角的弧度值；A_x、A_y、A_z 是三个轴上的加速度值。于是弧度值分别为

$$\alpha_1 = \arctan\frac{A_x}{\sqrt{A_y^2 + A_z^2}}$$

$$\beta_1 = \arctan\frac{A_y}{\sqrt{A_x^2 + A_z^2}}$$

$$\gamma_1 = \arctan\frac{A_z}{\sqrt{A_x^2 + A_y^2}}$$

接下来利用数据公式：弧度$=\dfrac{\theta\,\pi}{180}$，计算得 $\theta=$弧度$\times\left(\dfrac{180}{\pi}\right)^\circ$，最后得到的 X、Y、Z 轴与水平线的夹角的角度值分别为

$$\theta_x = \alpha_1\cdot\left(\frac{180}{\pi}\right)^\circ = \arctan\frac{A_x}{\sqrt{A_y^2 + A_z^2}}\cdot\left(\frac{180}{\pi}\right)^\circ$$

$$\theta_y = \beta_1\cdot\left(\frac{180}{\pi}\right)^\circ = \arctan\frac{A_y}{\sqrt{A_x^2 + A_z^2}}\cdot\left(\frac{180}{\pi}\right)^\circ$$

$$\theta_z = \gamma_1\cdot\left(\frac{180}{\pi}\right)^\circ = \arctan\frac{A_z}{\sqrt{A_x^2 + A_y^2}}\cdot\left(\frac{180}{\pi}\right)^\circ$$

工作手册

加速度传感器工作手册如下。

姓名：	学号：	班级：	日期：

3.2　加速度传感器工作手册

任务接收

表 3-2-1　任务分配表

序号	角色	姓名	学号	分工
1	组长			
2	组员			
3	组员			
4	组员			
5	组员			
6	组员			

任务准备

表 3-2-2　工作方案设计表

序号	工作内容	负责人
1		
2		
3		
4		
5		

表 3-2-3　实训设备、工具与耗材清单

序号	名称	型号与规格	数量	备注
1				
2				
3				
4				
5				

课堂笔记

姓名：	学号：	班级：	日期：

续表

序号	名称	型号与规格	数量	备注
6				
7				
领取人：　　归还人：				

课堂笔记

任务实施

1）请根据硬件电路连接表画出硬件连接图，要求布局合理，线不交叉，有完整标识。

负责人：	验收签字：

2）检查电路连接的正确性，确保无误后通电观察实验数据并做记录。

表 3-2-4　实验数据表 1

序号	A_x	A_y	A_z
1			
2			
3			
4			
5			

3）根据实验数据计算出弧度值，即 X、Y、Z 轴与水平线的夹角的弧度值。

表 3-2-5　实验数据表 2

序号	α_1	β_1	γ_1
1			
2			
3			
4			
5			

姓名：	学号：	班级：	日期：

其中，α_1、β_1、γ_1分别是 X、Y、Z 轴与水平线的夹角的弧度值。

4）根据实验数据计算出 X、Y、Z 轴与水平线夹角的角度值。

表 3-2-6　实验数据表 3

序号	θ_x	θ_y	θ_z
1			
2			
3			
4			
5			

5）通过修改相关测量值，对比加速度前后值的变化。

6）描述任务实施过程中产生的错误，并分析原因。

表 3-2-7　实训产生错误的原因分析

序号	问题描述	产生原因	是否解决
1			
2			
3			
4			
5			

课堂笔记

任务验收

表 3-2-8　任务评分表

任务内容	评价标准	分值	自评	小组互评	教师评价
加速度传感器实训	正确连接电路，完成各轴加速度值的获取	40			
	完成角速度值的转换	20			
	完成各轴角度值的转换	20			
	利用任意算法完成加速度数值校正	20			
总分		100			

任务反馈

表 3-2-9　任务反馈表

序号	评价项目	自评	教师评价
1	任务是否按时按质完成		
2	理论知识是否掌握		
3	实际操作是否合规、安全		
4	作品质量		
5	小组成员是否协作有序		

姓名：	学号：	班级：	日期：

自己及组内成员需要改进的地方：

____

____

____

____

任务拓展

利用三轴加速度传感器模块制作一个计步器。

课堂笔记

任务 3.3 电子罗盘传感器

任务描述

在工业物流 AGV 上通常配有电子罗盘传感器，同时，结合加速度传感器，及时调整机器人的姿态和方位，使工业机器人在运行时更加稳定可靠。

本任务要求通过学习电子罗盘的侧向原理和数据误差处理，完成电子罗盘传感器的测向计算和数据的误差计算，模拟实现电子罗盘传感器在工厂物流机器人中的应用。

任务准备

电子罗盘模块（图 3.3.1）1 个、3.5 英寸液晶显示屏终端 1 个、STM32F407 核心板 1 个、STM32 核心板电源适配器（5V/3A）1 个、示波器 1 个、万用表 1 个、20P 排线 3 条、杜邦线若干。

图 3.3.1　电子罗盘模块

任务实施

本任务在实施过程中，通过单片机产生的时序与电子罗盘模块上的 HMC5883L 进行通信，获取电子罗盘的角度值，并在 3.5 英寸液晶显示屏终端上显示。

1）按表 3.3.1 和表 3.3.2 连接硬件电路，检测各电路（图 3.3.2 和图 3.3.3）连接的正确性，确保无误后通电观察实验数据并做记录。

表 3.3.1　STM32F407 核心板与 3.5 英寸液晶显示屏终端连线

STM32F407 核心板	3.5 英寸液晶显示屏终端
PC8	CS
PC9	RS
PC10	WR
PC11	RD
PC12	BL
PC13	RST
PD0～PD15	D0～D15

表 3.3.2　STM32F407 核心板与电子罗盘模块连接表

STM32F407 核心板	电子罗盘模块
PA9	SDA
PA10	SCL

使用 20P 排线将核心板 GPIO C 口与显示终端 J3 口、核心板 GPIO D 口与显示终端 J2 口、核心板 GPIO A 口与电子罗盘模块 J2 口相连。

2）通过观察 3.5 英寸液晶显示屏上的数据（图 3.3.4），记录 5 组当前环境磁场在空间 X、Y、Z 三个方向上的分量值，如表 3.3.3 所示。

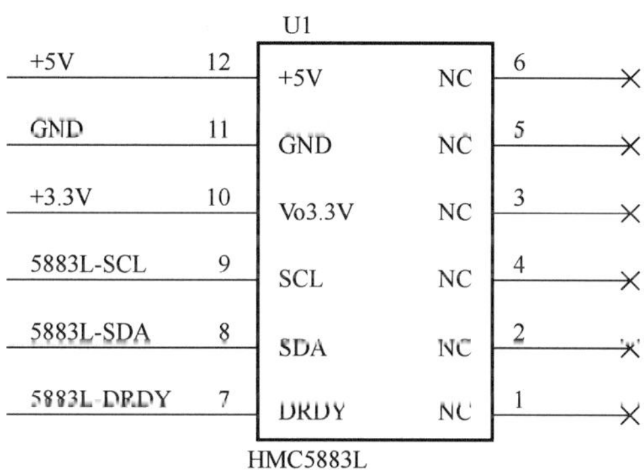

图 3.3.2　HMC5883L 电子罗盘应用电路

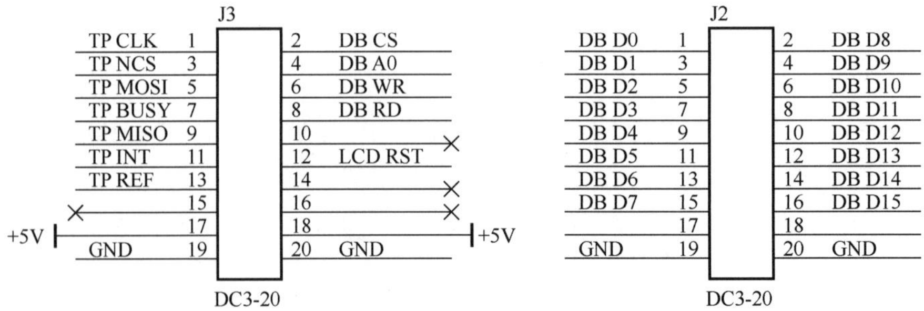

图 3.3.3　3.5 英寸液晶显示屏终端接口

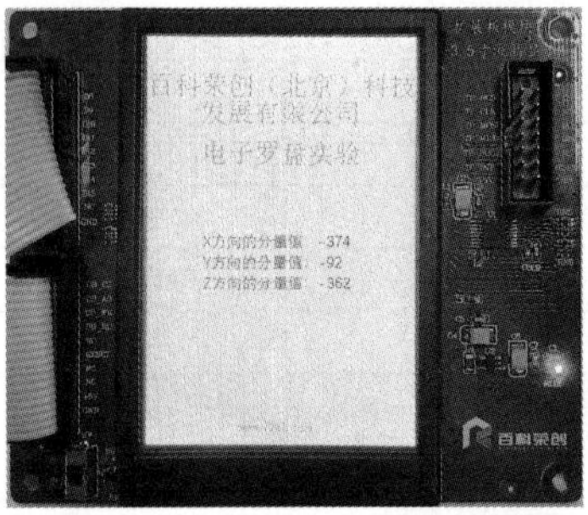

图 3.3.4　加电后的数据显示

表 3.3.3　当前环境磁场在空间上各方向分量值

组号	X 方向的分量值	Y 方向的分量值	Z 方向的分量值
第 1 组	−374	−92	−362
第 2 组	−346	−288	−375
第 3 组	−284	−386	−380
第 4 组	314	−358	−391
第 5 组	272	148	−399

3）将上述 X 方向的分量值与 Y 方向的分量值，代入下列磁偏角公式中计算出磁偏角：

$$\varphi = \arctan\left(\frac{Y}{X}\right)$$

式中，arctan()函数为反正切函数，可通过互联网上的在线计算器进行计算。磁偏角的计算结果如表 3.3.4 所示。

表 3.3.4　磁偏角的计算结果

组号	X 方向的分量值	Y 方向的分量值	磁偏角 φ
第 1 组	−374	−92	13.8
第 2 组	−346	−288	39.7
第 3 组	−284	−386	53.6
第 4 组	314	−358	131.2
第 5 组	272	148	208.5

4）利用任意补偿方式进行磁偏角的补偿，并简要说明补偿方法。

任务评价

任务实施后，完成表3.3.5。

表3.3.5　任务评价表

任务内容	评价标准	分值	自评	小组互评	教师评价
电子罗盘传感器实训	检测各电路连接的正确性	10			
	完成各轴分量值的正确记录	30			
	利用磁偏角计算公式正确计算出磁偏角	40			
	利用任意算法完成对角度值的补偿	20			
总分		100			

拓展训练

搭载简易智能小车，通过单片机产生的时序与电子罗盘模块上的HMC5883L进行通信，获取电子罗盘的角度值，并依据角度值编写小车自动导航行走程序，实现小车自动导航行走运动。

知识链接

知识3.3.1　电子罗盘简介

1．电子罗盘的分类

电子罗盘是一种利用地磁场和重力加速度来测量姿态的装置，具有体积小、结构简单、功耗小、成本低等优点，在导航、野外定向、深井勘探、气象监测等各个领域有着广阔的应用前景。

微课：电子罗盘传感器　　视频：电子罗盘实验操作　　视频：电子罗盘实验

电子罗盘按照有无倾角补偿可以分为平面电子罗盘和三维电子罗盘两种。平面电子罗盘要求用户在使用时必须保持罗盘水平，否则当罗盘发生倾斜时，测量航向误差会增大；三维电子罗盘克服了平面电子罗盘在使用中的严格限制，因为三维电子罗盘在其内部加入了倾角传感器，当罗盘发生倾斜时可以对罗盘进行倾斜补偿，这样即使罗盘发生倾斜，航向数据依然准确。

电子罗盘也可以按照传感器的不同分为磁阻效应传感器、霍尔效应传感器和磁通门传感器。磁阻效应传感器是根据磁性材料的磁阻效应制成的，磁性材料（如坡莫合金）具有各向异性，对它进行磁化时，其磁化方向将取决于材料的易磁化轴、材料的形状和磁化磁场的方向，当给带状坡莫合金材料通电流 I 时，材料的电阻将取决于电流的方向与磁化方向的夹角，如图 3.3.5 所示。霍尔效应磁传感器的工作原理：如果沿矩形金属薄片的长方向通电流 I，由于载流子受洛伦兹力作用，在垂直于薄片平面的方向施加强磁场 B，则在其横向会产生电压差 U，其大小与电流 I、磁场 B 和材料的霍尔系数 R 成正比，与金属薄片的厚度 d 成反比。磁通门传感器是应用磁饱和法测量磁场的磁强计，即利用被测磁场中铁磁材料磁心在交变磁场的饱和励磁下其磁感应强度与磁场强度的非线性关系来测量弱磁场。

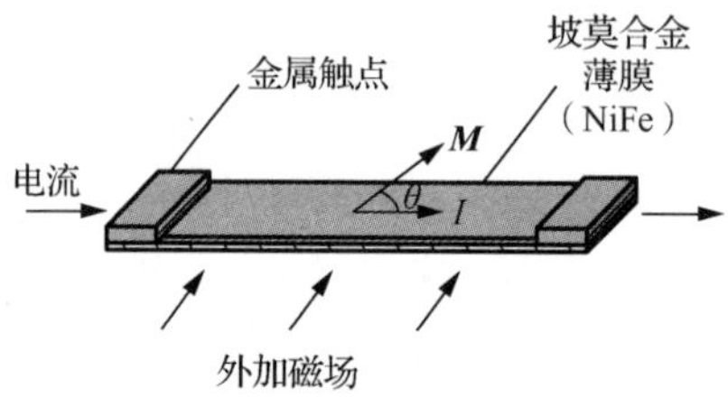

M—磁化矢量。

图 3.3.5 磁阻效应

2. 电子罗盘的测向原理

如图 3.3.6 所示，地球的磁感应强度为 50～60μT，它相当于沿着地球中心的一个磁棒，磁棒的两极相对于地理的两极有大约 11.5° 的夹角。无论何地，地磁场的水平分量永远指向地磁北极，这一原理是所有罗盘的制作基础。所有罗盘测量的都是地磁场的北方向，其他方向随之推算出来。地磁场的北方向和实际的北方向是有差别的，且这种差别的大小在地球上的不同地点是不同的，因此必须知道罗盘所在的大致位置，才能计算出如何补偿地磁场的北方向和真实的北方向的差别，以显示真实的北方向。

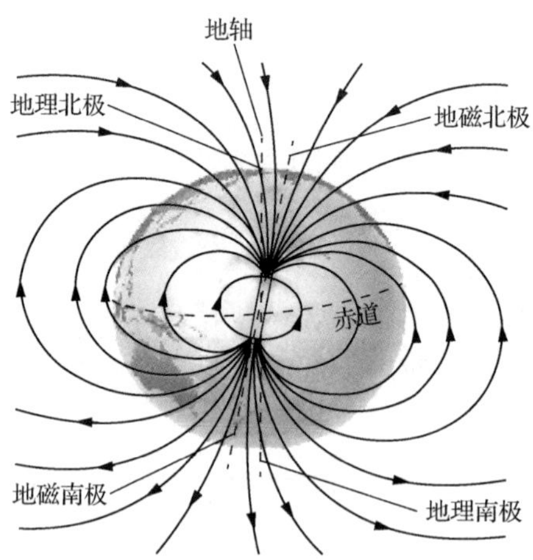

图 3.3.6 地磁场分布

地磁场是一个矢量，对于一个固定的地点来说，这个矢量可以被分解为两个与当地水平面平行的分量 $\boldsymbol{H}_x$、$\boldsymbol{H}_y$ 和一个与当地水平面垂直的分量 $\boldsymbol{H}_z$。如果保持电子罗盘和当地的水平面平行，那么电子罗盘中磁力计的三个轴 X、Y、Z 就和这三个分量 $\boldsymbol{H}_x$、$\boldsymbol{H}_y$、$\boldsymbol{H}_z$ 对应起来了，如图 3.3.7 所示。实际上对地磁场水平方向的两个分量 $\boldsymbol{H}_x$、$\boldsymbol{H}_y$ 来说，它们的矢量和总是指向地磁北极 $\boldsymbol{H}_{\text{north}}$。罗盘中的航向角$\alpha$就是当前方向和磁北方向的夹角，且

$$\alpha = \arctan\frac{H_x}{H_y}$$

式中，H_x、H_y分别指分量的大小。

正切函数的周期为180°，为保证数据的有效性，将航向角α转换到相对地磁北方向 0°～360°的范围内。将上式分解，即可得到相对于地磁北方向的360°范围内（顺时针方向）的航向角，即

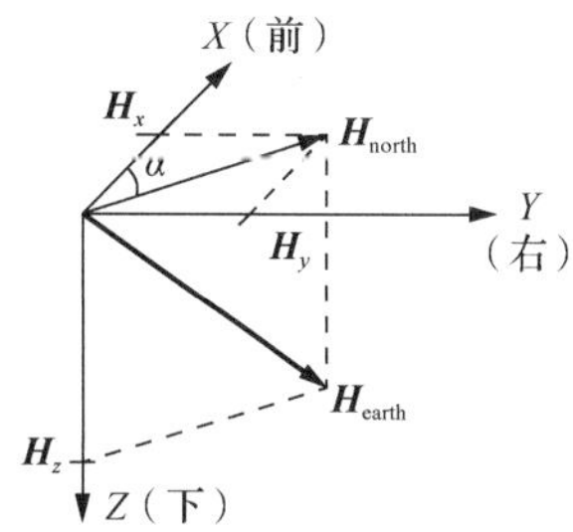

图 3.3.7　地磁场矢量分解示意图

$$\alpha = \begin{cases} 0^\circ, & X_y = 0, H_x > 0 \\ 180^\circ, & X_y = 0, H_x < 0 \\ 90^\circ + \dfrac{\arctan\left(\dfrac{H_x}{H_y} \times 180^\circ\right)}{\pi}, & H_y < 0 \\ 270^\circ + \dfrac{\arctan\left(\dfrac{H_x}{H_y} \times 180^\circ\right)}{\pi}, & H_y > 0 \end{cases}$$

再加上当地的磁偏角就可以计算出与真实北方向的航向角。

由于地磁南北极与地理南北极存在磁偏角，要得到准确的南北极方向，必须用计算结果加上或减去所在地区的磁偏角，得出前进方向与地理北极的夹角，即真实北方向的方位角 A。当所在地区磁偏角φ已知时，真实北方向的方位角为

$$A = \alpha + \varphi$$

知识 3.3.2　电子罗盘传感器的工作原理

电子罗盘又称数字罗盘，传统的罗盘是用一根被磁化的磁针来感应地磁场，地磁场与磁针之间的磁力使磁针转动，直至磁针的两端分别指向地球的磁南极与磁北极。电子罗盘也一样，只不过把磁针换成了磁阻传感器，并将感受到的地磁信息转换为数字信号输出给用户使用。

本任务采用的电子罗盘是霍尼韦尔 HMC5883L，它是一种表面贴装的高集成模块，并带有数字接口的弱磁传感器芯片，应用于低成本罗盘和磁场检测领域。HMC5883L 包括较先进的高分辨率 HMC118X 系列磁阻传感器，并附带霍尼韦尔专利的集成电路，包括放大器、自动消磁驱动器、偏差校准，以及能使罗盘精度控制在 1～2 的 12 位 ADC 和简易的 IIC 系列总线接口。HMC5883L 采用无铅表面封装技术，带有 16 个引脚，其应用领域有手机、笔记本计算机、消费类电子和个人导航系统。

HMC5883L 采用霍尼韦尔各向异性磁阻技术，具有轴向高灵敏度和线性高精度的特点，能用于测量地磁场的方向和大小。通过施加供电电源，传感器可以将量测轴方向上的任何入射磁场转变成一种差分电压输出。磁阻传感器中有镍铁薄膜放置在硅片上，构成一个带式电阻元件。在磁场存在的情况下，桥式电阻元件的变化将引起跨电桥输出电压的相应变化。这些磁阻元件两两对齐，形成一个共同的感应轴，随着磁场在感应方向上不断增强，

电压也会正向增长。因为输出只与沿轴方向上的磁阻元件成比例，其他磁阻电桥也放置在正交方向上，这样就能精密测量其他方向的磁场强度。

知识 3.3.3 电子罗盘传感器的数据协议层

HMC5883L 通过两线 IIC 总线系统作为一个从机装置进行通信。HMC5883L 使用的是一个 IIC 总线协议所定义的简化后的通信接口协议，数据传输速率是标准模式 100kbit/s，如 IIC 总线规格中规定，总线位格式是一个 8 位数据、地址传送和 1 位应答位，格式的数据字节应区分从机上大小写的二进制或 ASCII 字符，以及返回的二进制数据。负二进制将是二进制的补码形式。默认从机地址为 0X3C 的写入操作或 0X3D 的读出操作。

微课：霍尔式传感器的工作原理　　微课：其他磁传感器　　微课：磁传感器的应用

总线规格的 SCL 和 SDA 线可以连接到多个装置上，所有数据传输均由产生时钟信号的主机发起，数据传输是 8 位进行的，所有装置都由 IIC 总线唯一的 7 位地址标注。在每 8 位传输之后，主机装置值产生第 9 个时钟脉冲，并释放 SDA 线。接收装置将 SDA 线拉至低位确认传输成功或者使 SDA 线处于高位表示否定确认。

知识 3.3.4 常见的角度值补偿方法

1．利用椭圆假设法对角度值进行补偿

电子罗盘的误差主要包括硬铁干扰和软铁干扰。地磁场是弱磁场，并且地磁场可以被认为在一定范围内是均匀的。硬铁干扰产生于永久磁铁或被磁化的金属。这种干扰与罗盘的相对位置固定，相当于在罗盘的输出值上增加了一个定值，使罗盘输出曲线图的圆心偏移了。软铁本身没有磁性，它被地磁场磁化后获得磁性。软铁干扰产生于地磁场和罗盘附近的任何磁性材料之间的相互作用，其干扰程度与罗盘的方向有关，使罗盘的输出曲线畸变成一个椭圆。

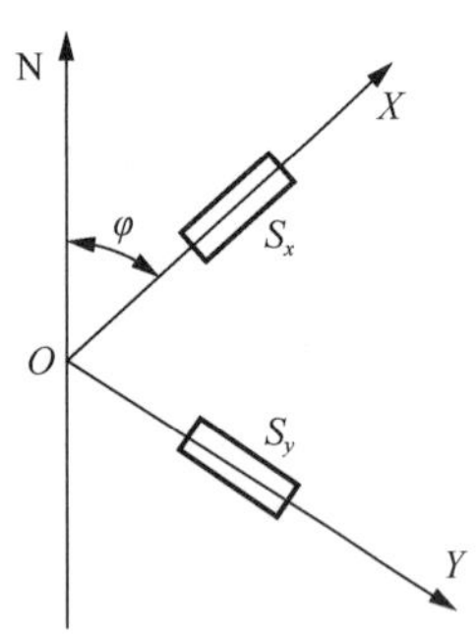

N—正北方向。

图 3.3.8　磁方向角的定义

设电子罗盘有两个相互垂直的轴，分别为 OX、OY，分别沿这两个轴安装两个测量地磁场的磁传感器 S_x 和 S_y，如图 3.3.8 所示。设φ表示电子罗盘测得的磁方向角（方向角一般是指以观测者的位置为中心，将正北或正南方向作为起始方向旋转到目标方向线所成的角，一般指锐角）。设地磁场的水平分量为 H_0，则磁场分量为

$$H_x = H_0 \cos\varphi \tag{3.3.1}$$

$$H_y = -H_0 \sin\varphi \tag{3.3.2}$$

式中，φ可以由$\psi = -\arctan\left(\dfrac{H_y}{H_x}\right)$求出。

当电子罗盘有误差时，就会反映在 H_x 和 H_y 的变化上。设有误差时 H_x、H_y 变为 H_{x_1}、H_{y_1}，它们的关系可以写成

$$\begin{bmatrix} H_{x_1} \\ H_{y_1} \end{bmatrix} = \begin{bmatrix} a_{xx} & a_{xy} \\ a_{yx} & a_{yy} \end{bmatrix} \begin{bmatrix} H_x \\ H_y \end{bmatrix} + \begin{bmatrix} b_x \\ b_y \end{bmatrix} \tag{3.3.3}$$

当角度从 0° 到 360° 变化一周时，H_x 和 H_y 合成向量的顶点在平面上的轨迹是个圆，由于误差的影响，H_x 变成了 H_{x_1}，H_y 变成了 H_{y_1}，而 H_{x_1} 和 H_{y_1} 合成向量的顶点在平面上的轨迹不再是圆。为了确定该轨迹，我们提出椭圆假设，假设 H_{x_1} 和 H_{y_1} 合成向量的顶点在平面上的轨迹是个椭圆，则式（3.3.3）改写为

$$\begin{bmatrix} H_{x_1} \\ H_{y_1} \end{bmatrix} = \boldsymbol{K}\boldsymbol{\phi}_p\boldsymbol{\phi}_s \begin{bmatrix} H_x \\ H_y \end{bmatrix} + \begin{bmatrix} b_x \\ b_y \end{bmatrix} \tag{3.3.4}$$

式中，

$$\boldsymbol{\phi}_p = \begin{bmatrix} \cos\varphi_p & \sin\varphi_p \\ \sin\varphi_p & \cos\varphi_p \end{bmatrix}，\quad \boldsymbol{\phi}_s = \begin{bmatrix} \cos\varphi_s & \sin\varphi_s \\ -\sin\varphi_s & \cos\varphi_s \end{bmatrix}$$

$$\boldsymbol{K} = \begin{bmatrix} K_x & 0 \\ 0 & K_y \end{bmatrix}，\quad \boldsymbol{M} = \begin{bmatrix} a_{xx} & a_{xy} \\ a_{yx} & a_{yy} \end{bmatrix}，\quad \boldsymbol{N} = \begin{bmatrix} b_x \\ b_y \end{bmatrix}$$

也就是说，假设对角阵 $\boldsymbol{K}$、正交阵 $\boldsymbol{\phi}_s$ 和对称阵 $\boldsymbol{\phi}_p$ 的乘积等于 $\boldsymbol{M}$，首先正交阵将圆转了一个角度 φ_s，对称阵使圆变成一个椭圆，对角阵将椭圆转了一个角度 φ_s，$\boldsymbol{N}$ 的作用是改变椭圆的中心位置。我们根据椭圆假设在某方向对电子罗盘采样一组数据 H_{x_1} 和 H_{y_1}，其对应椭圆上的一点，则椭圆方程可以表示成

$$AH_{x_1}^2 + BH_{y_1}^2 + CH_{x_1}H_{y_1} + DH_{x_1} + EH_{y_1} = F \tag{3.3.5}$$

$$F = \left(\frac{\max H_{x_1} - \min H_{y_1}}{2} \right)^2$$

式（3.3.5）中有 5 个未知数，让电子罗盘在 5 个方向上采样数据，要求 5 个方向为均匀方向，即在 0°～360° 范围内采集 0°、72°、144°、216° 和 288° 这 5 个方向的数据。设采样数据为 $H_{x_{1i}}$ 和 $H_{y_{1i}}$ $(i = 1, 2, \cdots, 5)$，则根据式（3.3.5）可列出方程组

$$\boldsymbol{H}_{1i}\boldsymbol{G}_i = \boldsymbol{F}_i \tag{3.3.6}$$

式中，

$$\boldsymbol{H}_{1i} = \begin{bmatrix} H_{x_{11}}^2 & H_{y_{11}}^2 & H_{x_{11}} & H_{y_{11}} & H_{x_{11}} & H_{y_{11}} \\ H_{x_{12}}^2 & H_{y_{12}}^2 & H_{x_{12}} & H_{y_{12}} & H_{x_{12}} & H_{y_{12}} \\ H_{x_{13}}^2 & H_{y_{13}}^2 & H_{x_{13}} & H_{y_{13}} & H_{x_{13}} & H_{y_{13}} \\ H_{x_{14}}^2 & H_{y_{14}}^2 & H_{x_{14}} & H_{y_{14}} & H_{x_{14}} & H_{y_{14}} \\ H_{x_{15}}^2 & H_{y_{15}}^2 & H_{x_{15}} & H_{y_{15}} & H_{x_{15}} & H_{y_{15}} \end{bmatrix}$$

$$\boldsymbol{G}_i = \begin{bmatrix} A & B & C & D & E \end{bmatrix}^{\mathrm{T}}，\quad \boldsymbol{F}_i = \begin{bmatrix} F & F & F & F & F \end{bmatrix}^{\mathrm{T}}$$

只要采样方向在 0°～360° 范围内大致均匀分布，方程组（3.3.6）就有唯一解 A、B、C、D、E。它们与式（3.3.4）中各系数之间的关系为

$$A=\frac{1}{\varDelta}\cdot\frac{1}{K_x^2},\quad B=\frac{1}{\varDelta}\cdot\frac{1}{K_y^2},\quad C=\frac{1}{\varDelta}\cdot\frac{2\sin 2\varphi_P}{K_xK_y}$$

$$D=-2Ab_x-Cb_y,\quad E=-Cb_x-2Bb_y$$

式中，$\varDelta$ 由采样数据求出，且

$$\varDelta=\frac{H_0^2\cos^2 2\varphi_p-\left(\dfrac{b_x^2}{K_x^2}+\dfrac{b_y^2}{K_y^2}-\dfrac{4b_xb_y\sin\varphi_p\cos\varphi_p}{K_xK_y}\right)}{F} \tag{3.3.7}$$

只要求出 φ_p、K_x、K_y、b_x、b_y，就可以把椭圆还原成圆。再根据式（3.3.4）求得补偿校正之后 X 轴和 Y 轴真实的磁场强度，即可求得准确的航向角。

2. 利用基于八方向的最小二乘法对角度值进行补偿

最小二乘法是一种数据拟合建模法，通常是用最小二乘法原理及最小化误差的平方和找到一组数据的最佳函数匹配，求出未知函数的最可信赖值作为测量结果。

基于八方向的最小二乘法（简称八方向二乘法）的电子罗盘误差补偿原理和实现：罗差是利用地磁场测量航向时电子罗盘所固有的误差，对测量精度的影响最大，并且在不同的测试环境下其值是变化的。罗差是由外界干扰而产生的航向误差，可以分为两大类，即硬磁材料引起的罗差和软磁材料引起的罗差。

硬磁干扰可以被认为是一种永久磁铁干扰，一般认为硬磁材料所引起的磁场是均匀分布的，其产生的误差在航向角 0°～360° 范围内为近似正弦曲线，硬磁罗差 $\Delta\phi_1$ 表示为

$$\Delta\phi_1=B\sin\phi+C\cos\phi$$

式中，ϕ 为补偿前罗盘的输出航向值；B、C 为罗差补偿系数。

软磁材料本身是不产生磁场的，但是它会被周围的磁场环境磁化，从而影响周围的磁场，它所引起的误差大小可以分解为两部分，一是圆周误差；二是象限罗差，用 $\Delta\phi_2$ 表示：

$$\Delta\phi_2=A+D\sin 2\phi+E\cos 2\phi$$

式中，A、D、E 为罗差补偿系数。

综上所述，用 $\Delta\phi$ 表示总罗差，则

$$\Delta\phi=A+B\sin\phi+C\cos\phi+D\sin 2\phi+E\cos 2\phi$$

用 ϕ_c 表示补偿罗差后的实际航向角，则

$$\phi_c=\phi-\Delta\phi$$

由以上分析可以得出，我们的主要工作是求出误差补偿系数，即 A、B、C、D、E。因为一共需要求 5 个值，为了计算方便，在 0°～360° 范围内取 5 个实验点进行误差测量即可求出补偿系数，把后面测得的数据代入公式即可得到精确的航向角。

记误差方程为

$$\boldsymbol{UC}=\boldsymbol{H}$$

式中，

$$
\boldsymbol{U}=\begin{bmatrix}1 & \sin\phi_1 & \cos\phi_1 & \sin 2\phi_1 & \cos 2\phi_1\\ 1 & \sin\phi_2 & \cos\phi_2 & \sin 2\phi_2 & \cos 2\phi_2\\ 1 & \sin\phi_3 & \cos\phi_3 & \sin 2\phi_3 & \cos 2\phi_3\\ 1 & \sin\phi_4 & \cos\phi_4 & \sin 2\phi_4 & \cos 2\phi_4\\ 1 & \sin\phi_5 & \cos\phi_5 & \sin 2\phi_5 & \cos 2\phi_5\end{bmatrix}
$$

$$
\boldsymbol{H}=\begin{bmatrix}\phi_1-0\\ \phi_2-90\\ \phi-180\\ \phi_4-270\\ \phi_5-315\end{bmatrix},\quad \boldsymbol{C}=\begin{bmatrix}A\\ B\\ C\\ D\\ E\end{bmatrix}
$$

根据矩阵的性质，可以求出罗差的补偿系数为

$$
C=(\boldsymbol{U}^{\mathrm{T}}\boldsymbol{U})^{-1}\boldsymbol{U}^{\mathrm{T}}\boldsymbol{H}
$$

工作手册

电子罗盘传感器工作手册如下。

姓名：	学号：	班级：	日期：

3.3　电子罗盘传感器工作手册

课堂笔记

任务接收

表 3-3-1　任务分配表

序号	角色	姓名	学号	分工
1	组长			
2	组员			
3	组员			
4	组员			
5	组员			
6	组员			

任务准备

表 3-3-2　工作方案设计表

序号	工作内容	负责人
1		

姓名：	学号：	班级：	日期：

续表

序号	工作内容	负责人
2		
3		
4		
5		

表 3-3-3 实训设备、工具与耗材清单

序号	名称	型号与规格	数量	备注
1				
2				
3				
4				
5				
6				
7				
			领取人：	归还人：

任务实施

1）请根据硬件电路连接表画出硬件连接图，要求布局合理，线不交叉，有完整标识。

负责人：	验收签字：

2）通过观察 3.5 英寸液晶显示屏上的数据，正确记录当前环境磁场在空间 X、Y、Z 三个方向上的分量值。

课堂笔记

姓名：	学号：	班级：	日期：

表 3-3-4　实验数据表 1

组号	X 方向的分量值	Y 方向的分量值	Z 方向的分量值
第 1 组			
第 2 组			
第 3 组			
第 4 组			
第 5 组			

3）将上述 X 方向的分量值与 Y 方向的分量值，代入下列磁偏角公式中计算出磁偏角：

$$\varphi = \arctan\left(\frac{Y}{X}\right)$$

式中，arctan()函数为反正切函数，可通过互联网上的在线计算器进行计算。将计算结果填入表 3-3-5 中。

表 3-3-5　实验数据表 2

组号	X 方向的分量值	Y 方向的分量值	磁偏角 φ
第 1 组			
第 2 组			
第 3 组			
第 4 组			
第 5 组			

4）尝试利用任意补偿方式进行磁偏角补偿，并将计算结果填入表 3-3-6 中。补偿方法（简要描述）：

____

____

____

表 3-3-6　实验数据表 3

序号	磁偏角 φ	补偿后的磁偏角 θ
第 1 组		
第 2 组		
第 3 组		
第 4 组		
第 5 组		

5）描述任务实施过程中产生的错误，并分析原因。

课堂笔记

姓名：	学号：	班级：	日期：

表 3-3-7　实训产生错误的原因分析

序号	问题描述	产生原因	是否解决
1			
2			
3			
4			

任务验收

表 3-3-8　任务评分表

任务内容	评价标准	分值	自评	小组互评	教师评价
电子罗盘传感器实训	检测各电路连接的正确性	10			
	完成各轴分量值的正确记录	30			
	利用磁偏角计算公式正确计算出磁偏角	40			
	利用任意算法完成对角度值的补偿	20			
总分		100			

课堂笔记

任务反馈

表 3-3-9　任务反馈表

序号	评价项目	自评	教师评价
1	任务是否按时按质完成		
2	理论知识是否掌握		
3	实际操作是否合规、安全		
4	作品质量		
5	小组成员是否协作有序		

自己及组内成员需要改进的地方：

____

____

____

任务拓展

搭载简易智能小车，通过单片机产生的时序与电子罗盘模块上的HMC5883L进行通信，获取电子罗盘的角度值，并依据角度值编写小车自动导航行走程序，实现小车自动导航行走运动。

项目 4 传感器在制造车间环境监测系统中的应用

◎ 项目引入

车间环境对工人的健康和工作状况有很大的影响，良好的车间工作环境不仅能预防各种职业病的发生，而且能改善工人的工作状况。工厂车间内的环境包括以下与职业健康相关的因素：

1）噪声。车间环境中嘈杂的噪声，会干扰工人的思维，容易使人的精神不能集中、产生烦躁情绪，进而影响工作效率。较强的噪声会刺激内耳腔前庭，使人头晕目眩、恶心呕吐、视觉模糊。长期处于较高噪声环境中，还会引起听力下降、耳鸣、失聪等症状。

2）温度和相对湿度。车间内温度过高会使工人中暑晕眩，而空气过干或湿润过度会影响工人的工作效率。

3）烟尘。长时间处于烟尘较大的车间环境中，会损害人体正常的防御功能，引起鼻炎、咽喉炎、肺病等疾病，严重者还会造成金属中毒、肺癌等重病。

环境监测系统

注：图中“噪音”规范术语为“噪声”，“湿度”规范术语为“相对湿度”。

良好的车间工作环境对企业生产和工作人员的身心健康起着十分重要的作用。随着科技的发展，现在工厂车间大多使用各种环境监测传感器（如温湿度、噪声、光照度等传感器）实时监控各个区域的环境数据，并通过有线或无线的方式将各个区域的数据以图形化、数字化的形式呈现给用户，同时还可以设定温湿度、噪声、光照度等环境因素的正常范围、预警范围及超标范围，并根据情况进行调节。通过趋势图轻松掌握当前各个区域的环境状况，减少人员来回走动的时间，并且能够确保数据的准确性与及时性，极大地提高了工人作业效率。

◎ 学习目标

知识目标	1．了解热敏电阻温度传感器、热电偶温度传感器、温湿度传感器、光敏电阻传感器、光电池传感器、MEMS 光照度传感器、PM2.5 测量传感器及有害气体检测传感器的基本结构和基本特性； 2．了解热敏电阻温度传感器、热电偶温度传感器、温湿度传感器、光敏电阻传感器、光电池传感器、MEMS 光照度传感器、PM2.5 测量传感器及有害气体检测传感器在制造车间环境监测中的应用； 3．熟练掌握热敏电阻温度传感器、热电偶温度传感器、温湿度传感器、光敏电阻传感器、光电池传感器、MEMS 光照度传感器、PM2.5 测量传感器及有害气体检测传感器的工作原理与应用方法
能力目标	1．能正确选择并熟练使用通用电子仪器、仪表及辅助设备； 2．具备常用电子元器件的识别和检测能力； 3．具备分析电路功能，并使用专用仪表检测电路参数、调试电路、检修电路故障的能力
思政与素养目标	1．培养爱岗敬业、诚实守信、客观公正的职业道德； 2．发扬精益求精、勇于创新、追求卓越的职业精神

◎ 思维导图

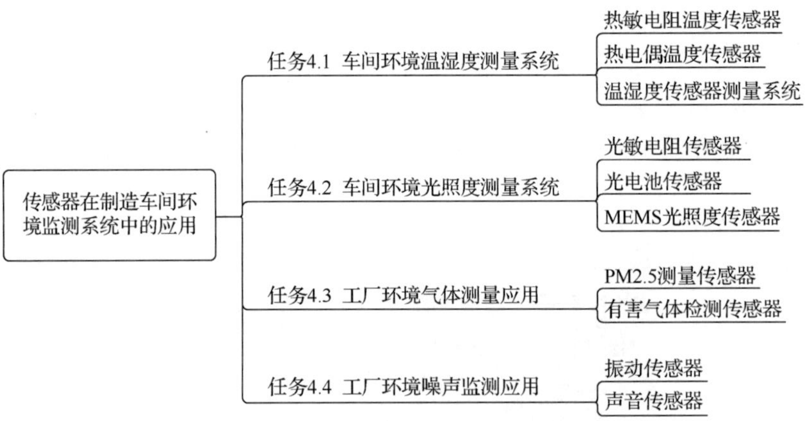

任务 4.1

车间环境温湿度测量系统

任务描述

环境温湿度对于多数车间尤其是食品车间来说非常重要，因此需要对车间环境温湿度进行监控。很多情况下采用多点设备（图 4.1.1）对车间的温度、湿度进行集中监控和管理，主要流程为对温湿度进行大面积多点监测记录，并实时传输到主机上，然后利用系统监测软件进行数据存储、分析、报警。

图 4.1.1　工业温湿度检测仪表

本任务中要求利用 NTC 热敏电阻温度传感器、热电偶温度传感器、DHT11 温湿度传感器完成一个环境温湿度测量系统，并将热敏电阻温度传感器及热电偶温度传感器测得的温度数据显示在数码管上，DHT11 温湿度传感器测得的温湿度显示在 3.5 英寸液晶显示屏终端上。通过学习 NTC 热敏电阻温度传感器、热电偶温度传感器及 DHT11 温湿度传感器的工作特性与工作原理，完成环境温度及湿度的测量和显示功能，并模拟实现温湿度传感器在车间环境中的应用。

任务准备

温度传感器模块 1 个、湿度传感器模块 1 个、3.5 英寸液晶显示屏终端 1 个、STM32F407 核心板 1 个、STM32F407 核心板电源适配器（5V/3A）1 个、K 型热电偶 1 个、逻辑分析仪 1 个、示波器 1 个、万用表 1 个、20P 排线 4 条、杜邦线若干。

任务实施

1．获取 NTC 热敏电阻温度传感器的温度值

在实施过程中，首先通过单片机的片上外围设备 ADC 采集 NTC 热敏电阻温度传感器应用电路中 U4-OUT 处的模拟量，然后结合温度转换公式计算出当前环境的温度值。

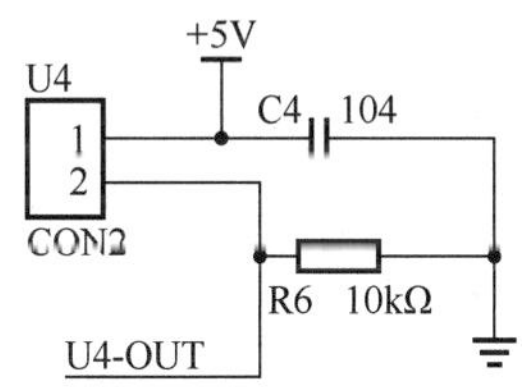

图 4.1.2　NTC 热敏电阻温度传感器应用电路

本任务的具体实施步骤如下：

1）按表 4.1.1 所示连接硬件电路，检测各电路（图 4.1.2 和图 1.2.4）连接的正确性，确保无误后通电使用，下载驱动

程序。

表 4.1.1　STM32F407 核心板与温度传感器模块连线

STM32F407 核心板	温度传感器模块
PA3	OUT
PB0～PB7	Pdp～Pa
PB8	A
PB9	B
PB10	C

使用 20P 排线将核心板 PB 端口与温度传感器模块 J3 端口相连。

2）先使用可调节温度源改变 NTC 热敏电阻温度传感器测量的环境温度；再使用万用表测量 NTC 热敏电阻温度传感器应用电路的输出电压（U4-OUT 处电压），并计算出 NTC 热敏电阻的阻值；最后通过查询 NTC 热敏电阻的温度特性表获得温度值，各结果如表 4.1.2 所示。

表 4.1.2　10kΩ NTC 热敏电阻温度传感器测得的温度值

U4-OUT 电压/V	2.05	2.11	2.20	2.30	2.35
计算 NTC 热敏电阻的阻值/kΩ	14.39	13.69	12.72	11.73	11.27
查询温度值/℃	≈16	≈17	≈19	≈21	≈22

U4-OUT 处的电压（单位为 V）为

$$U_{\text{U4-OUT}} = \frac{5R_6}{R_6 + R_{\text{NTC}}}$$

NTC 热敏电阻阻值（单位为 Ω）可近似表示为

$$R_T = Re^{B\left(\frac{1}{T}-\frac{1}{T_0}\right)}$$

式中，T、T_0 为开尔文温度（即 K 度，K 度=273.15+摄氏度）；R 是热敏电阻在常温 T_0（25℃）下的电阻值；R_T 是热敏电阻在 T 温度下的阻值；B 为热敏电阻的材料常数，本任务中使用的 NTC 热敏电阻的 B=3950kΩ。

3）观察温度传感器模块上数码管显示的计算电阻值和温度数据（图 4.1.3）与查表获得的数据是否一致。若不一致，则需说明原因，并调试出正确无误的数据。

图 4.1.3　数码管显示温度值

2．获取 K 型热电偶温度传感器的温度值

在实施过程中，通过单片机的片上 I/O 模拟 MAX6675 的通信时序，获取 K 型热电偶温度传感器测得的环境温度值。本任务的具体实施步骤如下：

1）按表 4.1.3 连接硬件电路，检测各电路（图 4.1.4 和图 1.2.4）连接的正确性，确保无误后通电使用，下载驱动程序。

表 4.1.3　STM32F407 核心板与温度传感器模块连线

STM32F407 核心板	温度传感器模块
PA0	SO
PA1	CS
PA2	SCK
PB0～PB7	Pdp～Pa
PB8	A
PB9	B
PB10	C

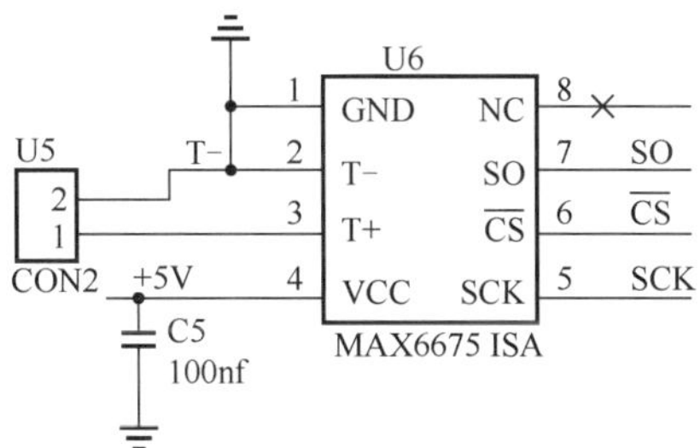

图 4.1.4　热电偶传感器的应用电路

使用 20P 排线将核心板 PB 端口与温度传感器模块 J3 端口相连。

2）先使用可调节温度源改变 K 型热电偶温度传感器测量的环境温度；再利用逻辑分析仪查看 MAX6675 引脚 SO、CS 和 SCK 的时序，如图 4.1.5 所示，并分析 MAX6675 引脚 SO 的波形；最后计算 K 型热电偶温度传感器测得的温度值。

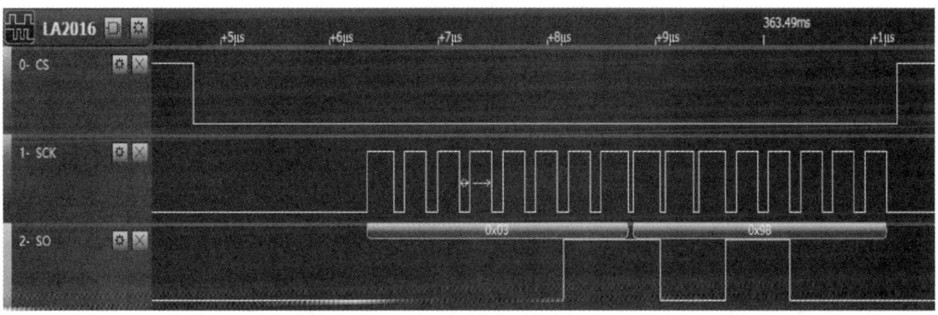

图 4.1.5　MAX6675 引脚 SO、CS 及 SCK 的时序

分析图 4.1.5 所示的时序可知，MAX6675 发送的数据为“0000 0011 1001 1000”，十六进制数据为 0X398，其中，D15 始终没有使用，D14～D3 为热电偶模拟输入电压的数字转换量，MAX6675 的温度分辨率为 0.25℃，所以准确的温度值（单位为℃）为

$$t = D_{(14\sim3)} \cdot 0.25 = (0X398 \gg 3) \times 0.25 = 28.75$$

3）观察温度传感器模块上数码管显示的温度数据（图 4.1.6）与计算的温度值是否一致。若不一致，则需说明原因，并调试出正确无误的数据。

图 4.1.6 数码管显示温度值

3．获取 DHT11 温湿度传感器的温湿度值

在实施过程中，通过单片机的片上 I/O 模拟 DHT11 温湿度传感器的单总线通信时序，获取 DHT11 温湿度传感器测得的环境温湿度值。本任务的具体实施步骤如下：

1）按表 4.1.4 和表 4.1.5 连接硬件电路，检测各电路（图 1.1.5 和图 3.3.3）连接的正确性，确保无误后通电使用，下载驱动程序。

表 4.1.4　STM32F407 核心板与 DHT11 湿度传感器模块连线

STM32F407 核心板	DHT11 湿度传感器模块
PA10	DQ

表 4.1.5　STM32F407 核心板与 3.5 英寸液晶显示屏终端连线

STM32F407 核心板	3.5 英寸液晶显示屏终端
PC8	CS
PC9	RS
PC10	WR
PC11	RD
PC12	BL
PC13	RST
PD0～PD15	D0～D15

使用 20P 排线将核心板 PC 口与显示终端 J3 口、核心板 PD 口与显示终端 J2 口相连。

2）先使用可调节温度源和加湿器等改变 DHT11 温湿度传感器测量的环境温湿度；再利用逻辑分析仪查看 DHT11 引脚 DATA 的时序（图 4.1.7），并分析 DHT11 引脚 DATA 的波形；最后计算 DHT11 温湿度传感器测得的温湿度值。

分析图 4.1.7 所示的时序可知，DHT11 引脚 DATA 输出的数据为“0001 1101 0000 0000 0001 1001 0000 0111 0011 1101”，校验位为

$$\begin{aligned}\text{check} &= (\text{uint8\_t})(\text{byte4}+\text{byte3}+\text{byte2}+\text{byte1})\\ &= (\text{uint8}_\text{t})(0001\,1101+0000\,0000+0001\,1001+0000\,0111)\\ &= 00111101\end{aligned}$$

表示接收数据正确。其中，相对湿度为

$$hum = byte4.byte3 = 00011101.0000\ 0000 = 29.0\ (\%)$$

温度为

$$temp = byte2.byte1 = 00011001.0000\ 0111 = 25.7\ (℃)$$

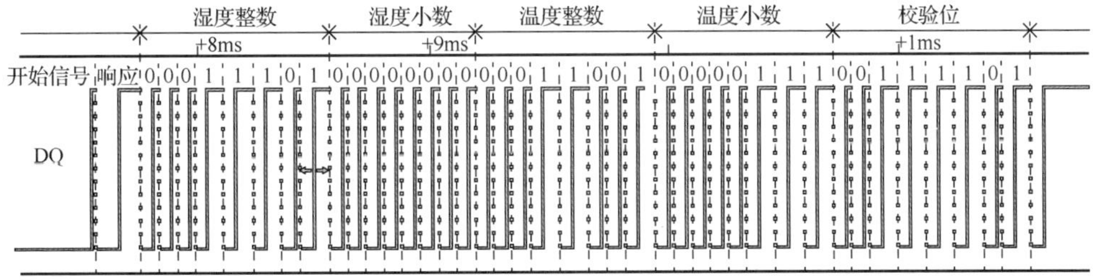

图 4.1.7　DHT11 引脚 DATA 的时序

3）观察 3.5 英寸液晶显示屏终端模块上显示的温湿度值（图 4.1.8）与计算的温湿度值是否一致。若不一致，则需说明原因，并调试出正确无误的数据。

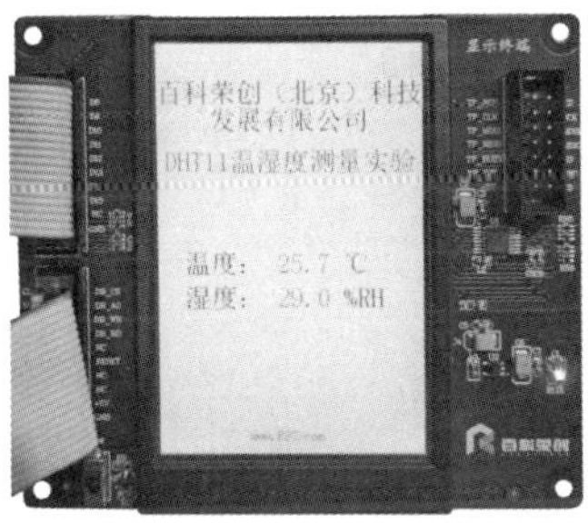

图 4.1.8　3.5 英寸液晶显示屏终端模块显示的温湿度值

任务评价

任务实施后，完成表 4.1.6。

表 4.1.6　任务评价表

任务内容	评价标准	分值	自评	小组互评	教师评价
NTC 热敏电阻温度传感器电路调试及应用实训	检测各电路连接的正确性	5			
	获取正确的 NTC 热敏电阻温度传感器测得的温度值	15			
	在数码管上显示 NTC 热敏电阻温度传感器测得的温度值	10			
K 型热电偶温度传感器电路调试及应用实训	检测各电路连接的正确性	10			
	获取正确的 K 型热电偶温度传感器测得的温度值	15			
	在数码管上显示 K 型热电偶温度传感器测得的温度值	10			

续表

任务内容	评价标准	分值	自评	小组互评	教师评价
DHT11 温湿度传感器电路调试及应用实训	检测各电路连接的正确性	10			
	获取正确的 DHT11 温湿度传感器测得的温湿度值	15			
	在 3.5 英寸液晶显示屏终端上显示 DHT11 温湿度传感器测得的温湿度值	10			
总分		100			

拓展训练

设计一个车间环境温湿度调节系统，由于在实际生产中，有些生产环节对环境的温湿度的要求较为敏感，需要严格控制温湿度，所以设计一个温湿度控制系统来调节环境的温湿度。

系统具体要求如下：

1）利用 DHT11 温湿度传感器监测环境温湿度，当温湿度达到设定值时，根据温湿度值按需选择控制制冷器、升温器、加湿器、除湿器等改变环境温湿度设备的开闭，从而调节环境温湿度。

2）当温湿度达到设定阈值或时间超过设定时间，且温湿度值没有得到调节时，控制警报模块发出警报声提示。

知识链接

知识 4.1.1 热敏电阻温度传感器

1. 热敏电阻的工作原理

热敏电阻（图 4.1.9）是敏感元件的一类，按照温度系数不同分为正温度系数（positive temperature coefficient，PTC）热敏电阻和负温度系数（NTC）热敏电阻。热敏电阻器的典型特点是对温度敏感，不同的温度下表现出不同的电阻值。正 PTC 热敏电阻在温度越高时电阻值越大，NTC 热敏电阻在温度越高时电阻值越低，它们同属于半导体器件。

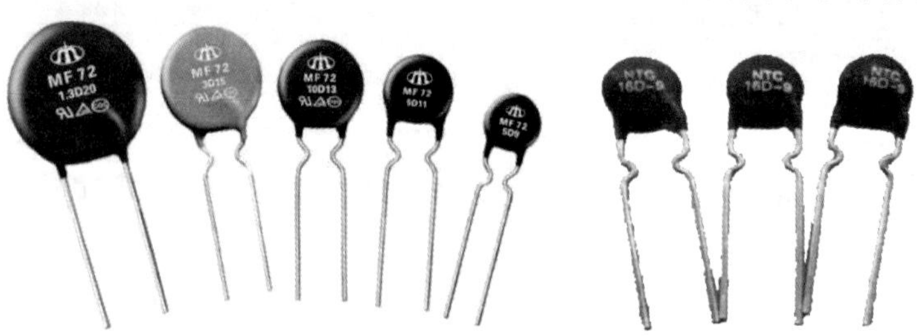

图 4.1.9　热敏电阻

PTC 热敏电阻和 NTC 热敏电阻的阻值（单位为 Ω）可分别近似表示为

$$R_T = R\mathrm{e}^{B(T-T_0)}$$

和

$$R_T = R\mathrm{e}^{B\left(\frac{1}{T}-\frac{1}{T_0}\right)}$$

式中，T、T_0 为开尔文温度；R 是热敏电阻在常温 T_0（25℃）下的电阻值；R_T 是热敏电阻在温度 T 下的阻值；B 为热敏电阻的材料常数。

2．热敏电阻温度传感器的应用电路调试

NTC 热敏电阻温度传感器的应用电路如图 4.1.2 所示，在图中，U4 为 10kΩ NTC 热敏电阻接口，NTC 热敏电阻和电阻 R_6 组成分压电路，U4-OUT 处的电压（单位为 V）为

$$U_{\text{U4-OUT}} = \frac{5R_6}{R_6 + R_{\text{NTC}}}$$

当 NTC 热敏电阻的表面温度升高时，NTC 热敏电阻的阻值减小，U4-OUT 处的电压增加；当 NTC 热敏电阻的表面温度下降时，NTC 热敏电阻的阻值增大，U4-OUT 处的电压减小。

3．热敏电阻的温度数据处理

由图 4.1.2 可知，NTC 热敏电阻电路输出为电压值，可通过获取的电压值计算 NTC 热敏电阻的阻值，进而计算出当前环境的温度值。具体步骤如下：

1）获取 NTC 热敏电阻电路的输出电压。使用单片机的外围设备 ADC 采集 NTC 热敏电阻电路的输出电压，电压（单位为 V）的计算公式为

$$U_{\text{U4-OUT}} = U_{\text{ADC}}\frac{U_{\text{REF}}}{4096}$$

式中，U_{ADC} 为单片机的 ADC 通道所采集到的模拟量；U_{REF} 为单片机 ADC 的参考电压，通常为 3.3V；该单片机 ADC 采样精度为 12 位，即满刻度为 4096。

2）计算 NTC 热敏电阻的阻值。利用计算的电压值，结合 NTC 热敏电阻温度传感器应用电路的分压公式，计算 NTC 热敏电阻的当前阻值。

3）换算 NTC 热敏电阻的温度值。换算方式有以下三种：

① 根据 NTC 热敏电阻的温度特性表建立数据库，使用查表法查询对应的温度值。这种温度换算方式不存在误差，但是编写程序时较为麻烦。

② 根据 NTC 热敏电阻温度特性表划分成多段折线，根据阻值范围分别计算线性函数的参数，将阻值代入对应范围的线性函数计算温度值。这种温度换算方式是通过线性函数划分的数量的增多来减少偏差值的。

③ 使用 NTC 热敏电阻阻值近似表达式计算温度值。

知识 4.1.2 热电偶温度传感器

微课：热电偶温度传感器的基本定律及冷端温度补偿

1. 热电偶温度传感器的工作原理

热电偶是温度测量仪表中常用的测温元件，它可直接测量温度。热电偶是由两种不同成分材质的导体组成的闭合回路。由于材质不同，不同的电子密度产生电子扩散，稳定后产生电动势。当热电偶两端存在梯度温度时，回路中就会有电流产生，并产生热电动势，其两端温差越大，电流就会越大。根据所测得的热电动势即可得到温度值。

微课：热电偶温度传感器的原理及结构

热电偶实际上是一种能量转换器，可将热能转换成电能，用所产生的热电动势测量温度。常用热电偶分为标准热电偶和非标准热电偶两大类。标准热电偶是指国家标准规定其热电动势与温度的关系、允许误差，并有统一的标准分度表的热电偶，它有与其配套的显示仪表可供选用。非标准热电偶在使用范围或数量级上均不及标准热电偶，一般也没有统一的分度表，主要用于某些特殊场合的测量。

目前，我国热电偶和热电阻全部按 IEC（International Electrotechnical Commission，国际电工委员会）国际标准生产，如表 4.1.7 所示。

表 4.1.7 标准热电偶

热电偶分度号	热电极材料	
	正极	负极
S	铂铑 10	纯铂
R	铂铑 13	纯铂
B	铂铑 30	铂铑 6
K	镍铬	镍硅
T	纯铜	铜镍
J	铁	铜镍
N	镍铬硅	镍硅
E	镍铬	铜镍

2. 热电偶温度传感器的应用电路

热电偶温度传感器的应用电路如图 4.1.4 所示，MAX6675 的内部电路如图 4.1.10 所示。

在图 4.1.4 中，U5 为 K 型热电偶接口，MAX6675 ISA 为冷端补偿 K 型热电偶数据转换器。K 型热电偶的负极连接 MAX6675 的引脚 T−，正极连接 MAX6675 的引脚 T+；K 型热电偶的温度值由 MAX6675 的引脚 SO 输出，温度分辨率为 0.25℃；MAX6675 的引脚 CS 为片选端，MAX6675 为低电平使能芯片；MAX6675 的引脚 SCK 为串行时钟输入接口。

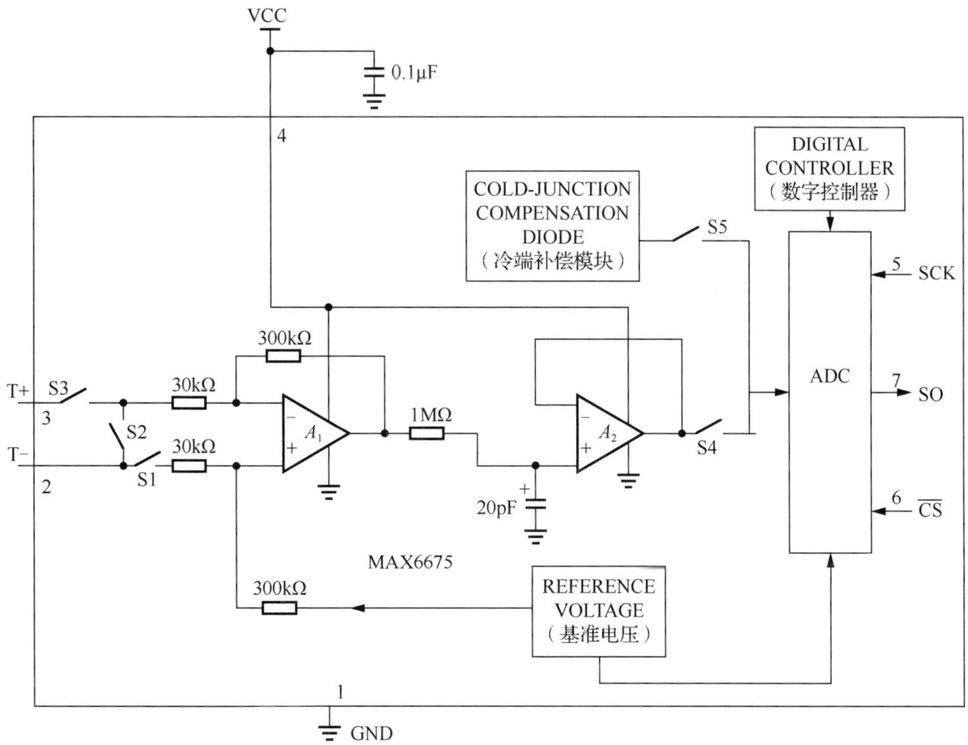

图 4.1.10　MAX6675 的内部电路

3．热电偶传感器温度数据处理

MAX6675 执行冷端补偿，并数字化 K 型热电偶的信号，数据以与 SPI 兼容的 12 位分辨率、只读格式输出。

当 MAX6675 的 CS 引脚从高电平变为低电平时，MAX6675 将停止所有信号的转换，并在时钟（SCK）的作用下向外输出已转换的数据。相反，当 CS 引脚从低电平变回高电平时，MAX6675 将进行新的转换。

当 CS 引脚从高电平变为低电平时，第一个字节 D15 将出现在引脚 SO 处，一个完整的数据读取过程需要 16 个时钟周期，数据的读取在 SCK 的下降沿进行。

如图 4.1.11 所示，MAX6675 的输出数据为 16 位，其中 D15 始终无用，D14～D3 为热电偶模拟输入电压的数字转换量，D2 用于检测热电偶是否断线（D2 为 1 表明热电偶断开），D1 为 MAX6675 的标识符，D0 为三态。

根据 MAX6675 的工作原理，可通过两种方式获取热电偶的温度值。

1）使用单片机的 SPI 读取 MAX6675 的输出数据（图 4.1.12），将读取的 16 位数据右移三位，即不要数据 D2～D0，只保留有效的温度数据。

位	虚拟符号位	12位温度读数												热电偶输入	设备ID	状态
bit	15	14	13	12	11	10	9	8	7	6	5	4	3	2	1	0
	0	MSB											LSB		0	三态

LSB—最低有效位；MSB—最高有效位。

图 4.1.11　SO 输出数据

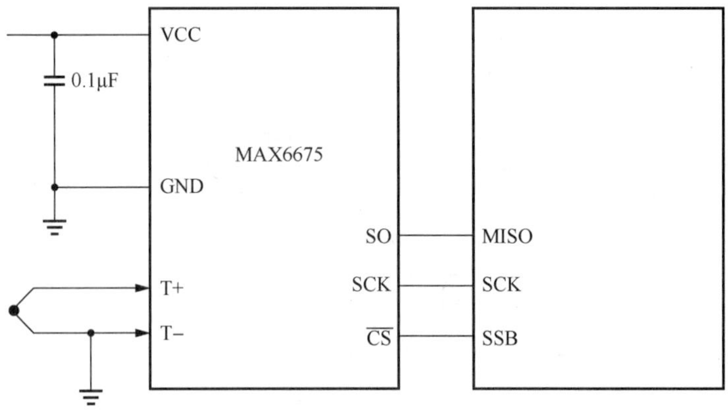

图 4.1.12　MAX6675 与微控制器采用 SPI 通信

2）使用单片机的三个通用 I/O 口控制获取 MAX6675 的输出数据。两个 I/O 口作为输出分别连接 MAX6675 的引脚 SCK 和引脚 CS，一个 I/O 口作为输入连接 MAX6675 的引脚 SO。结合 MAX6675 的通信协议（图 4.1.13），在获取温度值数据前，先将引脚 CS 拉低，再将引脚 SCK 从高电平拉低至低电平，从引脚 SO 处读取一位数据，然后将 SCK 拉高。重复 16 次将引脚 SCK 从高电平拉至低电平，读取 SO 数据，读取完 16 位数据后将引脚 CS 拉高，MAX6675 重新开始获取数据。读取的 16 位数据只保留有效的温度数据。

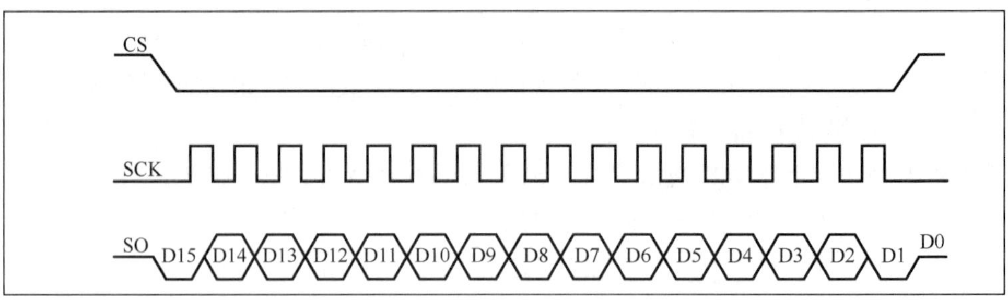

图 4.1.13　MAX6675 通信协议

两种方式得到的数据均为 MAX6675 的转换值，由于 MAX6675 的温度分辨率为 0.25℃，所以准确的温度值（单位为℃）为

$$T = 0.25D_{(14\sim3)}$$

式中，T 为实际温度；$D_{(14\sim3)}$ 为 MAX6675 输出的温度有效值。

知识 4.1.3　温湿度传感器测量系统

1. DHT11 温湿度传感器的工作原理

DHT11 温湿度传感器（图 4.1.14）是一款含有已校准数字信号输出的温湿度复合传感器，它应用专用的数字模块采集技术和温湿度传感技术，确保传感器的可靠性与稳定性。该传感器包括一个电容式感湿元件和一个 NTC 测温元件，并与一个高性能 8 位单片机相连接。DHT11 温湿度传感器的外形尺寸如图 4.1.15 所示，各引脚说明如表 4.1.8 所示。

温湿度传感器测量系统　视频：温湿度测量实验操作　视频：温湿度测量实验　微课：集成温度传感器

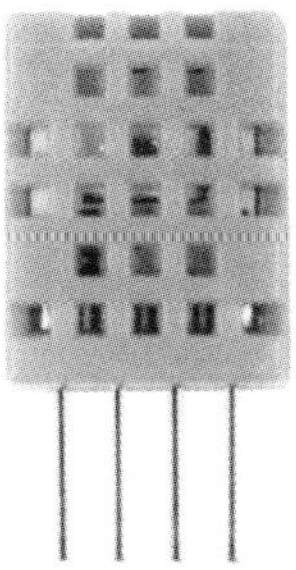

图 4.1.14　DHT11 温湿度传感器

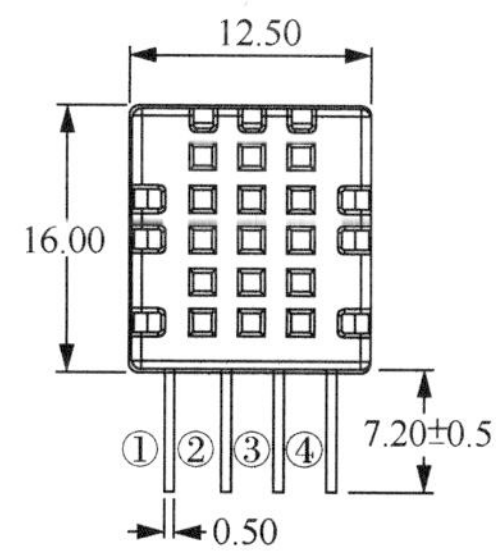

图 4.1.15　DHT11 温湿度传感器的外形尺寸（单位：mm）

表 4.1.8　DHT11 温湿度传感器的引脚说明

序号	引脚	说明
①	V_{DD}	供电，DC 3.3～5.5V
②	DATA	串行数据，单总线
③	NC	空脚
④	GND	接地，电源负极

DHT11 温湿度传感器采用简化的单总线通信协议。单总线即只有一根数据线，系统中的数据交换、控制均由单总线完成。设备（主机或从机）通过一个漏极开路或三态端口连至该数据线，以允许设备在不发送数据时能够释放总线，从而让其他设备使用总线。

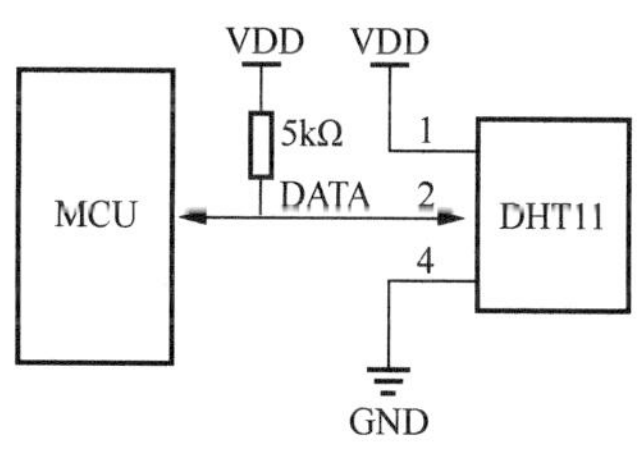

图 4.1.16　DHT11 的单总线与单片机 MCU 的连接

DHT11 的单总线与单片机 MCU 的连接，如图 4.1.16 所示。当连接线短于 20m 时，通常外接一个约 5kΩ 的上拉电阻；当连接线大于 20m 时，根据实际情况使用合适的上拉电阻，以保证总线闲置时，其状态为高电平。由于它们是主从结构，只有主机呼叫从机时，从机才能应答，所以主机访问器件都必须严格遵循单总线序列，如果出现序列混乱，器件将不会响应主机的指令。

DHT11 的引脚 DATA 用于 MCU 与 DHT11 之间的通信和同步，其采用单总线数据格式，且一次传送 40bit 数据，高位先出，数据格式分小数和整数两部分，如表 4.1.9 所示。

表 4.1.9　数据格式

BIT	8bit 湿度整数	8bit 湿度小数	8bit 温度整数	8bit 温度小数	8bit 校验位
bit	39～32	31～24	23～16	15～8	7～0
—	MSB	—	—	0	LSB

其中，湿度小数部分为 0，当温度低于 0℃时，温度数据的低 8 位的最高位置为 1；数据传送正确时，校验和数据等于前 4 个 8bit 数据和的末 8 位。

MCU 发送一次开始信号后，DHT11 从低功耗模式转换到高速模式，待主机开始信号结束后，DHT11 发送响应信号，送出 40bit 的数据，并触发一次信号采集，如图 4.1.17 所示。

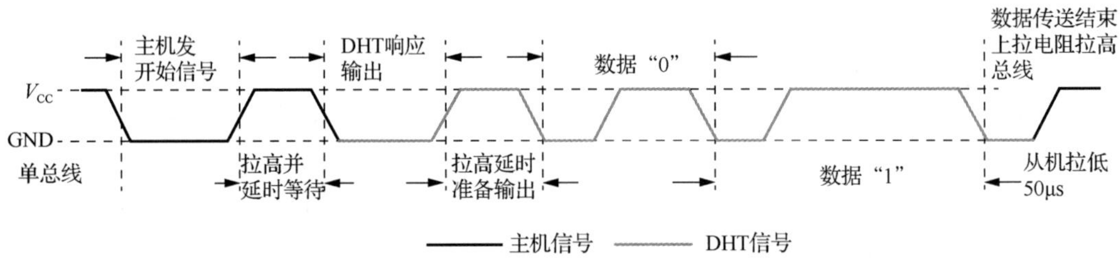

图 4.1.17　数据时序图

主机从 DHT11 读取的温湿度数据总是前一次的测量值，如两次测试间隔时间很长，需连续读取两次并以第二次获得的值为实时温湿度值。

2．DHT11 温湿度传感器的应用电路

DHT11 温湿度传感器的应用电路如图 1.1.5 所示。

在图 1.1.5 中，P1 为 DHT11 温湿度传感器接口，引脚 2 为 DATA，为串行数据输出接口；R_5 为上拉电阻，当总线闲置时，其状态为高电平，释放总线。

输出的数据格式：8bit 湿度整数数据 + 8bit 湿度小数数据 + 8bit 温度整数数据 + 8bit 温度小数数据 + 8bit 校验和。

3．DHT11 温湿度传感器的数据处理

结合 DHT11 温湿度传感器的工作原理，可使用单片机的外围设备结合时序图读取 DHT11 的数据。MCU（主机）和 DHT11（从机）之间的通信可通过如下几个步骤完成：

1）DHT11 加电后（DHT11 加电后要等待 1s，以越过不稳定状态，在此期间不能发送任何指令），测试环境温湿度数据，并记录数据，同时 DHT11 的 DATA 数据线由上拉电阻拉高并一直保持高电平。此时 DHT11 的 DATA 引脚处于输入状态，时刻检测外部信号。

2）将单片机的 I/O 设置为输出模式同时输出低电平，且低电平保持时间不能小于 18ms

（最大不得超过 30ms），然后将单片机的 I/O 设置为输入状态，由于上拉电阻，单片机的 I/O 即 DHT11 的 DATA 数据线也随之变高，等待 DHT11 做出回答信号。主机发送开始信号时序如图 4.1.18 所示。

3）DHT11 的 DATA 引脚检测到外部信号有低电平时，等待外部信号低电平结束，延迟后 DHT11 的 DATA 引脚处于输出状态，输出至少 80μs 的低电平作为应答信号，然后拉高电平保持时间至少 80μs，保证从机释放总线，外围设备准备接收数据。单片机的 I/O 此时处于输入状态，检测到 I/O 有低电平（DHT11 回应信号）后，等待至少 80μs 的高电平后开始接收数据。DHT11 发送响应信号时序如图 4.1.19 所示。

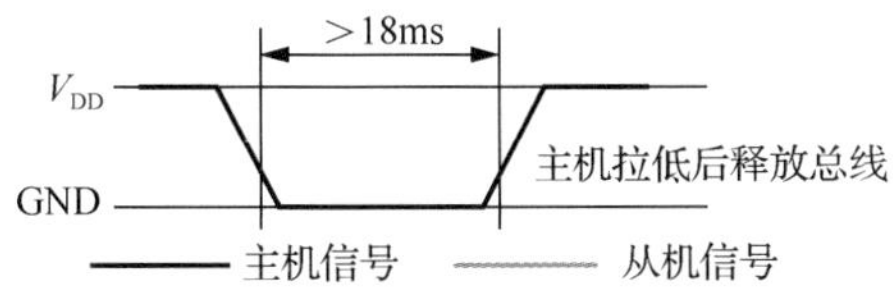

图 4.1.18　主机发送开始信号时序

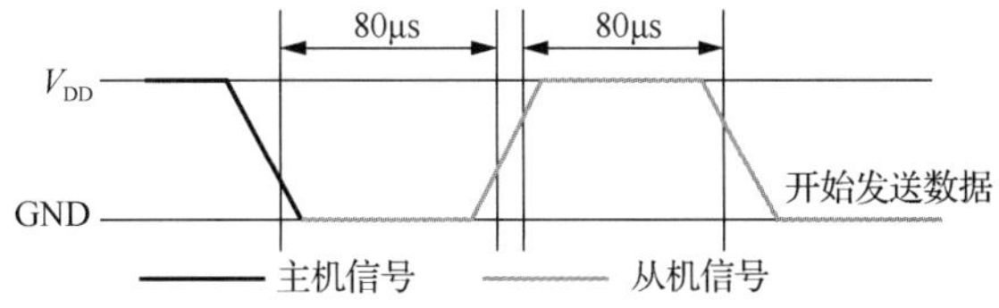

图 4.1.19　DHT11 发送响应信号时序

4）DHT11 的引脚 DATA 输出 40bit 数据，单片机根据 I/O 电平的变化接收 40bit 数据。数据为“0”的时序如图 4.1.20 所示，数据为“1”的时序如图 4.1.21 所示。

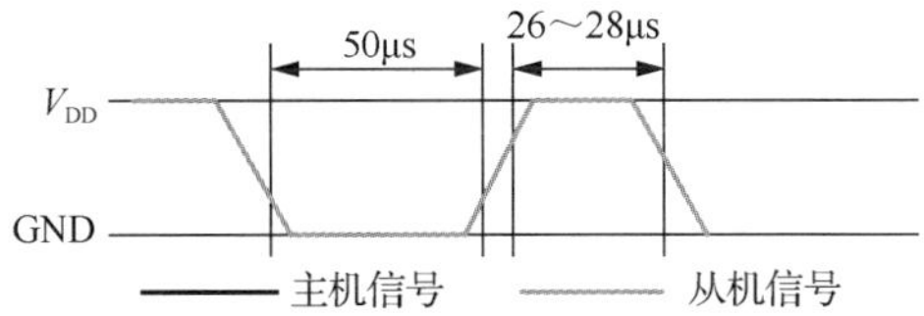

图 4.1.20　数据为“0”的时序

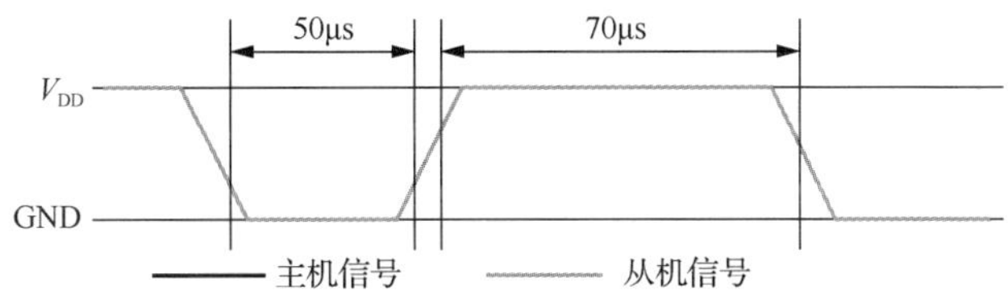

图 4.1.21　数据为“1”的时序

5）当数据传输完成后，DHT11 的引脚 DATA 继续输出低电平，54μs 后转为输入状态，由于上拉电阻，DATA 引脚随之变为高电平，释放总线。但 DHT11 内部开始重测环境温湿度数据，并记录数据，等待外部开始信号的到来。

6）主机处理接收数据。

例如，单片机接收 DHT11 的引脚 DATA 输出的 40bit 数据（5 字节），接收数据如图 4.1.22 所示。

byte4	byte3	byte2	byte1	byte0
00101101	00000000	00011100	00000000	01001001
整数	小数	整数	小数	校验和
相对湿度		温度		校验和

图 4.1.22　DHT11 输出的 40bit 数据

其中，byte4 为相对湿度的整数位，byte3 为相对湿度的小数位，byte2 为温度的整数位，byte1 为温度的小数位，byte0 为校验和，即前 4 个字节和的低 8 位。于是，相对湿度表示为

$$hum = byte4.byte3\ (\%)$$

温度表示为

$$temp = byte2.byte1\ (℃)$$

校验位表示为

$$check = (uint8\_t)(byte4 + byte3 + byte2 + byte1)$$

所以输出数据为相对湿度为 45.0%，温度为 28.0℃，而校验和 $(uint8\_t)(45+0+28+0)=73$，满足 DHT11 的通信协议。

注意：主机采样间隔应不小于 100ms。

工作手册

车间环境温湿度测量系统工作手册如下。

姓名：	学号：	班级：	日期：

4.1　车间环境温湿度测量系统工作手册

任务接收

表 4-1-1　任务分配表

序号	角色	姓名	学号	分工
1	组长			
2	组员			
3	组员			
4	组员			
5	组员			
6	组员			

任务准备

表 4-1-2　工作方案设计表

序号	工作内容	负责人
1		
2		

课堂笔记

姓名：	学号：	班级：	日期：

续表

序号	工作内容	负责人
3		
4		
5		

表 4-1-3　实训设备、工具与耗材清单

序号	名称	型号与规格	数量	备注
1				
2				
3				
4				
5				
6				
7				
			领取人：	归还人：

课堂笔记

任务实施

（1）获取 NTC 热敏电阻温度传感器测得的温度值

1）根据硬件电路连接表画出硬件连接图，要求布局合理，线不交叉，有完整标识。

负责人：	验收签字：

姓名：	学号：	班级：	日期：

2）先使用可调节温度源改变 NTC 热敏电阻温度传感器测量的环境温度；再使用万用表测量 NTC 热敏电阻温度传感器应用电路的输出电压（U4-OUT 处电压），并计算出 NTC 热敏电阻的阻值；最后通过查询 NTC 热敏电阻的温度特性表获得温度值，并将各结果填入表 4-1-4 中。

表 4-1-4　实验数据表

U4-OUT 电压/V	2.05	2.11	2.20	2.30	2.35
NTC 热敏电阻的阻值/kΩ	14.39	13.69	12.72	11.73	11.27
查询温度值/℃	≈16	≈17	≈19	≈21	≈22

U4-OUT 处的电压（单位为 V）为

$$U_{\text{U4-OUT}} = \frac{5R_6}{R_6 + R_{\text{NTC}}}$$

NTC 热敏电阻阻值（单位为 Ω）可近似表示为

$$R_T = R\mathrm{e}^{B\left(\frac{1}{T}-\frac{1}{T_0}\right)}$$

式中，T、T_0 为开尔文温度；R 为热敏电阻在常温 T_0（25℃）下的电阻值；R_T 为热敏电阻在温度 T 下的阻值；B 为热敏电阻的材料常数，本任务中使用的 NTC 热敏电阻的 $B = 3950\text{k}\Omega$。

3）观察温度传感器模块上数码管显示的计算电阻值和温度数据与查表获得的数据是否一致。若不一致，则需说明原因，并调试出正确无误的数据。

课堂笔记

____

____

____

（2）获取 K 型热电偶温度传感器温度值

1）根据硬件电路连接表画出硬件连接图，要求布局合理，线不交叉，有完整标识。

负责人：	验收签字：

姓名：	学号：	班级：	日期：

2）先使用可调节温度源改变 K 型热电偶温度传感器测量的环境温度；再利用逻辑分析仪查看 MAX6675 引脚 SO、CS 和 SCK 的时序，画出时序图，并分析 MAX6675 引脚 SO 的波形；最后计算 K 型热电偶温度传感器测得的温度值。

计算温度值：________________

3）观察温度传感器模块上数码管显示的温度数据与计算的温度值是否一致。若不一致，则需说明原因，并调试出正确无误的数据。

____

____

____

（3）获取 DHT11 温湿度传感器的温湿度值

1）根据硬件电路连接表画出硬件连接图，要求布局合理，线不交叉，有完整标识。

负责人：	验收签字：

课堂笔记

姓名：	学号：	班级：	日期：

2）先使用可调节温度源和加湿器等改变 DHT11 温湿度传感器测量的环境温湿度；再利用逻辑分析仪查看 DHT11 引脚 DATA 的时序，分析并绘制标注 DHT11 引脚 DATA 的波形；最后计算 DHT11 温湿度传感器测得的温湿度值。

温度值：________

相对湿度值：________

3）观察 3.5 英寸液晶显示屏终端模块上显示的温湿度值与计算的温湿度值是否一致。若不一致，则需说明原因，并调试出正确无误的数据。

____

____

____

课堂笔记

4）描述任务实施过程中产生的错误，并分析原因。

表 4-1-5　实训产生错误的原因分析

序号	问题描述	产生原因	是否解决
1			
2			
3			
4			

任务验收

表 4-1-6　任务评分表

任务内容	评价标准	分值	自评	小组互评	教师评价
NTC 热敏电阻温度传感器电路调试及应用实训	检测各电路连接的正确性	5			
	获取正确的 NTC 热敏电阻温度传感器测得的温度值	15			

姓名：	学号：	班级：	日期：

课堂笔记

续表

任务内容	评价标准	分值	自评	小组互评	教师评价
NTC 热敏电阻温度传感器电路调试及应用实训	在数码管上显示 NTC 热敏电阻温度传感器测得的温度值	10			
K 型热电偶温度传感器电路调试及应用实训	检测各电路连接的正确性	10			
	获取正确的 K 型热电偶温度传感器测得的温度值	15			
	在数码管上显示 K 型热电偶温度传感器测得的温度值	10			
DHT11 温湿度传感器电路调试及应用实训	检测各电路连接的正确性	10			
	获取正确的 DHT11 温湿度传感器测得的温湿度值	15			
	在 3.5 英寸液晶显示屏终端上显示 DHT11 温湿度传感器测得的温湿度值	10			
总分		100			

任务反馈

表 4-1-7　任务反馈表

序号	评价项目	自评	教师评价
1	任务是否按时按质完成		
2	理论知识是否掌握		
3	实际操作是否合规、安全		
4	作品质量		
5	小组成员是否协作有序		

自己及组内成员需要改进的地方：

____

____

____

____

任务拓展

设计一个车间环境温湿度调节系统，由于在实际生产中，有些生产环节对环境的温湿度的要求较为敏感，需要严格控制温湿度，所以设计一个温湿度控制系统来调节环境的温湿度。

姓名：	学号：	班级：	日期：

系统具体要求如下：

1）利用 DHT11 温湿度传感器监测环境温湿度，当温湿度达到设定值时，根据温湿度值按需选择控制制冷器、升温器、加湿器、除湿器等改变环境温湿度设备的开闭，从而调节环境温湿度。

2）当温湿度达到设定阈值或时间超过设定时间，且温湿度值没有得到调节时，控制警报模块发出警报声提示。

课堂笔记

任务 4.2

车间环境光照度测量系统

任务描述

车间或工作场所应有足够的自然采光或人工照明，一般工厂的照明系数不能低于标准Ⅳ级，检查工厂的工作面的混合照度不能低于 540 lx，加工工厂的工作面的混合照度不能低于 220 lx，其他工厂的工作面的混合照度一般不能低于 110 lx。工厂车间内一般采用光照度传感器对车间内的光照度进行监测。

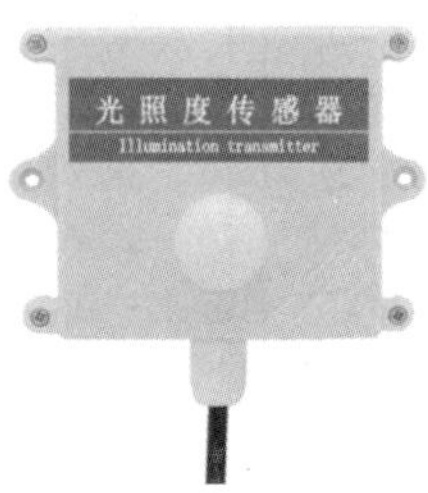

图 4.2.1　光照度测量系统

本任务要求利用光敏电阻传感器、光电池传感器及 MEMS 光照度传感器完成一个环境光照度测量系统（图 4.2.1），并将环境光照度测量结果显示在 3.5 英寸液晶显示屏终端上。通过学习光敏电阻传感器、光电池传感器及 MEMS 光照度传感器的工作特性与工作原理，完成环境光照度测量和显示，并模拟实现光传感器在车间环境中的应用。

任务准备

光照度传感器应用模块（图 4.2.2）1 个、3.5 英寸液晶显示屏终端 1 个、STM32F407 核心板 1 个、STM32F407 核心板电源适配器（5V/3A）1 个、示波器 1 个、万用表 1 个、逻辑分析仪 1 个、20P 排线 3 条、杜邦线若干。

图 4.2.2　光照度传感器应用模块

任务实施

1．利用光敏电阻传感器检测光照度

在实施过程中，使用单片机的片上外围设备 ADC 采集光敏电阻传感器应用电路输出的电压，设定电压值，分析当前光照度。当采集电压达到设定值时，提示环境光较暗，建议打开灯光；当采集电压低于设定值时，提示环境光较亮，无须打开灯光。具体实施步骤如下：

1）按表 4.2.1 和表 4.2.2 连接硬件电路，检测各电路（图 4.2.3 和图 3.3.3）连接的正确性，确保无误后通电使用，下载驱动程序。

表 4.2.1　STM32F407 核心板与光照度传感器模块连线

STM32F407 核心板	光照度传感器模块
PA1	TP3

表 4.2.2　STM32F407 核心板与 3.5 英寸液晶显示屏终端连线

STM32F407 核心板	3.5 英寸液晶显示屏终端
PC8	CS
PC9	RS
PC10	WR
PC11	RD
PC12	BL
PC13	RST
PD0～PD15	D0～D15

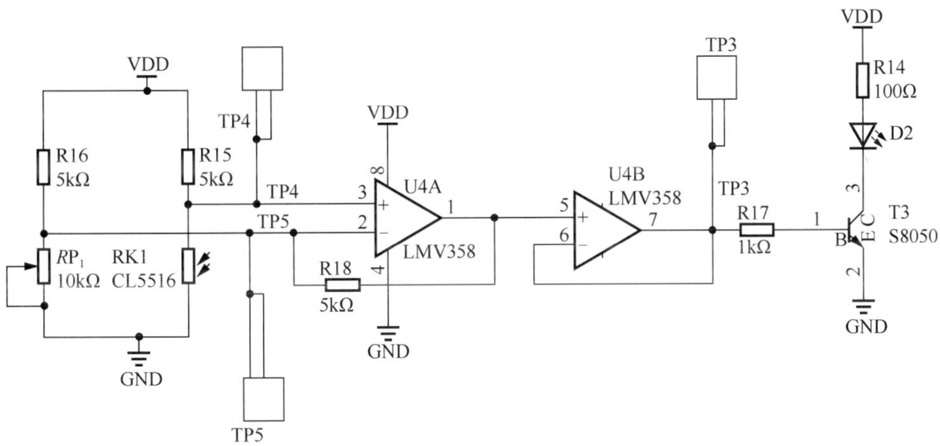

图 4.2.3　光敏电阻传感器应用电路

使用 20P 排线将核心板 GPIO C 口与显示终端 J3 口、核心板 GPIO D 口与显示终端 J2 口相连。

2）先使用光敏电阻传感器检测当前环境中的光照度；再使用万用表测量光敏电阻传感器的输出电压（图 4.2.3 中 TP3 处的电压）；最后调节可调电阻 R_{P_1}，观察 LED 灯 D2 的状态，分析当前的光照度。

3）在 3.5 英寸液晶显示屏终端上显示采集的电压值及分析的当前光照度。明、暗两种不同的显示结果分别如图 4.2.4 和图 4.2.5 所示。

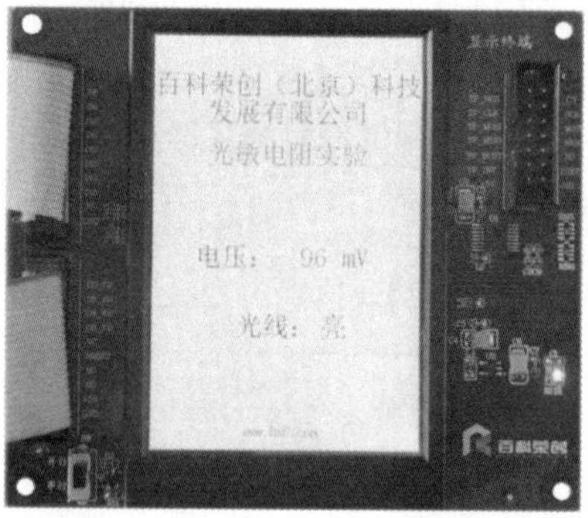

图 4.2.4　3.5 英寸液晶显示屏终端上显示的数据（光线亮）

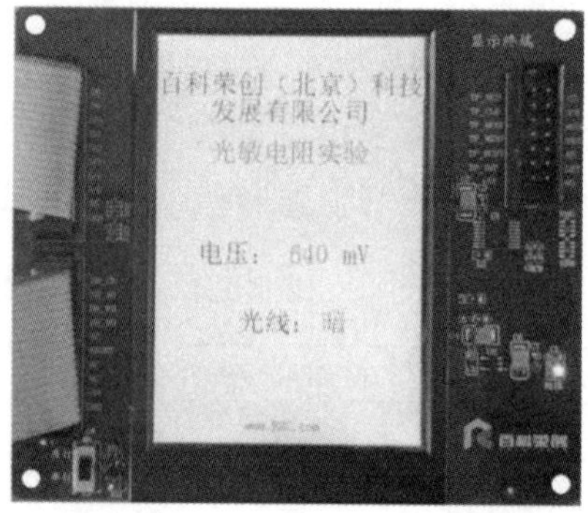

图 4.2.5　3.5 英寸液晶显示屏终端上显示的数据（光线暗）

2．利用光电池传感器检测光照度

在实施过程中，使用单片机的外围设备 ADC 采集光电池传感器应用电路输出的电压，分析当前的光照度。具体实施步骤如下：

1）按表 4.2.3 和表 4.2.4 连接硬件电路，检测各电路（图 4.2.6 和图 3.3.3）连接的正确性，确保无误后通电使用，下载驱动程序。

表 4.2.3　STM32F407 核心板与光照度传感器模块连线

STM32F407 核心板	光照度传感器模块
PA1	A1O

表 4.2.4　STM32F407 核心板与 3.5 英寸液晶显示屏终端连线

STM32F407 核心板	3.5 英寸液晶显示屏终端
PC8	CS
PC9	RS
PC10	WR
PC11	RD
PC12	BL
PC13	RST
PD0～PD15	D0～D15

使用 20P 排线将核心板 GPIO C 口与显示终端 J3 口、核心板 GPIO D 口与显示终端 J2 口相连。

2）先使用光电池传感器检测当前环境中的光照度；再使用万用表测量光电池传感器的输出电压（图 4.2.6 中 A1O 处的电压）；最后观察 LED 灯 D1 的状态，分析当前的光照度。

3）在 3.5 英寸液晶显示屏终端上显示采集的电压值及分析的当前光照度，如图 4.2.7 所示。

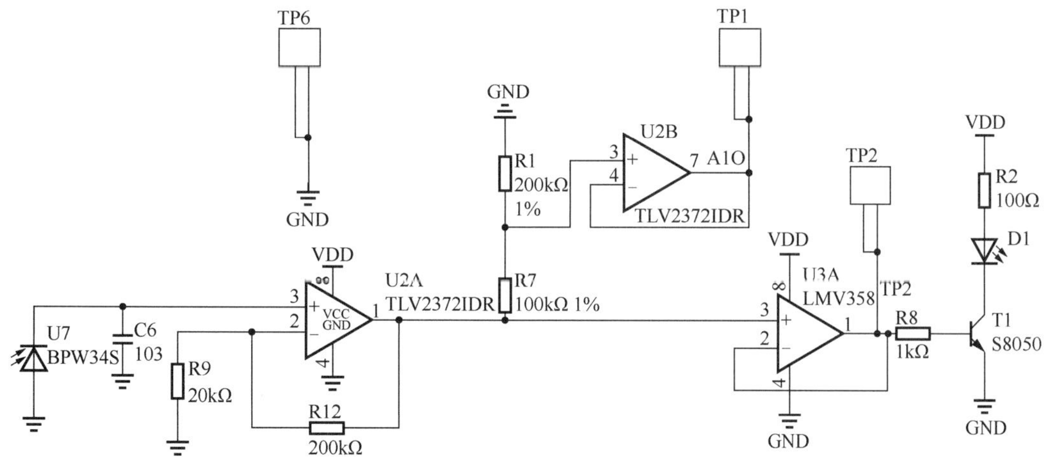

图 4.2.6　光电池传感器应用电路

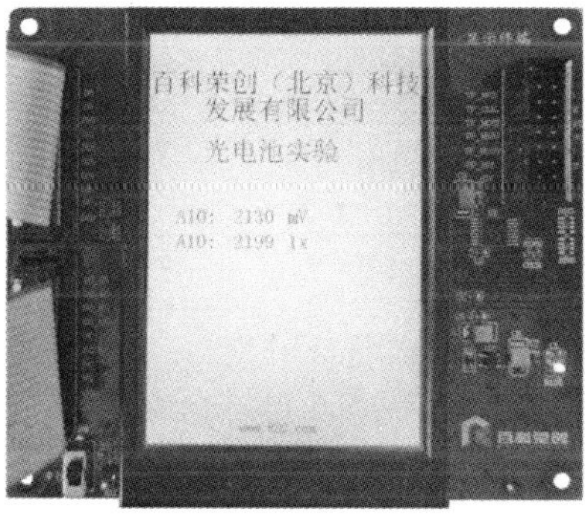

图 4.2.7　3.5 英寸液晶显示屏终端上显示的数据

3．利用 MEMS 光照度传感器检测光照度

在实施过程中，使用单片机的外围设备 IIC 向 BH1750FVI 光照度传感器发送指令，选择 BH1750FVI 光照度传感器工作模式，并读取该传感器采集的光照度数据，然后分析当前的光照度。具体实施步骤如下：

1）按表 4.2.5 和表 4.2.6 连接硬件电路，检测各电路（图 4.2.8 和图 3.3.3）连接的正确性，确保无误后通电使用，下载驱动程序。

表 4.2.5　STM32F407 核心板与光照度传感器模块连线

STM32F407 核心板	光照度传感器模块
PA2	SDA
PA3	SCL
PA4	ADR

表 4.2.6　STM32F407 核心板与 3.5 英寸液晶显示屏终端连线

STM32F407 核心板	3.5 英寸液晶显示屏终端
PC8	CS
PC9	RS
PC10	WR
PC11	RD
PC12	BL
PC13	RST
PD0～PD15	D0～D15

使用 20P 排线将核心板 GPIO C 口与显示终端 J3 口、核心板 GPIO D 口与显示终端 J2 口相连。

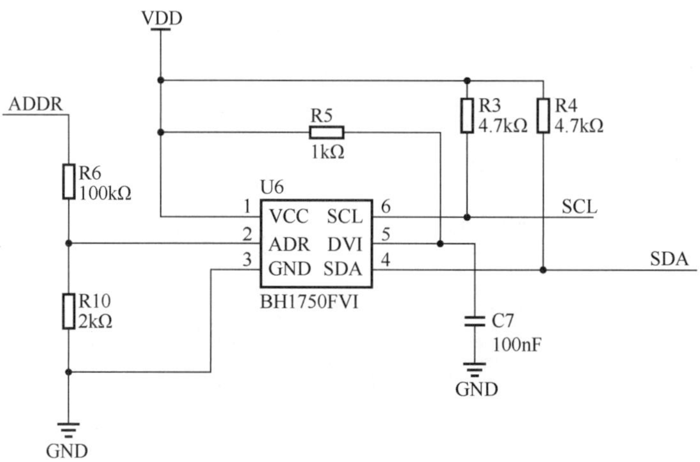

图 4.2.8　MEMS 光照度传感器应用电路

2）先使用 BH1750FVI 光照度传感器检测当前环境中的光照度；再利用逻辑分析仪分析 BH1750FVI 光照度传感器的引脚 SDA 和引脚 SCL 的时序（图 4.2.9）；最后计算 BH1750FVI 光照度传感器测得的环境光照度。

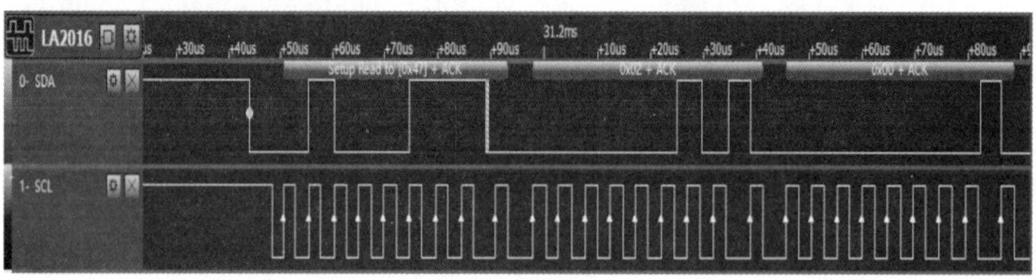

图 4.2.9　BH1750FVI 的引脚 SDA 和 SCL 的时序

分析图 4.2.9 所示的时序可知，BH1750FVI 的从地址为“0100 0111”，接收数据为“0000 0010 1100 0000”，通过计算可得光照度约为 426.7 lx。

3）在 3.5 英寸液晶显示屏终端上显示分析的当前光照度，如图 4.2.10 所示。

图 4.2.10　3.5 英寸液晶显示屏终端上显示的数据（光照度）

任务评价

任务实施后，完成表 4.2.7 所示的任务评价表。

表 4.2.7　任务评价表

任务内容	评价标准	分值	自评	小组互评	教师评价
光敏电阻传感器电路调试及应用实训	检测各电路连接的正确性	5			
	完成光敏电阻传感器应用电路输出数据的采集，并分析出当前环境的亮暗情况	15			
	在 3.5 英寸液晶显示屏终端上显示当前环境的亮暗情况	10			
光电池传感器电路调试及应用实训	检测各电路连接的正确性	5			
	完成光电池传感器应用电路输出数据的采集，并分析当前环境的光照度	15			
	在 3.5 英寸液晶显示屏终端上显示当前环境的光照度	10			
MEMS 光照度传感器电路调试及应用实训	检测各电路连接的正确性	10			
	完成 MEMS 光照度传感器的驱动及 MEMS 光照度传感器输出数据的采集，并分析出当前环境的光照度	20			
	在 3.5 英寸液晶显示屏终端上显示当前环境的光照度	10			
总分		100			

拓展训练

使用光敏电阻传感器、光电池传感器及 MEMS 光照度传感器制作一个光控系统。系统具体要求如下：

1）系统可以根据光照度，控制窗帘、灯光等设备的开闭。

2）系统可以定时提醒当前环境的光照度。

3）系统可以通过光电池实现太阳能蓄电功能，当没有光照时输出电压供系统工作。

知识链接

知识 4.2.1　光敏电阻传感器

微课：光电器件

1. 光敏电阻传感器的工作原理

光敏电阻传感器是利用光敏元件将光信号转换为电信号的传感器件，它的敏感波长在可见光波长附近，包括红外线波长和紫外线波长。光敏电阻是一种由半导体材料制成的电阻，其电导率随着光照度的变化而变化。光照度强，其电阻减小；光照度弱，其电阻增大。利用这一特性可制成不同形状和受光面积的光敏电阻。

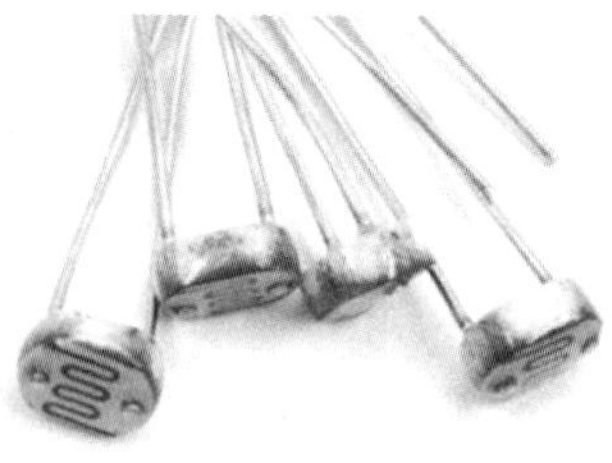

图 4.2.11　光敏电阻

光敏电阻传感器制成薄片结构，以便吸收更多的光能。当它受到光的照射时，半导体片（光敏层）内就激发出电子-空穴对，参与导电，使电路中的电流增强。为了获得高的灵敏度，光敏电阻传感器的电极常采用梳状图案（图 4.2.11），它是在一定的掩膜下向光电导薄膜上蒸镀金或铟等金属而制成的。光敏电阻传感器通常由光敏层、玻璃基片（或树脂防潮膜）和电极等组成。

光敏电阻传感器常用硫化镉（CdS）制成，分为环氧树脂封装和金属封装两款，同属于导线型［DIP（dual in-line package，双列直插封装）型］。环氧树脂封装光敏电阻传感器按陶瓷基板直径分为ϕ3mm、ϕ4mm、ϕ5mm、ϕ7mm、ϕ11mm、ϕ12mm、ϕ20mm、ϕ25mm。

光敏电阻传感器的主要特性如下：

1）暗电阻、暗电流。将光敏电阻传感器置于无光照的黑暗条件下，测得的光敏电阻传感器的阻值称为暗电阻。这时，在给定电压下测得的光敏电阻传感器中的电流为暗电流。

2）亮电阻、光电流。光敏电阻传感器在光照下，测得的光敏电阻传感器的阻值称为亮电阻，亮电阻一般在几千欧姆。这时，在工作电压下测得的电流称为光电流。

3）光敏电阻传感器的光电特性。在一定的电压作用下，光敏电阻传感器的光电流 I_F 与照射光通量 F 的关系称为光电特性。

GL5516 是ϕ5 系列光敏电阻传感器，标称阻值为 5～10kΩ，其规格如表 4.2.8 所示。

表 4.2.8　GL5516 的规格表

型号	光谱峰值/nm	亮电阻（10 lx）/kΩ	暗电阻/MΩ	γ_{10}^{100}	响应时间/ms		照度电阻特性
					上升	下降	
GL5516	540	5～10	0.5	0.5	30	30	2

在表 4.2.8 中，暗电阻指关闭 10 lx 光照后第 10 秒的阻值；亮电阻是用 400～600 lx 光照射 2h 后，在标准光源（色温 2856K）10 lx 光下的测试值；γ值是 10 lx 照度和 100 lx 照度下的标准电阻值之比的对数，即

$$\gamma=\frac{\lg\frac{R_{10}}{R_{100}}}{\lg\frac{100}{10}}=\lg\frac{R_{10}}{R_{100}}$$

式中，R_{10}、R_{100}分别为 10 lx、100 lx 照度下的电阻值（γ的公差为±0.1）。GL5516 的阻值-光照对应图如图 4.2.12 所示。

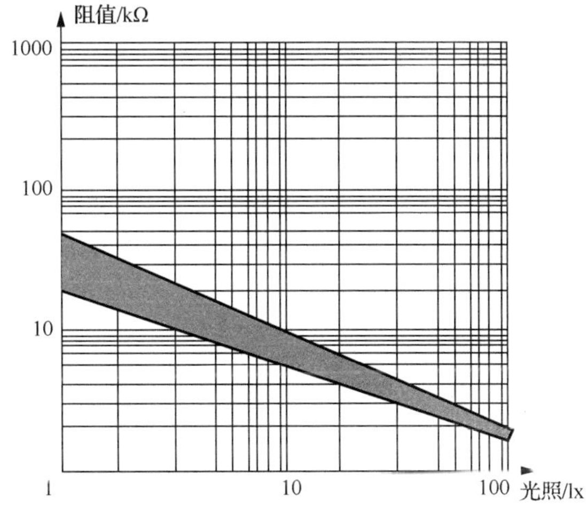

图 4.2.12　GL5516 的阻值-光照对应图

2．光敏电阻传感器应用电路的调试

光敏电阻传感器的应用电路如图 4.2.13 所示，该电路由四个部分组成：惠斯通电桥电路、差分放大电路、电压跟随电路和 LED 控制电路。

微课：光电编码器

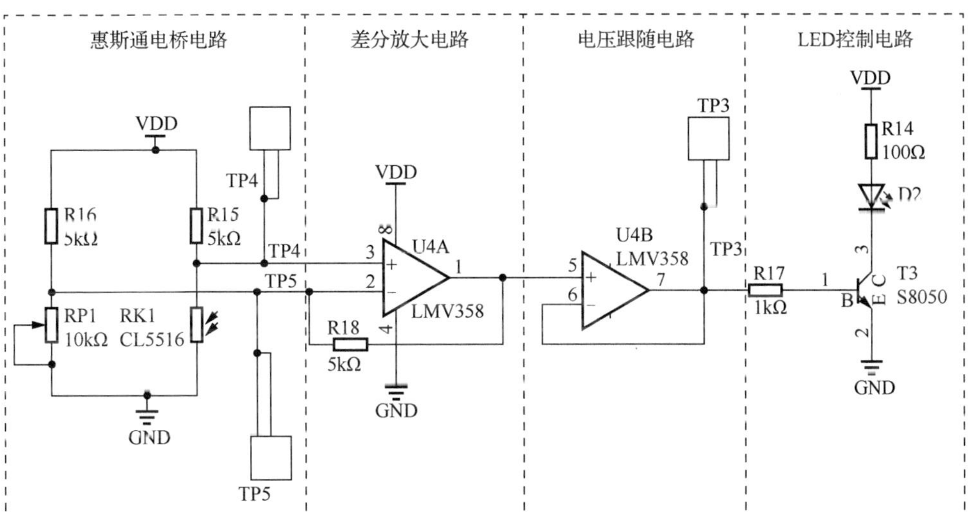

图 4.2.13　光敏电阻传感器的应用电路

电阻 R_{16}、R_{15}、R_{P_1} 和 R_{K_1} 组成惠斯通电桥电路，当可调电阻 R_{P_1} 和光敏电阻 R_{K_1} 的阻值相等时，TP4 和 TP5 之间的电压差为 0，差分放大电路输出电压为 0，LED 控制电路中的晶体管没有达到导通条件，LED 灯 D2 呈熄灭状态。

随着环境光照度的减弱，光敏电阻的阻值增加，TP4 和 TP5 之间的电压差增大，差分放大电路输出放大电压，电压跟随电路使电压输出不受后端电路影响，稳定输出电压值，当输出电压大于 LED 控制电路中晶体管的导通电压时，LED 灯 D2 被点亮，且电压越大，亮度越高。

随着环境光照度增强，光敏电阻传感器的阻值减小，TP4 和 TP5 之间的电压差减小，差分放大电路输出电压也减小，LED 灯 D2 逐渐变暗，当输出电压小于 LED 控制电路中晶体管的导通电压时，LED 灯 D2 熄灭。

当 LED 灯 D2 熄灭时，在不改变环境光照度的情况下，可通过调节可调电阻的阻值，将阻值减小，增大 TP4 和 TP5 之间的电压差，点亮 LED 灯 D2。因此，可以使用可调电阻来调节 LED 灯光控的灵敏度。

（1）惠斯通电桥电路

光敏电阻传感器的应用电路中的惠斯通电桥电路由电阻 R_{16}、R_{15}、R_{P_1} 和 R_{K_1} 组成，R_{P_1} 为 10kΩ 可调电阻，R_{K_1} 为光敏电阻 GL5516。

TP5 和 TP4 处的电压（单位为 V）为

$$U_{TP5} = V_{DD}\frac{R_{P_1}}{R_{16}+R_{P_1}}$$

$$U_{TP4} = V_{DD}\frac{R_{K_1}}{R_{15}+R_{K_1}}$$

TP4 和 TP5 处的电压差为

$$\Delta U = U_{TP4} - U_{TP5} = V_{DD}\frac{R_{K_1}R_{16} - R_{P_1}R_{15}}{(R_{15}+R_{K_1})(R_{16}+R_{P_1})}$$

已知 $R_{15} = R_{16}$，所以当可调电阻 R_{P_1} 的阻值等于光敏电阻 R_{K_1} 的阻值时，电压差为 0。

（2）差分放大电路

光敏电阻传感器应用电路中的差分放大电路由运放 LMV385、R_{18} 和惠斯通电桥组成。TP4 和 TP5 处的电压差 ΔU 越大，差分放大电路输出电压越大，即环境光照度越弱，输出电压越大；反之，TP4 和 TP5 处的电压差 ΔU 越小，差分放大电路输出电压越小，即光照度越强，输出电压越小。

（3）电压跟随电路

电压跟随电路可以使输出电压不受后级阻抗的影响，保证了前级电路输出电压的稳定性。

（4）LED 控制电路

当晶体管 S8050 的基极-发射极电压 U_{be} 大于导通电压时，D2 点亮；当电压 U_{be} 小于导通电压时，D2 熄灭。

3．光敏电阻传感器应用电路的数据处理

光敏电阻传感器应用电路最后输出的是模拟量电压值，因此，使用单片机的外围设备 ADC 采集电路 TP3 信号时，应处理采集的模拟量数据，并设定电压值，当采集电压达到设定值时，提示环境光照度较暗，建议打开灯光；当采集电压低于设定值时，提示环境光较亮，无须打开灯光。

知识 4.2.2　光电池传感器

1．光电池传感器的工作原理

光电池是一种在光的照射下产生电动势的半导体器件，如图 4.2.14 所示。它是能在光的照射下产生电动势的器件，属于有源器件，在电路中不需要外接电源驱动。光电池通常用于光电转换、光电探测及光能利用等方面。

根据其所用材料的不同，光电池可分为硒光电池、硅光电池、锗光电池、硫化镉光电池、砷化镓光电池等。

光电池是一种特殊的半导体二极管，是太阳能电力系统内部的一个组成部分，能将可见光转换为直流电。最早的光电池是用掺杂的氧化硅来制作的，掺杂氧化硅的目的是影响电子或空穴的行为。此外，如 CIS、CdTe 和 GaAs 等其他材料也已经被开发用来作为光电池的材料，目前已分为两种基本类型的半导体材料：正电型（或 P 型态）和负电型（或 N 型态）。在一个 PV（photo voltaic，光伏）电池中，这些材料的薄片被一起放置，而且它们之间的实际交界叫作 PN 结。通过这种结构方式，将 PN 结暴露于可见光、红外光或紫外线下，当射线照射到 PN 结的时候，PN 结的两侧会产生电压，这样连接到 P 型材料和 N 型材料上的电极之间就会有电流通过。一套 PV 电池能连接在一起形成太阳的模组、行列或面板，如图 4.2.15 所示。

图 4.2.14　光电池

图 4.2.15　太阳能板

BPW34 是一种高速的、高灵敏度的 PIN 光电二极管，适用于可见光和近红外辐射，其响应时间短，响应速度快。BPW34 的光线-电流-电压对应关系如图 4.2.16 所示。

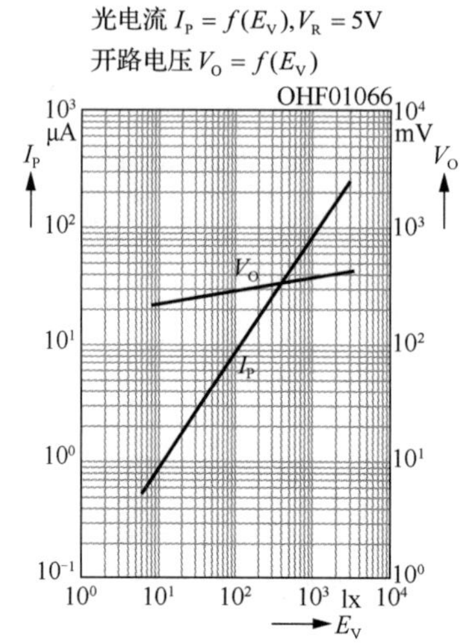

图 4.2.16　BPW34 的光线-电流-电压对应关系

2．光电池传感器的应用电路

光电池传感器的应用电路如图 4.2.17 所示，该应用电路由光电池传感器、反相放大电路、分压电路、两个电压跟随电路及 LED 控制电路组成。其中，U5 为光电池传感器 BPW34，光电池传感器在可见光的照射下产生电动势，产生的电压由反相放大电路放大后，分成两路信号：一路输入由 LMV358 组成的电压跟随电路，直接控制 LED 灯的亮灭；另一路经过电阻 R_7 和 R_1 的分压后输入由 TLV2372 组成的电压跟随电路，输出检测电压信号。

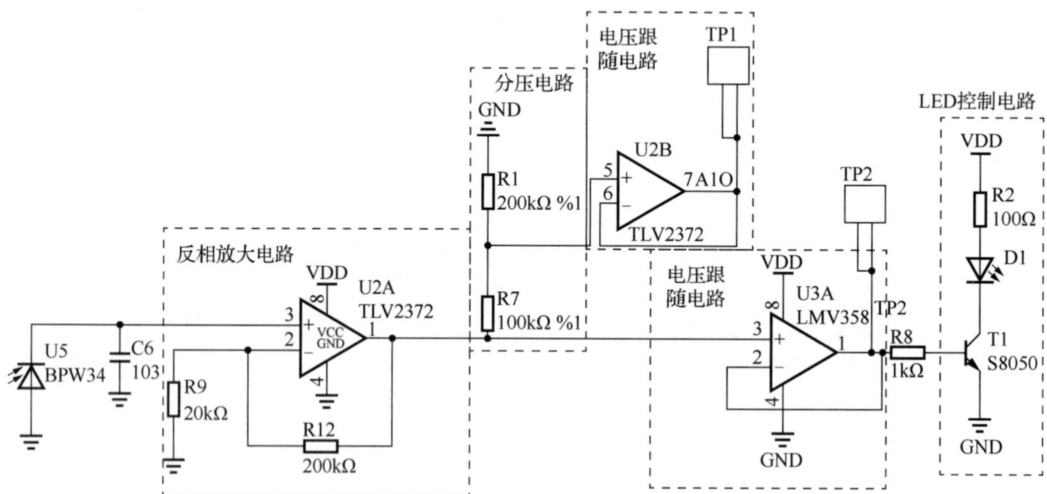

图 4.2.17　光电池传感器应用电路

（1）反相放大电路

反相放大电路由运算放大器 TLV2372、R_9、R_{12} 组成，放大输出电压为

$$U_{10} = U_{BPW}\left(1 + \frac{R_{12}}{R_9}\right)$$

（2）分压电路

电阻 R_7 和 R_1 组成分压电路，分压后的电压为

$$U_5 = U_{10}\frac{R_1}{R_1 + R_7}$$

（3）电压跟随电路

电压跟随电路可以使输出电压不受后级阻抗的影响，保证了前级电路输出电压的稳定性。

（4）LED 控制电路

当晶体管 S8050 的基极-发射极电压 U_{be} 大于导通电压时，D1 点亮；当电压 U_{be} 小于导通电压时，D1 熄灭。电阻 R_8 为限流电阻，用来保护电路。

知识 4.2.3　MEMS 光照度传感器

1．MEMS 光照度传感器的工作原理

MEMS 光照度传感器的全称是微型电子机械系统传感器，微型电子机械系统是指可批量制作的，将微型机构、微型传感器、微型执行器及信号处理和控制电路，直至接口、通信和电源等集成于一块或多块芯片上的微型器件或系统。MEMS 光照度传感器就是采用微电子和微机械加工技术制造出来的新型传感器。

微课：MEMS 光照度传感器的应用——车间环境光度测量

视频：光照度测量实验软件操作

视频：光照度测量实验操作

用 MEMS 工艺制造的传感器、执行器或者微结构，具有微型化、集成化、智能化、成本低、效能高、可大批量生产、产能高、良品率高等特点。MEMS 技术使数以万计的 MEMS 芯片出现在每一片晶元上面。

BH1750FVI 是一种用于两线式串行总线接口的数字型光照度传感器集成电路，即是一种 MEMS 光照度传感器。这种传感器可以根据收集的光照度数据来调整液晶或者键盘背景灯的亮度。利用它的高分辨率可以探测较大范围的光照度变化（1～65535 lx）。

BH1750FVI 光照度传感器框图如图 4.2.18 所示。其中，PD 为接近人眼反应的光电二极管。AMP 为集成运算放大器，可将 PD 电流转换为 PD 电压。ADC 为模数转换器，可获取 16 位数字数据。Logic+IIC Interface 为光照度计算和 IIC 总线接口，其包含两类寄存器：①数据寄存器（寄存光照度数据），初始值为 0000 0000 0000 0000；②测量时间寄存器（寄存时间测量数据），初始值为 0100 0101。OSC 为内部振荡器（时间频率典型值为 320kHz），为内部逻辑时钟。

BH1750FVI 光照度传感器的测量步骤如图 4.2.19 所示，各指令代码如表 4.2.9 所示。

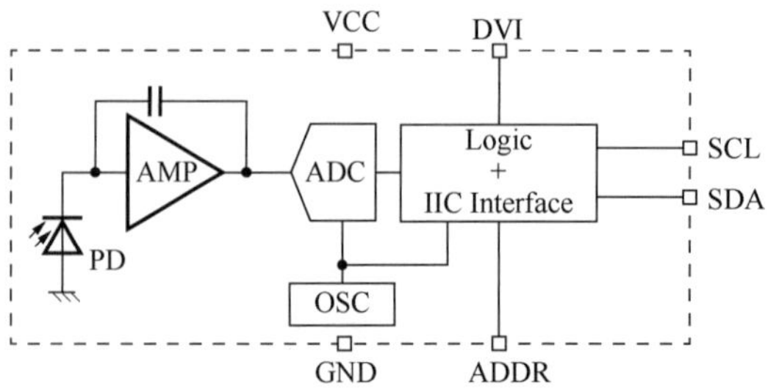

图 4.2.18　BH1750FVI 光照度传感器框图

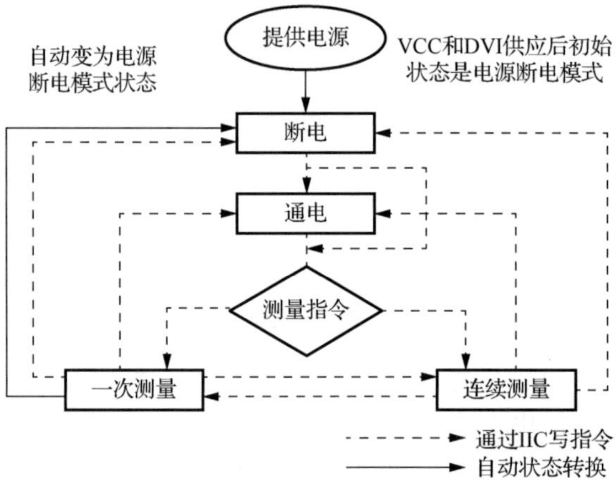

图 4.2.19　BH1750FVI 光照度传感器测量步骤

注：可能忽略通电指令。

表 4.2.9　BH1750FVI 指令集

指令	功能代码	注释
断电	0000 0000	无激活状态
通电	0000 0001	等待测量指令
重置	0000 0111	重置数字寄存器，重置指令在断电模式下不起作用
连续 H 分辨率模式 1	0001 0000	在 1 lx 分辨率下开始测量，测量时间一般为 120ms
连续 H 分辨率模式 2	0001 0001	在 0.5 lx 分辨率下开始测量，测量时间一般为 120ms
连续 L 分辨率模式	0001 0011	在 4 lx 分辨率下开始测量，测量时间一般为 16ms
一次 H 分辨率模式 1	0010 0000	在 1 lx 分辨率下开始测量，测量时间一般为 120ms，测量后自动设置为断电模式
一次 H 分辨率模式 2	0010 0001	在 0.5 lx 分辨率下开始测量，测量时间一般为 120ms，测量后自动设置为断电模式
一次 L 分辨率模式	0010 0011	在 4 lx 分辨率下开始测量，测量时间一般为 16ms，测量后自动设置为断电模式
改变测量时间（高位）	01000 MT[7,6,5]	改变测量时间
改变测量时间（低位）	011 MT[4,3,2,1,0]	改变测量时间

BH1750FVI 的测量模式有三种，如表 4.2.10 所示。

表 4.2.10　BH1750FVI 的测量模式

测量模式	测量时间/ms	分辨率/lx
H 分辨率模式 2	120	0.5
H 分辨率模式 1	120	1
L 分辨率模式	16	4

这三种测量模式推荐使用 H 分辨率模式 2，在 H 分辨率模式 2 下，当测量时间（积分时间）较长时仍能够抑制一些噪声。同时，H 分辨率模式的分辨率在 1 lx 以下，比较适用于黑暗场合下的检测（光照度低于 10 lx）。H 分辨率模式 2 同样适用于黑暗场合下的检测。

BH1750FVI 的写测量指令和读测量结果指令都是由 IIC 接口完成的，其 IIC 通信协议如图 4.2.20 所示。

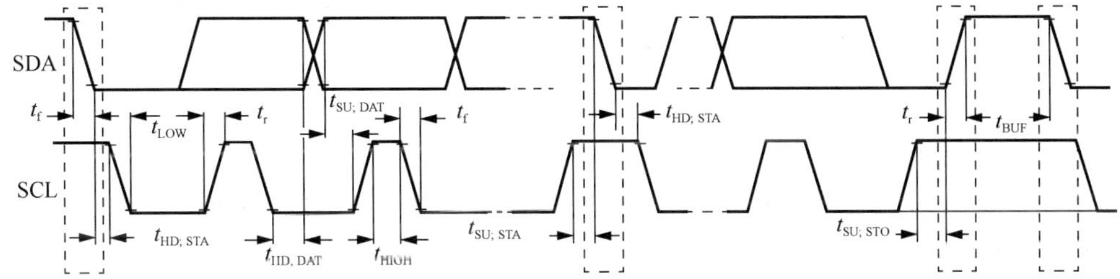

图 4.2.20　BH1750FVI 的 IIC 通信协议

BH1750FVI 的从地址有两种形式，由 ADDR 端口决定：

1）ADDR=“H”（U_{ADDR}≥0.7V_{CC}），从地址为 1011100；

2）ADDR=“L”（U_{ADDR}≤0.7V_{CC}），从地址为 0100011。

BH1750FVI 不能在停机状态下接收复位指令，因此要在每个操作码后加一个 SP，如图 4.2.21 和图 4.2.22 所示。

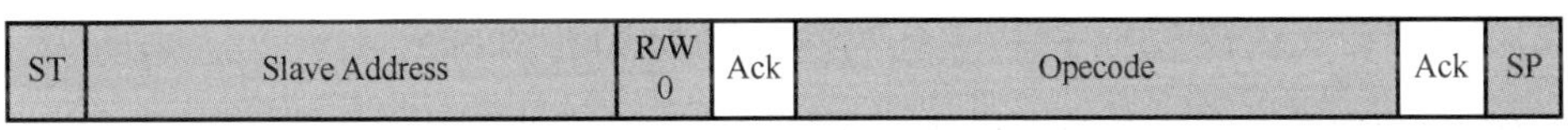

图 4.2.21　BH1750FVI 的写时序

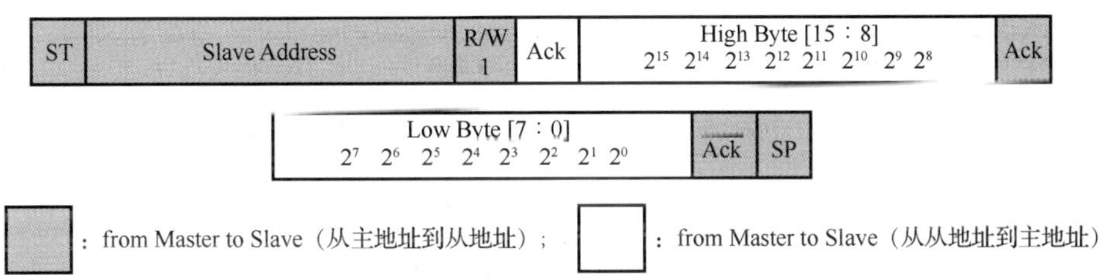

图 4.2.22　BH1750FVI 的读时序

2．MEMS 光照度传感器的数据处理

BH1750FVI 光照度传感器的应用电路如图 4.2.23 所示。

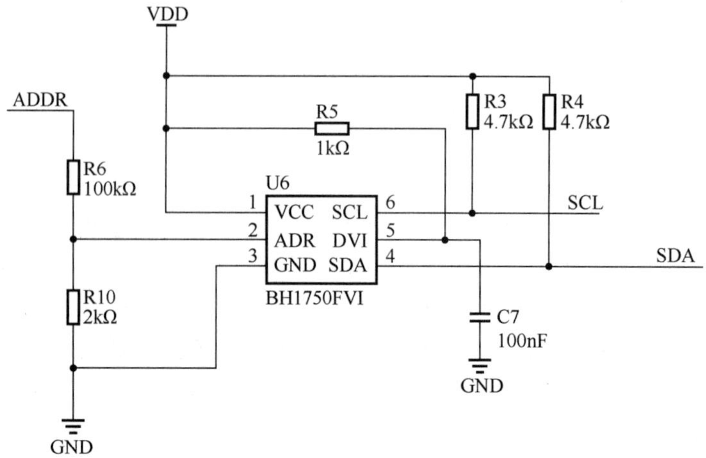

图 4.2.23 BH1750FVI 光照度传感器的应用电路

在图 4.2.23 中，SDA 为双向数据线，SCL 为时钟线，ADDR 为 BH1750FVI 光照度传感器的从地址选择接口。

使用单片机的 I/O 连接 BH1750FVI 光照度传感器应用电路的 ADDR 引脚，通过该引脚选择 BH1750FVI 光照度传感器的从地址，并使用单片机通过外围设备 IIC 向传感器发送指令，配置 BH1750FVI 光照度传感器的测量模式，以及读取 BH1750FVI 光照度传感器测量的环境光照度。

1）BH1750FVI 从“写指示”到“读出测量结果”的测量时序，连续 H 分辨率模式（ADDR=“L”）实例如下：

① 发送“连续 H 分辨率模式”指令，如图 4.2.24 所示。

ST	0100011	0	Ack	00010000	Ack	SP

图 4.2.24 发送“连续 H 分辨率模式”指令

② 等待完成第一次 H 分辨率模式的测量（最长时间为 180ms）。

③ 读出测量结果，如图 4.2.25 所示。

ST	0100011	1	Ack	High Byte[15:8]	Ack

Low Byte[7:0]	$\overline{\text{Ack}}$	SP

图 4.2.25 测量结果

当数据为高字节“10000011”和低字节“10010000”时，计算得到的结果为

$$\frac{2^{15}+2^{9}+2^{8}+2^{7}+2^{4}}{1.2}\approx 28067\ \text{(lx)}$$

2）BH1750FVI 从“写指示”到“读出测量结果”的测量时序，一次 L 分辨率模式（ADDR=“H”）实例如下：

① 发送“一次 L 分辨率模式”指令，如图 4.2.26 所示。

ST	1011 100	0	Ack	0010 0011	Ack	SP

图 4.2.26　发送“一次 L 分辨率模式”指令

② 等待完成 L 分辨率模式测量（最长时间为 24ms）。

③ 读取测量结果，如图 4.2.27 所示。

ST	1011 100	1	Ack	High Byte[15:8]	Ack

Low Byte[7:0]	$\overline{\text{Ack}}$	SP

图 4.2.27　测量结果

当数据为高字节“00000001”和低字节“00010000”时，计算得到的结果为

$$\frac{2^8+2^4}{1.2}\approx 227\text{（lx）}$$

工作手册

车间环境光照度测量系统工作手册如下。

姓名：	学号：	班级：	日期：

4.2　车间环境光照度测量系统工作手册

课堂笔记

任务接收

表 4-2-1　任务分配表

序号	角色	姓名	学号	分工
1	组长			
2	组员			
3	组员			
4	组员			
5	组员			
6	组员			

任务准备

表 4-2-2　工作方案设计表

序号	工作内容	负责人
1		

姓名：	学号：	班级：	日期：

续表

序号	工作内容	负责人
2		
3		
4		
5		

表 4-2-3　实训设备、工具与耗材清单

序号	名称	型号与规格	数量	备注
1				
2				
3				
4				
5				
6				
7				
			领取人：	归还人：

课堂笔记

任务实施

（1）利用光敏电阻传感器检测光照度

1）根据硬件电路连接表画出硬件连接图，要求布局合理，线不交叉，有完整标识。

负责人：	验收签字：

2）先使用光敏电阻传感器检测当前环境中的光照度；再使用万用表测量光敏电阻传感器的输出电压（图 4.2.3 中 TP3 处电压）；最后调节可调电阻 R_{P_1}，

姓名：	学号：	班级：	日期：

观察 LED 灯 D2 的状态，分析当前的光照度。

表 4-2-4　实验数据表 1

光照度	输出电压	R_{P_1} 调节	D2 状态	光照度分析

3）在 3.5 英寸液晶显示屏终端上显示采集的电压值及分析的当前光照度。

____

____

____

____

（2）利用光电池传感器检测光照度

1）根据硬件电路连接表画出硬件连接图，要求布局合理，线不交叉，有完整标识。

负责人：	验收签字：

2）先使用光电池传感器检测当前环境中的光照度；再使用万用表测量光电池传感器的输出电压（图 4.2.6 中 A1O 处的电压）；最后观察 LED 灯 D1 的状态，分析当前的光照度。

表 4-2-5　实验数据表 2

光照度	输出电压	R_{P_1} 调节	D1 状态	光照度分析

课堂笔记

姓名：	学号：	班级：	日期：

续表

光照度	输出电压	R_{P_1} 调节	D1 状态	光照度分析

3）在 3.5 英寸液晶显示屏终端上显示采集的电压值及分析的当前光照度。

____

____

（3）利用 MEMS 光照度传感器检测光照度

1）根据硬件电路连接表画出硬件连接图，要求布局合理，线不交叉，有完整标识。

负责人：	验收签字：

2）先使用 BH1750FVI 光照度传感器检测当前环境中的光照度；再利用逻辑分析仪分析并画出 BH1750FVI 光照度传感器的引脚 SDA 和引脚 SCL 的时序；最后计算 BH1750FVI 光照度传感器测得的环境光照度。

课堂笔记

姓名：	学号：	班级：	日期：

环境光照度：________________________________

3）在 3.5 英寸液晶显示屏终端上显示分析的当前光照度。

____

____

4）描述任务实施过程中产生的错误，并分析原因。

表 4-2-6　实训产生错误的原因分析

序号	问题描述	产生原因	是否解决
1			
2			

任务验收

表 4-2-7　任务评分表

任务内容	评价标准	分值	自评	小组互评	教师评价
光敏电阻传感器电路调试及应用实训	检测各电路连接的正确性	5			
	完成光敏电阻传感器应用电路输出数据的采集，并分析出当前环境的亮暗情况	15			
	在 3.5 英寸液晶显示屏终端上显示当前环境的亮暗情况	10			
光电池传感器电路调试及应用实训	检测各电路连接的正确性	5			
	完成光电池传感器应用电路输出数据的采集，并分析出当前环境的光照度	15			
	在 3.5 英寸液晶显示屏终端上显示当前环境的光照度	10			
MEMS 光照度传感器电路调试及应用实训	检测各电路连接的正确性	10			
	完成 MEMS 光照度传感器的驱动及 MEMS 光照度传感器输出数据的采集，并分析出当前环境的光照度	20			
	在 3.5 英寸液晶显示屏终端上显示当前环境的光照度	10			
总分		100			

任务反馈

表 4-2-8　任务反馈表

序号	评价项目	自评	教师评价
1	任务是否按时按质完成		
2	理论知识是否掌握		

课堂笔记

姓名：	学号：	班级：	日期：

续表

序号	评价项目	自评	教师评价
3	实际操作是否合规、安全		
4	作品质量		
5	小组成员是否协作有序		

自己及组内成员需要改进的地方：

____

____

课堂笔记

任务拓展

使用光敏电阻传感器、光电池传感器及 MEMS 光照度传感器制作一个光控系统。系统具体要求如下：

1）系统可以根据光照度，控制窗帘、灯光等设备的开闭。

2）系统可以定时提醒当前环境的光照度。

3）系统可以通过光电池实现太阳能蓄电功能，当没有光照时输出电压供系统工作。

任务 4.3 工厂环境气体测量应用

任务描述

许多工厂室内的空气质量差，既严重影响了职工的工作情绪，造成企业生产效率低下，也严重危害着职工的身体健康。随着经济社会的不断发展，工厂的工作环境得到了逐步改善，车间内也开始利用空气质量检测设备来实时监测空气质量。大气质量检测是对空气质量的优劣进行检测，能够反映出空气中污染物的浓度。

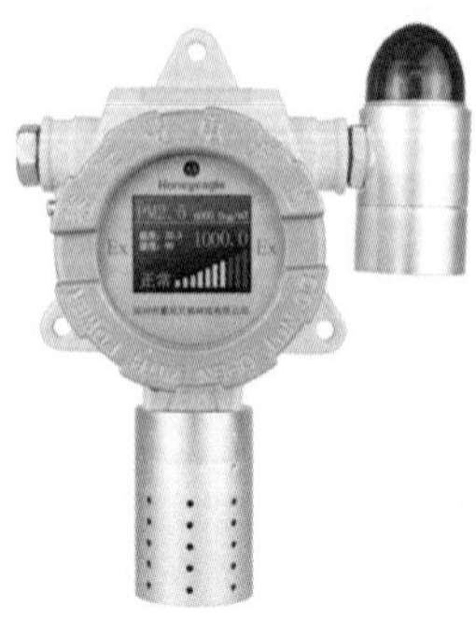

图 4.3.1　PM2.5 浓度监测系统

本任务要求利用 PM2.5 测量传感器及 MQ135 气体检测传感器完成一个环境气体测量系统（图 4.3.1），并将空气中的 PM2.5 浓度及有害气体含量显示在 3.5 英寸液晶显示屏终端上。通过学习 PM2.5 测量传感器及 MQ135 气体检测传感器的工作特性与工作原理，完成环境气体的测量和显示功能，并模拟实现气体传感器在工厂环境中的应用。

任务准备

PM2.5 测量传感器应用模块（图 4.3.2）1 个、空气污染传感器（图 4.3.3）1 个、3.5 英寸液晶显示屏终端 1 个、STM32F407 核心板 1 个、STM32F407 核心板电源适配器（5V/3A）1 个、示波器 1 个、万用表 1 个、20P 排线 4 条、杜邦线若干。

图 4.3.2　PM2.5 测量传感器应用模块

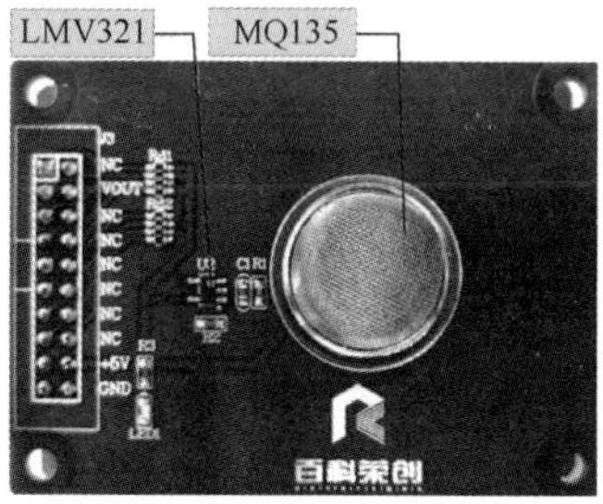

图 4.3.3　空气污染传感器

任务实施

1．利用 PM2.5 测量传感器测量空气中的 PM2.5 浓度

在实施过程中，使用单片机的 PWM（pulse width modulation，脉冲宽度调制）功能输出 PWM 信号驱动 PM2.5 测量传感器的红外线发光二极管发光，同时使用单片机的外围设备 ADC 采集 PM2.5 测量传感器应用电路的输出电压，并结合公式计算出 PM2.5 测量传感器输出的实际电压，最后分析出空气中的 PM2.5 含量。

采集电压（单位为 V）的计算公式为

$$V_{\mathrm{OUT}} = U_{\mathrm{ADC}} \frac{U_{\mathrm{REF}}}{4096}$$

式中，U_{ADC} 为单片机的 ADC 通道所采集到的电压模拟量；U_{REF} 为单片机 ADC 的参考电压，通常为 3.3V。

实际电压（单位为 V）为

$$V_{\mathrm{O}} = V_{\mathrm{OUT}} \frac{R_{25} + R_{26}}{R_{26}}$$

实际输出电压与粉尘 PM2.5 的密度的关系式为

$$V_{\mathrm{O}} = \begin{cases} 5.8\mathrm{PM2.5} + 0.6, & \mathrm{PM2.5} \leqslant 0.5\mathrm{mg/m^3} \\ 3.7, & \mathrm{PM2.5} > 0.5\mathrm{mg/m^3} \end{cases}$$

任务实施步骤如下：

1）按表 4.3.1 和表 4.3.2 连接硬件电路，检测各电路（图 4.3.4、图 4.3.5 和图 3.3.3）连接的正确性，确保无误后通电使用，下载驱动程序。

表 4.3.1　STM32F407 核心板与 PM2.5 测量传感器应用模块连线

STM32F407 核心板	PM2.5 测量传感器应用模块
PA1	VOUT
PA2	LEDPWM

表 4.3.2　STM32F407 核心板与 3.5 英寸液晶显示屏终端连线

STM32F407 核心板	3.5 英寸液晶显示屏终端
PC8	CS
PC9	RS
PC10	WR
PC11	RD
PC12	BL
PC13	RST
PD0～PD15	D0～D15

使用 20P 排线将核心板 GPIO C 口与显示终端 J3 口、核心板 GPIO D 口与显示终端 J2 口相连。

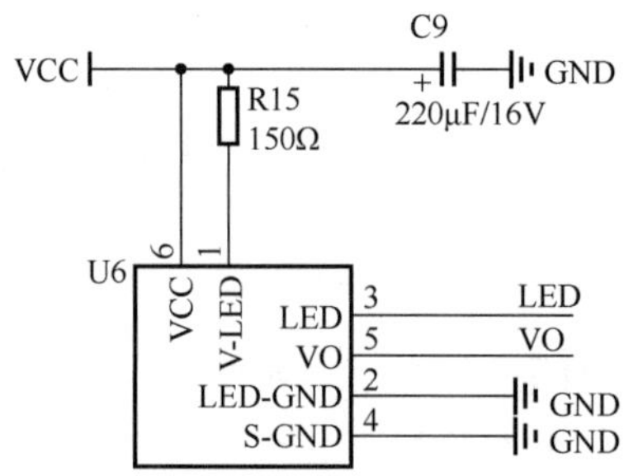

图 4.3.4　PM2.5 测量传感器应用电路（1）

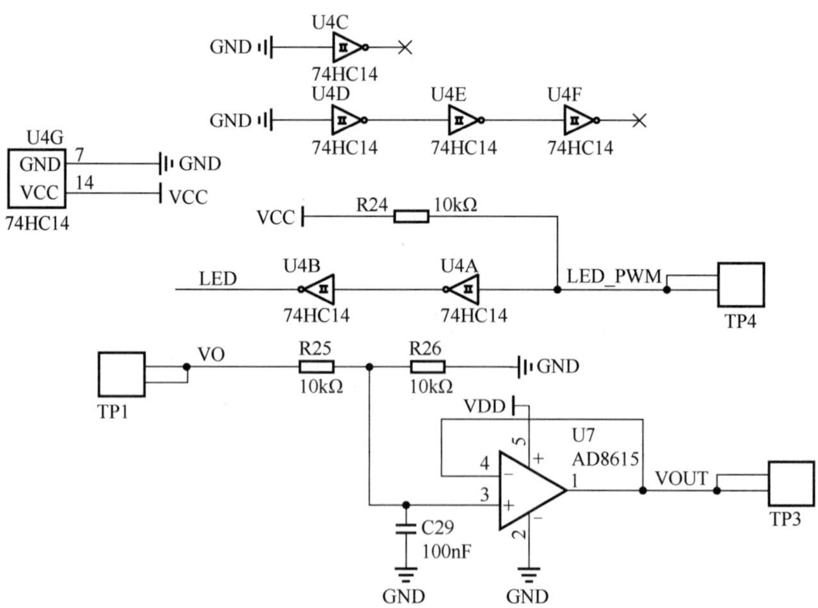

图 4.3.5　PM2.5 测量传感器应用电路（2）

2）先使用 PM2.5 测量传感器测量环境中的 PM2.5 浓度，再使用万用表测量 PM2.5 测量传感器的输出电压（图 4.3.4 中 V_O 处的电压）及应用电路的输出电压（图 4.3.5 中的 V_{OUT} 处的电压），最后计算 PM2.5 测量传感器测得的环境中的 PM2.5 浓度，结果如表 4.3.3 所示。

表 4.3.3　环境中的 PM2.5 浓度

V_O/V	V_{OUT}/V	PM2.5 浓度/(μg/m^3)
0.135	0.067	23.01

3）观察 3.5 英寸液晶显示屏终端上显示的电压值，以及 PM2.5 浓度与计算的数据是否一致，若不一致，则需说明原因，并调试出正确无误的数据。显示结果如图 4.3.6 所示。

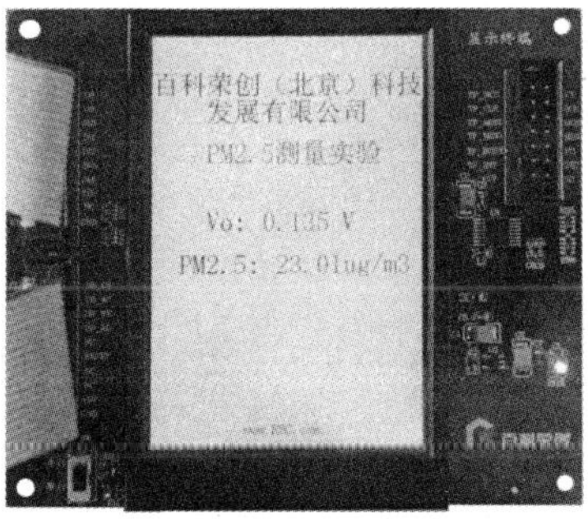

图 4.3.6　3.5 英寸液晶显示屏终端上显示的数据

2．利用 MQ135 气体传感器检测空气污染程度

在实施过程中，使用单片机的外围设备 ADC 采集 MQ135 气体传感器应用电路的输出电压，计算出 MQ135 气体传感器的实际输出电压，并分析出空气的污染程度。

采集电压（单位为 V）的计算公式为

$$V_{OUT}=U_{ADC}\frac{U_{REF}}{4096}$$

式中，U_{ADC} 为单片机的 ADC 通道所采集到的电压模拟量；U_{REF} 为单片机 ADC 的参考电压，通常为 3.3V。

实际电压（单位为 V）为

$$V_O - V_{OUT}\frac{R_1+R_2}{R_2}$$

本任务的具体实施步骤如下：

1）按表 4.3.4 和表 4.3.5 连接硬件电路，检测各电路（图 4.3.7 和图 3.3.3）连接的正确性，确保无误后通电使用，下载驱动程序。

表 4.3.4　STM32F407 核心板与空气污染传感器模块连线

STM32F407 核心板	空气污染传感器模块
PA1	V_{OUT}

表 4.3.5　STM32F407 核心板与 3.5 英寸液晶显示屏终端连线

STM32F407 核心板	3.5 英寸液晶显示屏终端
PC8	CS
PC9	RS
PC10	WR
PC11	RD
PC12	BL
PC13	RST
PD0～PD15	D0～D15

使用 20P 排线将核心板 GPIO C 口与显示终端 J3 口、核心板 GPIO D 口与显示终端 J2 口相连。

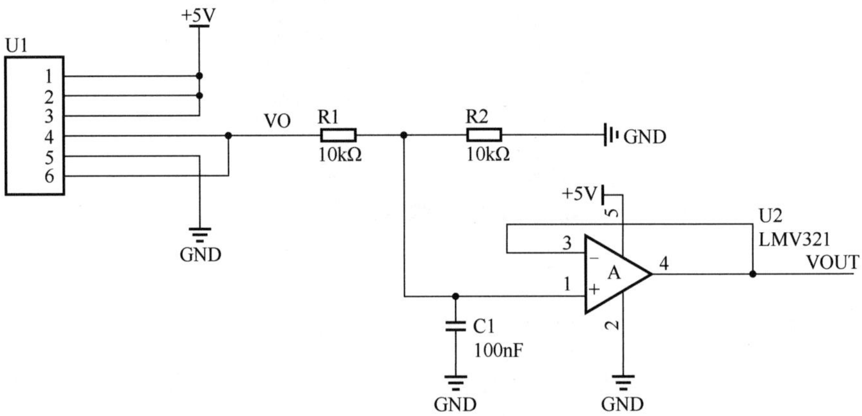

图 4.3.7　MQ135 气体传感器应用电路

2）在纯净空气中，测量 MQ135 气体传感器的输出电压（图 4.3.7 中 V_O 处的电压），并计算纯净空气下的电阻值 R_0（MQ135 传感器电阻的阻值），将结果填于表 4.3.6 中。

表 4.3.6　实验数据表

V_O/V	R_0/Ω

3）先使用 MQ135 气体传感器检测空气中的有害气体的含量，再使用万用表测量 MQ135 气体传感器的输出电压（图 4.3.7 中 V_O 处的电压）以及应用电路的输出电压（图 4.3.7 中的 V_{OUT} 处的电压），最后计算 MQ135 气体传感器测得的空气中的有害气体含量，结果如表 4.3.7 所示。

表 4.3.7　空气中有害气体含量

V_O/mV	V_{OUT}/mV	有害气体含量/(10^{-6} μg/m³)
3300	3300	30

4）观察 3.5 英寸液晶显示屏终端显示的电压值及空气中的有害气体含量是否一致。若不一致，则需说明原因，并调试出正确无误的数据。

任务评价

任务实施后，完成表 4.3.8。

表 4.3.8　任务评价表

任务内容	评价标准	分值	自评	小组互评	教师评价
PM2.5 测量传感器电路调试及应用实训	检测各电路连接的正确性	10			
	完成 PM2.5 测量传感器的驱动及 PM2.5 测量传感器输出数据的采集，并分析出空气中的 PM2.5 浓度	30			
	在 3.5 英寸液晶显示屏终端上显示空气中的 PM2.5 浓度	10			
MQ135 气体传感器电路调试及应用实训	检测各电路连接的正确性	10			
	完成MQ135 气体传感器应用电路输出信号的采集，并分析出空气污染程度	30			
	在 3.5 英寸液晶显示屏终端显示空气污染程度	10			
总分		100			

拓展训练

使用 PM2.5 测量传感器及 MQ135 气体传感器制作一个空气净化系统。系统具体要求如下：

1）当检测到室内空气污染值超过系统设定值时，能及时提醒室内人员。

2）当检测到室内空气污染值超过系统设定值时，控制空气净化器或电风扇的自动运行，降低空气中污染气体的浓度。

知识链接

知识 4.3.1　PM2.5 测量传感器

1．PM2.5 测量传感器的工作原理

PM 是 particulate matter（颗粒物）的缩写，悬浮在空气中，直径小于等于 2.5μm 的颗粒物称为 PM2.5，又称细颗粒物。与较粗大的颗粒物相比，细颗粒物含有更大量的有毒有害物质，并且能在大气中停留更长时间，传输距离也更远，对大气环境及人体健康的影响也更大，PM2.5 是导致黑肺和雾霾天气的主要凶手。

雾霾是空气中的粉尘长时间飘浮与水蒸气结合的气溶胶，它影响着大气环境，也影响着人们的呼吸道健康。随着秋冬季节的来临，一些工业发达、人口密集的城市由于大气污染很容易出现雾霾天气。

PM2.5 测量传感器（图 4.3.8）是空气检测仪的核心部件之一，通过 PM2.5 测量传感器的检测输出信号可实时显示空气中 PM2.5 的浓度。

PM2.5 测量传感器也称粉尘传感器、灰尘传感器，可以用来监测周围空气中的粉尘浓度，即 PM2.5 的浓度。

PM2.5 测量传感器的工作原理是光散射原理，即粒子和分子能在光的照射下将光进行散射，同时吸收部分光的能量。当一束平行的单色光入射到待测量的粒子场上时，会受到周围粒子的散射和吸收的影响，使光照度衰减，如图 4.3.9 所示。

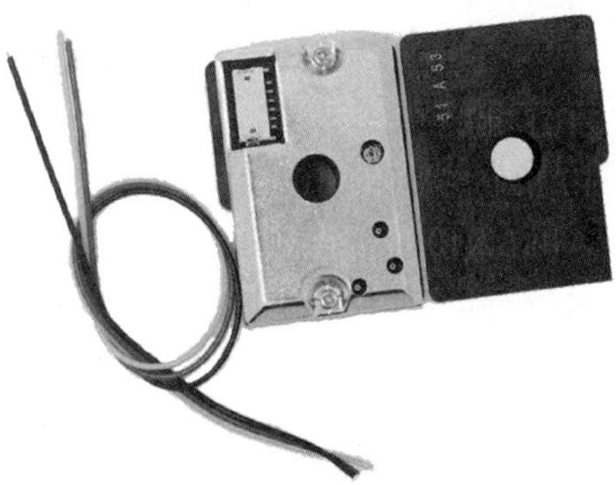

图 4.3.8　PM2.5 测量传感器

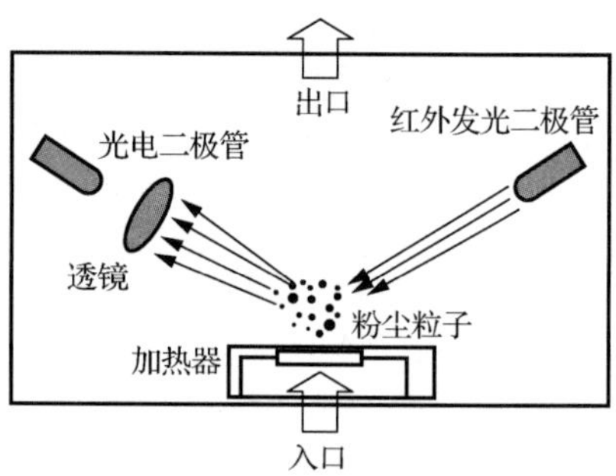

图 4.3.9　PM2.5 测量传感器的工作原理

PM2.5 测量传感器的测量方法有以下几种。

（1）浊度法

由于红外光线强度不够，所以只能用浊度法测量 PM2.5 的浓度。所谓浊度法，就是一边发射光线，另一边接收，空气越浑浊，光线损失的能量就越大，由此来判定空气浊度。实际上，这种方法是不能够准确测量 PM2.5 的浓度的，甚至光线的发射、接收部分一旦被静电吸附的粉尘覆盖，就会直接导致测量不精准。利用这种方法制作的传感器只能用于定性测量（可以测出相对多少），不能用于定量测量（因为数值会浮动）。另外，这种方法也区分不出颗粒物的粒径，所以这种传感器的性能都相对要差一些。

（2）激光法

激光法即激光散射，非直接测量浊度。这一类传感器的共同特点是离不开电风扇（或者泵吸），因为应用这种方法，如果空气不流动是测量不到空气中的悬浮颗粒物的。通过数学模型可以大致推算出经过传感器的气体的粒子大小和空气流量等，然后经过复杂的数学算法，最终能够得到比较真实的 PM2.5 浓度，这一类传感器是激光散射，对静电吸附的灰尘免疫。

（3）β射线法

β射线仪是利用β射线衰减的原理，它的工作过程是将环境空气由采样泵吸入采样管，经过滤膜后排出，同时颗粒物沉淀在滤膜上，当β射线通过沉积着颗粒物的滤膜时，能量衰减，通过对β射线衰减量的测定来计算颗粒物的浓度。

β射线法颗粒物监测仪由 PM10 采样头、PM2.5 切割器、样品动态加热系统、采样泵和仪器主机组成。流量为 1m^2/h 的环境空气样品经过 PM10 采样头和 PM2.5 切割器后成为符合技术要求的颗粒物样品气体。在样品动态加热系统中，样品气体的相对湿度被调整到 35%以下，样品进入颗粒物监测仪主机后颗粒物被收集在可以自动更换的滤膜上。在颗粒物监测仪中滤膜的两侧分别设置了β射线源和β射线检测器。随着样品采集的进行，在滤膜上收集的颗粒物越来越多，颗粒物质量也随之增加，此时β射线检测器检测到的β射线强度会相应地减弱。由于β射线检测器的输出信号能直接反映颗粒物的质量变化，所以颗粒物监测仪通过分析β射线检测器的颗粒物质量数值，结合相同时段内采集的样品体积，最终得出采样时段的颗粒物浓度。在经过配置有膜动态测量系统后，颗粒物监测仪能准确测量出在这个过程中挥发掉的颗粒物，使最终报告数据得到有效补偿，理论值非常接近于真值。

（4）微量振荡天平法

微量振荡天平法是在质量传感器内使用一个振荡空心锥形管，在其振荡端安装可更换的滤膜，振荡频率取决于锥形管的特征和质量。当采样气流通过滤膜时，其中的颗粒物沉积在滤膜上，滤膜的质量变化导致振荡频率的变化，通过振荡频率变化计算出沉积在滤膜上颗粒物的质量，再根据流量、现场环境温度和气压计算出该时段颗粒物的质量浓度。

（5）质量法

我国对大气颗粒物的测定主要采用质量法，其原理是分别通过一定切割特征的采样器，以恒速抽取定量体积的空气，使环境空气中的 PM2.5 和 PM10 被截留在已知质量的滤膜上，然后根据采样前后滤膜的质量差和采样体积，计算出 PM2.5 和 PM10 的浓度。计量颗粒物的单位μg/m^3 中分母的体积应该是标准状况（0℃，101.3kPa）下的体积，对实测温度、压力下的体积均应换算成标准状况下的体积。

2．PM2.5 测量传感器的数据处理

在图 4.3.10 中，U6 为 PM2.5 测量传感器 GP2Y1010AU0F，这是一款光学空气质量传感器，其内部对角安放着红外线发光二极管和光电晶体管，使得其能够探测到空气中尘埃的反射光，即使非常细小的如烟草烟雾颗粒也能被检测到，通常在空气净化系统中应用。该传感器可测量 0.8μm 以上的微小粒子，能够感知烟草产生的烟气和花粉、房屋粉尘等，其输出电压与粉尘密度的关系如图 4.3.11 所示。PM2.5 测量传感器的特点是体积小、质量轻、安装简便，广泛应用于空气清新机、换气空调、换气扇等产品中。

由 PM2.5 测量传感器 GP2Y1010AU0F 的工作原理可知，传感器的工作需要一路 PWM 信号驱动，传感器输出信号为模拟量。PM2.5 测量传感器的应用电路如图 4.3.12 所示，由图可知，可使用单片机产生一路 PWM 信号，由 LED PWM 处输入电路中，信号经过 74HC14 电路后由 PM2.5 测量传感器的引脚 LED 输入控制 LED 灯，74HC14 的作用是提高信号的驱动能力。同时使用单片机的外围设备 ADC 采集处理 PM2.5 测量传感器 GP2Y1010AU0F 的输出信号，并分析空气中的 PM2.5 浓度。

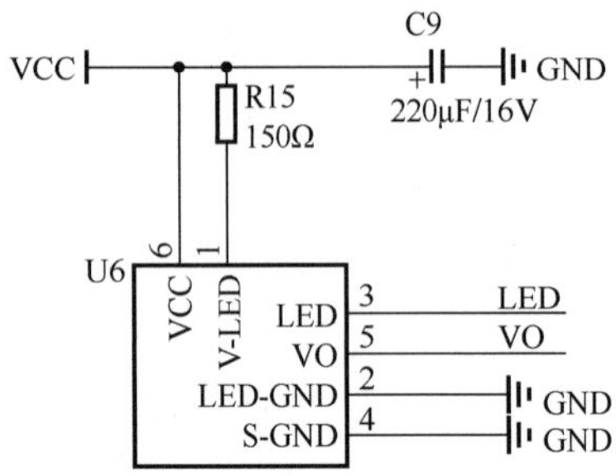

图 4.3.10　PM2.5 测量传感器电路

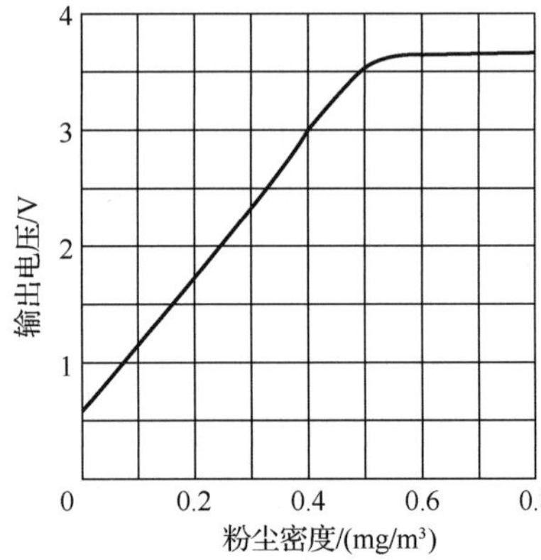

图 4.3.11　PM2.5 测量传感器的输出电压与粉尘密度的关系

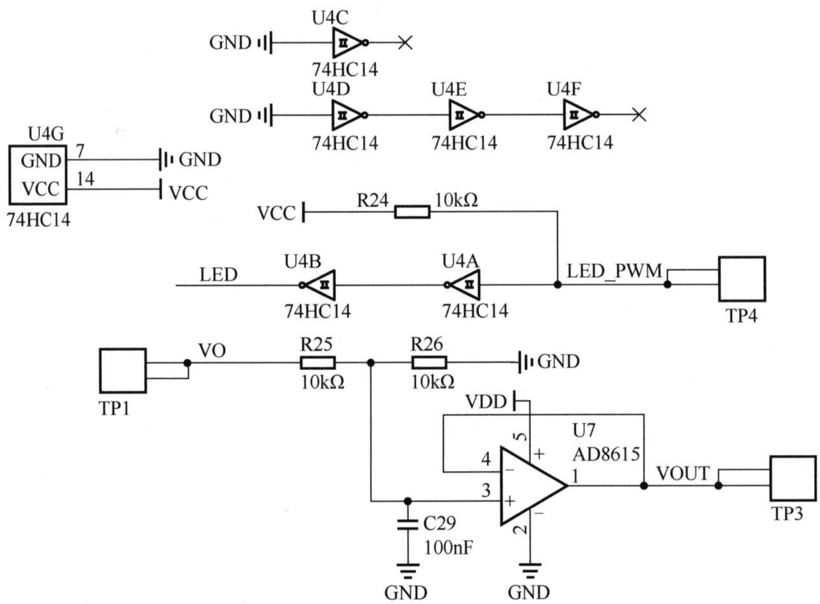

图 4.3.12　PM2.5 测量传感器的应用电路

PM2.5 测量传感器数据处理的具体步骤如下：

1）驱动 PM2.5 测量传感器的红外线发光二极管发光。使用单片机的 PWM 功能输出 PWM 信号，信号由接口 LED PWM 输入电路中，信号经过 74HC14 电路增强驱动能力后，输入 PM2.5 测量传感器的引脚 LED，使红外线发光二极管发光。

2）采集处理 PM2.5 测量传感器输出信号。使用单片机的外围设备 ADC 采集经过电阻 R_{25} 和 R_{26} 分压后的 PM2.5 测量传感器应用电路的输出电压，并将采集的电压转换为实际电压。

采集电压（单位为 V）的计算公式为

$$V_{\mathrm{OUT}} = U_{\mathrm{ADC}} \frac{U_{\mathrm{REF}}}{4096}$$

式中，U_{ADC} 为单片机的 ADC 通道所采集到的电压模拟量；U_{REF} 为单片机 ADC 的参考电压，通常为 3.3V。

实际电压（单位为 V）为

$$V_{O}=V_{OUT}\frac{R_{25}+R_{26}}{R_{26}}$$

3）计算空气中的 PM2.5 浓度。根据图 4.3.11 进行分段信号分析，可得出输出电压与粉尘密度的关系式为

$$V_{O}=\begin{cases}5.8\mathrm{PM2.5}+0.6, & \mathrm{PM2.5}\leqslant 0.5\mathrm{mg/m^3}\\ 3.7, & \mathrm{PM2.5}>0.5\mathrm{mg/m^3}\end{cases}$$

知识 4.3.2　有害气体检测传感器

1．有害气体检测传感器的分类

有害气体是指能对人体产生危害，导致人体中毒、休克甚至死亡的气体，如 H_2S（硫化氢）、CO、CO_2、NO、NO_2、SO_2、VOC（volatile organic compound，挥发性有机化合物）等。

气体传感器的类型有很多，包含半导体气体传感器、电化学气体传感器、催化燃烧式气体传感器、热导式气体传感器、红外线气体传感器和固体电解质气体传感器等。

有害气体检测是气体传感器的作用之一，其检测有两个目的：第一是测爆，第二是测毒。所谓测爆是检测危险场所的可燃气体含量，若含量超标则可以自行报警（图 4.3.13），以避免爆炸事故的发生；测毒是检测危险场所的有毒气体含量，若含量超标则报警，以避免工作人员中毒。

图 4.3.13　有害气体检测报警装置

一般检测有毒有害气体时，用电化学型传感器和光离子传感器（photo-ionization detector，PID）。其中，电化学型传感器应用最广，可以检测有毒有害气体、VOC 和氧气，基本可以用于可燃气体之外的各类气体检测。电化学型传感器主要是利用被测气体的电化学活性，将其电化学氧化或还原，从而达到量化气体含量的目的。光离子传感器是一种灵敏度极高、用途极广的传感器，许多有毒有害物质都可以用光离子检测器检测出来，如芳香烃类、酮类、醛类、卤代烃类、氨及氨类化合物、不饱和烃类等。

2．有害气体检测传感器的工作原理

气体传感器是一种将某种气体体积分数转化成对应电信号的转换器。探测头通过气体传感器对气体样品进行调理，通常包括滤除杂质和干扰气体、干燥或制冷处理和仪表显示几部分。

以 MQ135 气体传感器（图 4.3.14）为例，MQ135 气体传感器所使用的气敏材料是在清洁空气中电导率较低的二氧化锡（SnO_2）。当传感器所处环境中存在污染气体时，传感器的电导率会随空气中污染气体浓度的增加而增大。使用简单的电路即可将电导率的变化转换为与该气体浓度相对应的输出信号。

图 4.3.14　MQ135 气体传感器

MQ135 气体传感器对氨气、硫化物、苯系蒸气的灵敏度较高，对烟雾和其他有害气体的监测也很理想，但其不能区别这些气体。MQ135 气体传感器使用一个加热模块来预热传感器，其灵敏度如图 4.3.15 所示。

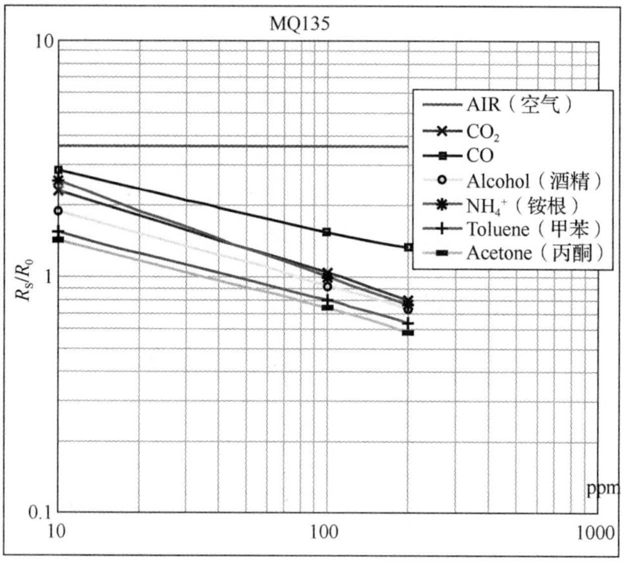

图 4.3.15　MQ135 气体传感器的灵敏度

图 4.3.15 中，纵坐标为传感器的电阻比（R_S/R_0），R_S 表示传感器在不同浓度气体中的电阻值，R_0 表示传感器在洁净空气中的电阻值；横坐标为气体浓度。

3．有害气体检测传感器的数据处理

MQ135 气体传感器的应用电路如图 4.3.16 所示。

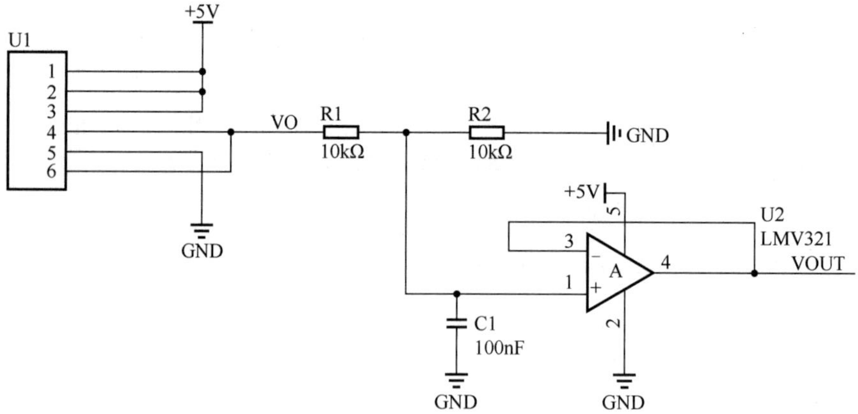

图 4.3.16　MQ135 气体传感器的应用电路

在图 4.3.16 中，U1 为 MQ135 气体传感器的接口，V_O 为 MQ135 气体传感器的输出引脚，当 MQ135 气体传感器检测空气的有害气体时，从引脚 V_O 输出电压信号，电压信号经过电阻 R_1 和 R_2 分压后经运算放大器 LMV321 输出。LMV321 在 MQ135 气体传感器应用电路中起到电压跟随器的作用。

通过对 MQ135 气体传感器应用电路的分析可知，可使用单片机的外围设备 ADC 采集处理电压跟随器输出电压模拟量，然后计算出 MQ135 气体传感器的输出电压，并分析出空气污染程度，具体的步骤如下：

1）采集处理 MQ135 气体传感器输出信号。使用单片机的外围设备 ADC 采集 LMV321 电压跟随电路输出的电压值，并将采集的电压转换为实际电压。MQ135 气体传感器需要预热才能正常工作，所以采集数据前一定要等待预热完成。

采集电压（单位为 V）的计算公式为

$$V_{\mathrm{OUT}} = U_{\mathrm{ADC}} \frac{U_{\mathrm{REF}}}{4096}$$

式中，U_{ADC} 为单片机的 ADC 通道所采集到的电压模拟量；U_{REF} 为单片机 ADC 的参考电压，通常为 3.3V。

实际电压（单位为 V）为

$$V_{\mathrm{O}} = V_{\mathrm{OUT}} \frac{R_1 + R_2}{R_2}$$

2）分析空气污染程度。通过分析 MQ135 气体传感器的灵敏度可知，空气中污染气体的浓度越大，MQ135 气体传感器的电阻值越小，即输出电压越小。下面以氨气为标准，分析计算空气中污染气体的含量。MQ135 气体传感器基本测试电路如图 4.3.17 所示。

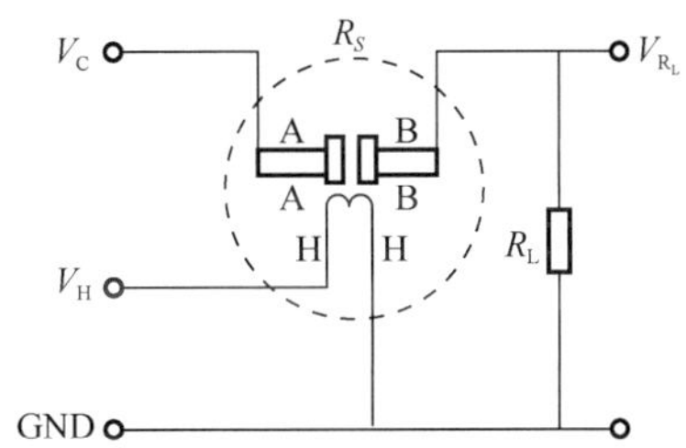

图 4.3.17　MQ135 气体传感器基本测试电路

分析图 4.3.17 可知

$$\frac{V_{R_L}}{R_L} = \frac{V_C - V_{R_L}}{R_S}$$

式中，V_{R_L} 为输出电压；V_C 为回路电压；R_L 为应用电路的负载电阻，即为 10kΩ；R_0 为洁净空气下 R_S 的值，可在洁净空气下多次测输出电压值，计算取用其平均阻值。

根据 MQ135 气体传感器的灵敏度找出大概的横坐标与纵坐标对应的数据组，使用 MATLAB 进行仿真得到散点图和仿真曲线，并拟合出计算公式。利用该方法计算的气体浓度存在误差。

工作手册

工厂环境气体测量应用工作手册如下。

姓名：	学号：	班级：	日期：

4.3 工厂环境气体测量应用工作手册

任务接收

表 4-3-1 任务分配表

序号	角色	姓名	学号	分工
1	组长			
2	组员			
3	组员			
4	组员			
5	组员			
6	组员			

任务准备

表 4-3-2 工作方案设计表

序号	工作内容	负责人
1		
2		
3		
4		
5		

表 4-3-3 实训设备、工具与耗材清单

序号	名称	型号与规格	数量	备注
1				
2				
3				
4				

课堂笔记

姓名：	学号：	班级：	日期：

续表

序号	名称	型号与规格	数量	备注
5				
6				
7				
			领取人：	归还人：

任务实施

（1）利用 PM2.5 测量传感器测量空气中的 PM2.5 浓度

1）根据硬件电路连接表画出硬件连接图，要求布局合理，线不交叉，有完整标识。

负责人：	验收签字：

采集电压（单位为 V）的计算公式为

$$V_{\mathrm{OUT}} = U_{\mathrm{ADC}} \frac{U_{\mathrm{REF}}}{4096}$$

式中，U_{ADC} 为单片机的 ADC 通道所采集到的电压模拟量；U_{REF} 为单片机 ADC 的参考电压，通常为 3.3V。

实际电压（单位为 V）为

$$V_{\mathrm{O}} = V_{\mathrm{OUT}} \frac{R_{25} + R_{26}}{R_{26}}$$

实际输出电压与粉尘密度的关系式为

$$V_{\mathrm{O}} = \begin{cases} 5.8\mathrm{PM2.5} + 0.6, & \mathrm{PM2.5} \leqslant 0.5\mathrm{mg/m^3} \\ 3.7, & \mathrm{PM2.5} > 0.5\mathrm{mg/m^3} \end{cases}$$

2）先使用 PM2.5 测量传感器测量环境中的 PM2.5 浓度，再使用万用表测量 PM2.5 测量传感器的输出电压（图 4.3.4 中 V_{O} 处的电压）及应用电路的输出电压（图 4.3.5 中的 V_{OUT} 处的电压），最后计算 PM2.5 测量传感器测得的环境中的 PM2.5 浓度。

课堂笔记

姓名：	学号：	班级：	日期：

表 4-3-4　实验数据表 1

V_O/V	V_{OUT}/V	PM2.5 浓度/(μg/m³)

3）观察 3.5 英寸液晶显示屏终端上显示的电压值及 PM2.5 浓度与计算的数据是否一致。若不一致，则需说明原因，并调试出正确无误的数据。

____

____

____

（2）利用 MQ135 气体传感器检测空气污染程度

1）根据硬件电路连接表画出硬件连接图，要求布局合理，线不交叉，有完整标识。

负责人：	验收签字：

采集电压（单位为 V）计算公式为

$$V_{OUT} = U_{ADC}\frac{U_{REF}}{4096}$$

式中，U_{ADC} 为单片机的 ADC 通道所采集到的电压模拟量；U_{REF} 为单片机 ADC 的参考电压，通常为 3.3V。

实际电压（单位为 V）为

$$V_O = V_{OUT}\frac{R_1 + R_2}{R_2}$$

2）在纯净空气中，测量 MQ135 气体传感器的输出电压（图 4.3.7 中 V_O 处的电压），计算纯净空气下的电阻值 R_0 的阻值。

课堂笔记

姓名：	学号：	班级：	日期：

表 4-3-5　实验数据表 2

V_O/V	R_0/Ω

3）先使用 MQ135 气体传感器检测空气中的有害气体的含量，再使用万用表测量 MQ135 气体传感器的输出电压（图 4.3.7 中 V_O 处的电压）及应用电路的输出电压（图 4.3.7 中的 V_{OUT} 处的电压），最后计算 MQ135 气体传感器测得的空气中的有害气体含量。

表 4-3-6　实验数据表 3

V_O/mV	V_{OUT}/mV	有害气体含量/(10^{-6}μg/m^3)

4）观察 3.5 英寸液晶显示屏终端显示的电压值及空气中的有害气体含量是否一致。若不一致，则需说明原因，并调试出正确无误的数据。

____

____

____

5）描述任务实施过程中产生的错误，并分析原因。

课堂笔记

表 4-3-7　实训产生错误的原因分析

序号	问题描述	产生原因	是否解决
1			
2			
3			
4			
5			

任务验收

表 4-3-8　任务评分表

任务内容	评价标准	分值	自评	小组互评	教师评价
PM2.5 测量传感器电路调试及应用实训	检测各电路连接的正确性	10			
	完成 PM2.5 测量传感器的驱动及 PM2.5 测量传感器输出数据的采集，并分析出空气中的 PM2.5 浓度	30			
	在 3.5 英寸液晶显示屏终端上显示空气中的 PM2.5 浓度	10			

姓名：	学号：	班级：	日期：

续表

任务内容	评价标准	分值	自评	小组互评	教师评价
MQ135 气体传感器电路调试及应用实训	检测各电路连接的正确性	10			
	完成 MQ135 气体传感器应用电路输出信号的采集，并分析出空气污染程度	30			
	在 3.5 英寸液晶显示屏终端显示空气污染程度	10			
总分		100			

任务反馈

表 4-3-9　任务反馈表

序号	评价项目	自评	教师评价
1	任务是否按时按质完成		
2	理论知识是否掌握		
3	实际操作是否合规、安全		
4	作品质量		
5	小组成员是否协作有序		

自己及组内成员需要改进的地方：

____

____

任务拓展

使用 PM2.5 测量传感器及 MQ135 气体传感器制作一个空气净化系统。系统具体要求如下：

1）当检测到室内空气污染值超过系统设定值时，能及时提醒室内人员。

2）当检测到室内空气污染值超过系统设定值时，控制空气净化器或电风扇的自动运行，降低空气中污染气体的浓度。

课堂笔记

任务 4.4　工厂环境噪声监测应用

任务描述

噪声污染已经成为仅次于大气污染与水污染的第三大污染源。当声音达到 80dB 时，人的耳朵就开始难受，如果长时间处于超过 120dB 的声音环境中，就会造成永久性听力受损。

车间是一个非常嘈杂的地方，受噪声影响的不光是车间工作人员，传感器和通信系统也会受到电子噪声的影响。随着工业物联网时代的来临，这种情况会越来越常见。如何降低和减少噪声污染是一个需要解决的重要问题。

本任务要求利用声控、振动传感器完成一个环境噪声监测系统（图 4.4.1），并将环境中的噪声强度显示在 3.5 英寸液晶显示屏终端上。通过学习声控、振动传感器的工作特性与工作原理，完成环境噪声监测和显示功能，并模拟实现传感器在工厂环境中的应用。

图 4.4.1　环境噪声监测系统

任务准备

声控、振动传感器模块（图 4.4.2）1 个，3.5 英寸液晶显示屏终端 1 个，STM32F407 核心板 1 个，STM32F407 核心板电源适配器（5V/3A）1 个，逻辑分析仪 1 个，示波器 1 个，万用表 1 个，20P 排线 4 条，杜邦线若干。

图 4.4.2　声控、振动传感器模块

任务实施

1. 利用振动传感器检测振动情况

在实施过程中，使用单片机的 I/O 检测振动传感器应用电路的输出信号，判断是否有振动产生。

本任务的具体实施步骤如下：

1）按表 4.4.1 和表 4.4.2 连接硬件电路，检测各电路（图 4.4.3 和图 3.3.3）连接的正确性，确保无误后通电使用，下载驱动程序。

表 4.4.1　STM32F407 核心板与声控、振动传感器模块连线

STM32F407 核心板	声控、振动传感器模块
PA9	D2O

表 4.4.2　STM32F407 核心板与 3.5 英寸液晶显示屏终端连线

STM32F407 核心板	3.5 英寸液晶显示屏终端
PC8	CS
PC9	RS
PC10	WR
PC11	RD
PC12	BL
PC13	RST
PD0～PD15	D0～D15

使用 20P 排线将核心板 GPIO C 口与显示终端 J3 口、核心板 GPIO D 口与显示终端 J2 口相连。

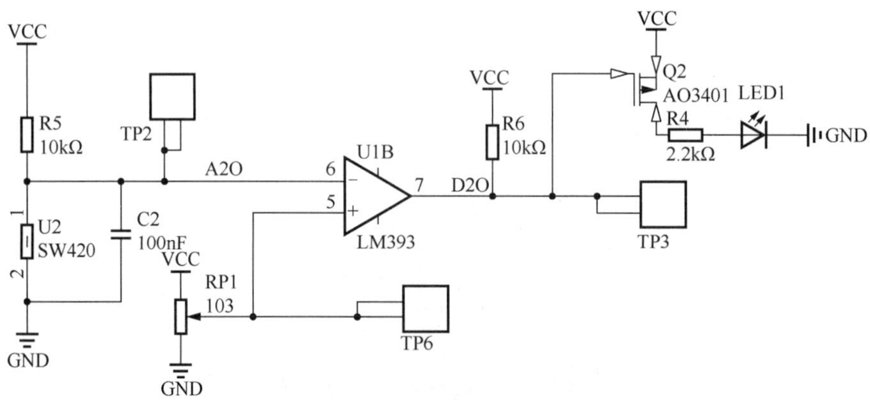

图 4.4.3　振动传感器的应用电路

2）使用振动传感器检测振动情况，使用示波器监测振动传感器应用电路的输出信号（图 4.4.3 中的 D2O 处的信号），并分析是否检测到振动。调节可调电阻 R_{P_1}，观察信号的变化，并分析变化原因。

3）在 3.5 英寸液晶显示屏终端上显示振动检测情况，如图 4.4.4 所示，并对结果进行分析。

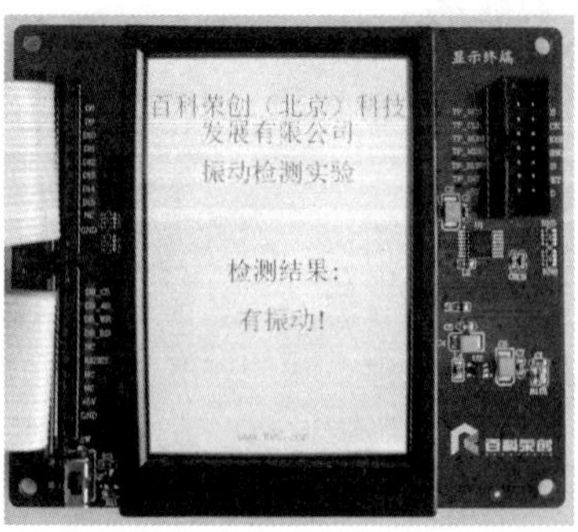

图 4.4.4　3.5 英寸液晶显示屏终端上显示振动情况

2．利用声音传感器检测环境噪声强度

在实施过程中，使用单片机的片上外围设备 ADC 采集声音传感器应用电路的输出信号，分析环境噪声强度。

本任务的具体实施步骤如下：

1）按表 4.4.3 和表 4.4.4 连接硬件电路，检测各电路（图 4.4.5 和图 3.3.3）连接的正确性，确保无误后通电使用，下载驱动程序。

表 4.4.3　STM32F407 核心板与声控、振动传感器模块连线

STM32F407 核心板	声控、振动传感器模块
PA9	D1O

表 4.4.4　STM32F407 核心板与 3.5 英寸液晶显示屏终端连线

STM32F407 核心板	3.5 英寸液晶显示屏终端
PC8	CS
PC9	RS
PC10	WR
PC11	RD
PC12	BL
PC13	RST
PD0～PD15	D0～D15

使用 20P 排线将核心板 GPIO C 口与显示终端 J3 口、核心板 GPIO D 口与显示终端 J2 口相连。

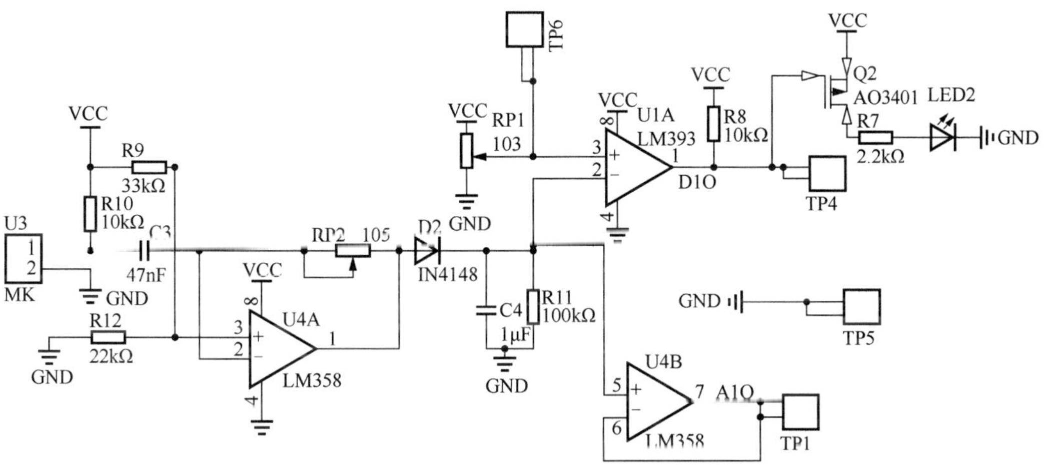

图 4.4.5　声音传感器应用电路

2）使用声音传感器检测环境中噪声强度，使用示波器检测声音传感器应用电路的输出信号（图 4.4.5 中的 LM358 引脚 1 处的信号），并分析是否检测到噪声及噪声强度。

3）在 3.5 英寸液晶显示屏终端上显示是否检测到噪声及噪声强度，如图 4.4.6 所示，并对结果进行分析。

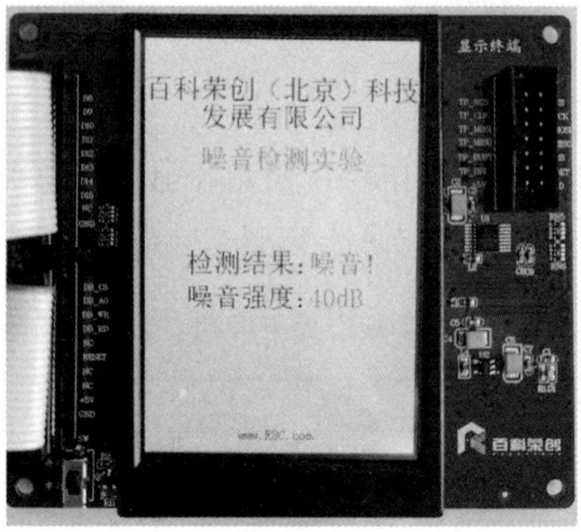

图 4.4.6　3.5 英寸液晶显示屏终端上显示噪声情况

任务评价

任务实施后，完成表 4.4.5。

表 4.4.5　任务评价表

任务内容	评价标准	分值	自评	小组互评	教师评价
振动传感器电路调试及应用实训	检测各电路连接的正确性	10			
	完成振动传感器应用电路输出信号的采集，并分析是否检测到振动	30			
	在 3.5 英寸液晶显示屏终端显示是否检测到振动	10			
声音传感器电路调试及应用实训	检测各电路连接的正确性	10			
	完成声音传感器应用电路输出信号的采集，并分析是否检测到声音	30			
	在 3.5 英寸液晶显示屏终端显示是否检测到噪声及噪声强度	10			
总分		100			

拓展训练

使用声音、振动传感器结合人体红外热释电传感器制作一个家居防盗系统，该防盗系统要求：

1）当系统检测到声音或振动或有人时，发出警报声。

2）系统可以远程监控，当系统被触发时，可以给主人发送信息，提醒主人有人入侵。

3）系统可以远程启动和关闭。

4）系统的灵敏度范围可调节。

知识链接

知识 4.4.1　振动传感器

1. 振动传感器的工作原理与分类

（1）工作原理

振动传感器是目前广泛采用的一种提前预警传感器，它通过内部压电陶瓷片和弹簧重锤结构来感知机械运动中的振动参数，如振动速度、频率、加速度等，并将其转换为可用的输出信号，然后通过运算放大器放大输出控制信号。

振动传感器被广泛地应用于机械中的振动和位移、旋转轴承的在线监测，以及生产线的在线自动检测与自动控制和桥梁的振动监测。振动传感器是测试技术中的关键部件之一，具有成本低、灵敏度高、工作稳定可靠和振动检测可调节范围大的优点，已被大量应用到汽车、摩托车防盗系统上，目前 80%的车辆报警器使用这类传感器。

（2）分类

1）振动传感器按振动方式可分为压电片谐振式传感器、机械振动式传感器和微型振动传感器三种。

① 压电片谐振式传感器。使用压电片接收振动信号，压电片的谐振频率较高，通常使用加大压电片振动体的质量，并使用弹簧球代替附加物来降低谐振频率，增强振动效果。其优点是灵敏度较高，结构简单。但是需要信号放大后送到 TTL（transistor-transistor-logic，晶体管-晶体管逻辑）电路或单片机电路中，或使用一个晶体管单级放大。

② 机械振动式传感器。这是传统的振动检测传感器，当传感器受到振动后，弹簧球在较长的时间内进行减幅振动，这种振动的优点是便于被检测电路检测到。振动输出的开关信号由输出阻抗与配合输出的电阻阻值所决定，根据检测电路的输入阻抗，可以做成高阻抗输出方式。

③ 微型振动传感器。它是将机械振动式传感器微型化，将振动体炭化并进行密封处理，工作性能更可靠。其输出开关信号直接与 TTL 电路和或单片机输入电路相连接，电路结构简单，输出阻抗高，静态工作电流小。

2）振动传感器按其功能不同有以下几种分类方法：

按机械接收原理分为相对式、惯性式；按机电变换原理分为电动式、压电式、电涡流式、电感式、电容式、电阻式和光电式；按所测机械量分为位移传感器、速度传感器、加速度传感器、力传感器、应变传感器、扭振传感器和扭矩传感器。

（3）测量振动的方式

振动传感器测量振动的方式总结为以下三种：

1）机械式测量方法：将工程振动的变化量转换成机械信号，再经机械系统放大后，进行测量、记录。常用的仪器有杠杆式测振仪和盖格尔测振仪。这种方法测量频率较低，精度较差，但操作起来很方便。

2）光学式测量方法：将工程振动的变化量转换为光学信号，经光学系统放大后显示和记录。激光测振仪就是采用的这种方法。

3）电测方法：将工程振动的变化量转换成电信号，经电路放大后显示和记录。它是先将机械振动量转换成电量，再对其进行测量，根据对应关系，得到振动量的大小。这是目前应用最广泛的振动测量方法。

从上面三种测量方法可以看出，它们都是经过振动传感器、信号放大电路和显示记录三个环节来完成的。

2．振动传感器应用电路的调试

本任务采用的振动传感器是 SW420 振动传感器，这是一款高灵敏度常闭式振动传感器，其结构如图 4.4.7 所示。

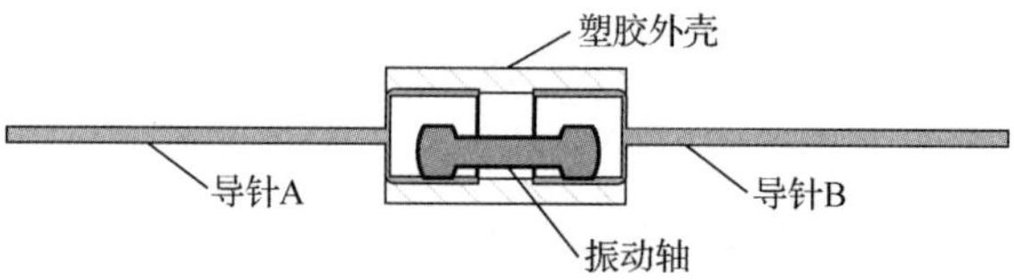

图 4.4.7　SW420 振动传感器的结构

当没有振动时，振动轴静止，导针 A 和导针 B 处于导通状态，任何角度的开关都处于接通状态；当受到振动或移动时，振动轴会振动或移动，从而使导针 A 和导针 B 断开。

SW420 振动传感器的特点是静止时处于导通状态，振动时会短暂断开，灵敏度极高，其应用电路如图 4.4.3 所示。

在图 4.4.3 中，振动传感器应用电路中采用 LM393 电压比较器作为比较电路，振动传感器的 1 脚连接 LM393 的负相输入端，可调电阻 R_{P_1} 对 V_{CC} 分压后输入 LM393 的正相输入端。在没有振动的情况下，振动传感器处于常闭状态，A2O 处的电压为 0V，即 LM393 的负相输入端电压为 0V，正相输入电压大于负相输入电压，LM393 输出高电平，此时 MOS 管 AO3401 处于截止状态，LED1 未点亮；当有振动时，振动传感器立即断开，A2O 处的电压逐渐升高至 5V，当 LM393 的负相输入端电压大于正相输入端电压时，LM393 输出低电平，此时 MOS 管 AO3401 处于导通状态，LED1 点亮。可调电阻 R_{P_1} 的作用是调节 LM393 正相输入端输入电压的大小，调节 LED 振动控制的灵敏度。

知识 4.4.2　声音传感器

1．声音传感器的结构与分类

声音传感器（图 4.4.8）相当于一个话筒（麦克风），用来接收声波，显示声音的振动图像。声音传感器既能显示声音的强度大小，也能显示声音的波形。

声音传感器实际为驻极体话筒，也称驻极体传声器，它是利用驻极体材料制成的一种特殊电容式“声-电”转换器件。其主要特点是体积小、结构简单、频响宽、灵敏度高、耐振动、价格低廉。

图 4.4.8　声音传感器

驻极体话筒是目前较常用的传声器之一，在各种传声、声控和通信设备（如无线话筒、盒式录音机、声控电灯开关、电话机、手机、多媒体计算机等）中应用非常普遍。驻极体话筒实际上是一种特殊的、无须外接极化电压的电容式话筒。

声音传感器主要有压电陶瓷式、电容式和磁电式三大类。

（1）压电陶瓷式声音传感器

压电陶瓷式声音传感器的主要工作原理是正压电效应，由于经过外力作用后，产生的电荷只能在回路具有无限大的输入阻抗时才能保存，而实际上不会有这种情况存在，所以压电陶瓷式声音传感器只能用于测量、感知动态或准静态的应力。该类型传感器主要用于加速度、压力和振动等各种物理量及其变化的测量，已成为各种控制系统和检测仪表的关键部件。

（2）电容式声音传感器

电容式声音传感器是以各种类型的电容器作为传感元件，将被测物理量或机械量转换成为电容量变化的一种转换装置，实际上就是一个具有可变参数的电容器。电容式声音传感器广泛应用于位移、角度、振动、速度、压力、成分分析、介质特性等方面的测量。该类型传感器较常用的是平行板型电容器或圆筒型电容器。

（3）磁电式声音传感器

磁电式声音传感器是利用电磁感应原理，将输入的运动速度转换成线圈中的感应电动势输出。它直接将被测物体的机械能量转换成电信号输出，工作时不需要外加电源，是一种典型的有源传感器。由于这种传感器的输出功率较大，所以大大地简化了配用的二次仪表电路。

2．声音传感器的工作原理

声音传感器内有一个对声音敏感的电容式驻极体话筒，声波使话筒内的驻极体薄膜振动，引起电容变化，从而产生相应变化的微小电压，该电压被转换为 0～5V 电压，再经 A/D 转换后由数据采集器接收并传输到计算机。

以检测声音的大小和描绘声音高低波线图为基础，声音传感器能够实现声控灯、噪声测试等丰富的功能。

声音的本质是振动，当物体发出声音时，带动周围空气振动，最终传到人的耳膜，我们才得以听到声音。因此，当我们向声音传感器吹气或用手敲击声音传感器时都会检测到声音。声音传感器的检测范围为 0～1024dB，通常 600dB 以上的强度就已经相当大了。

3．声音传感器应用电路的调试

声音传感器的应用电路如图 4.4.5 所示。

由图 4.4.5 可知，声音传感器的应用电路中采用运放 LM358 作为信号放大电路，当声音传感器检测到声音时，输出声音波形信号，信号经过放大电路放大，放大系数可通过可调电阻 R_{P_2} 调节，二极管检波电路检测到放大后的信号后输出电压，单片机采集电压跟随电路输出的信号判断是否检测到声音。声音传感器应用电路中还使用了 LM393 比较器作为比较电路，二极管检波电路输出的电压信号输入 LM393 的负相输入端，可调电阻 R_{P_1} 对 V_{CC} 进行分压并输入 LM393 的正相输入端，当负相电压大于正相电压时，LM393 输出低电平，此时 MOS 管 AO3401 处于导通状态，LED2 点亮；当负相电压小于正相电压时，LM393 输出高电平，此时 MOS 管 AO3401 处于截止状态，LED2 熄灭。可调电阻 R_{P_1} 的作用是调节 LM393 正相输入端输入电压的大小，调节 LED 声音控制的灵敏度。

分析声音传感器的应用电路可知，可以使用单片机的外围设备 ADC 采集并处理电压跟随其输出的模拟信号，分析环境声音的大小，声音越强，采集的模拟量越大。

工作手册

工厂环境噪声监测应用工作手册如下。

姓名：	学号：	班级：	日期：

4.4　工厂环境噪声监测应用工作手册	课堂笔记
任务接收	

表 4-4-1　任务分配表

序号	角色	姓名	学号	分工
1	组长			

姓名：	学号：	班级：	日期：

续表

序号	角色	姓名	学号	分工
2	组员			
3	组员			
4	组员			
5	组员			
6	组员			

任务准备

表 4-4-2　工作方案设计表

序号	工作内容	负责人
1		
2		
3		
4		
5		

表 4-4-3　实训设备、工具与耗材清单

序号	名称	型号与规格	数量	备注
1				
2				
3				
4				
5				
6				
7				
			领取人：	归还人：

课堂笔记

姓名：	学号：	班级：	日期：

任务实施

（1）利用振动传感器检测振动情况

1）根据硬件电路连接表画出硬件连接图，要求布局合理，线不交叉，有完整标识。

负责人：	验收签字：

2）使用振动传感器检测振动情况，使用示波器监测振动传感器应用电路的输出信号（图 4.4.3 中的 D2O 处的信号），并分析是否检测到振动。调节可调电阻 R_{P_1}，观察信号的变化，并分析变化原因。

____

____

____

3）在 3.5 英寸液晶显示屏终端上显示振动检测情况，并对结果进行分析。

____

____

____

（2）利用声音传感器检测环境噪声强度

1）根据硬件电路连接表画出硬件连接图，要求布局合理，线不交叉，有完整标识。

负责人：	验收签字：

课堂笔记

姓名：	学号：	班级：	日期：

2）使用声音传感器检测环境中噪声强度，使用示波器检测声音传感器应用电路的输出信号（图 4.4.5 中的 LM358 引脚 1 处的信号），并分析是否检测到噪声及噪声强度。

____

____

____

3）在 3.5 英寸液晶显示屏终端上显示是否检测到噪声及噪声强度，并对结果进行分析。

____

____

____

4）描述任务实施过程中产生的错误，并分析原因。

表 4-4-4　实训产生错误的原因分析

序号	问题描述	产生原因	是否解决
1			
2			
3			
4			

课堂笔记

任务验收

表 4-4-5　任务评分表

任务内容	评价标准	分值	自评	小组互评	教师评价
振动传感器电路调试及应用实训	检测各电路连接的正确性	10			
	完成振动传感器应用电路输出信号的采集，并分析是否检测到振动	30			
	在 3.5 英寸液晶显示屏终端显示是否检测到振动	10			
声音传感器电路调试及应用实训	检测各电路连接的正确性	10			
	完成声音传感器应用电路输出信号的采集，并分析是否检测到声音	30			
	在 3.5 英寸液晶显示屏终端显示是否检测到噪声及噪声强度	10			
总分		100			

姓名：	学号：	班级：	日期：

任务反馈

表 4-4-6　任务反馈表

序号	评价项目	自评	教师评价
1	任务是否按时按质完成		
2	理论知识是否掌握		
3	实际操作是否合规、安全		
4	作品质量		
5	小组成员是否协作有序		

自己及组内成员需要改进的地方：

____

____

任务拓展

使用声音、振动传感器结合人体红外热释电传感器制作一个家居防盗系统，该防盗系统要求：

1）当系统检测到声音或振动或有人时，发出警报声。

2）系统可以远程监控，当系统被触发时，可以给主人发送信息，提醒主人有人入侵。

3）系统可以远程启动和关闭。

4）系统的灵敏度范围可调节。

课堂笔记

项目 5 传感器在职工健康智能监测系统中的应用

>>>>

◎ **项目引入**

随着生物检测技术与半导体的不断发展，人类健康监测与干预手段开始在分子层级突飞猛进。生物传感器作为最底层的硬件技术，从技术发展趋势上看都在朝着微型精准、自适应与自我校准的方向发展。

健康，是关乎每个人一生的话题。很多时候，疾病往往在医院诊断的时候才被发现，但那个时候治疗难度会相对较大。如果我们能提前预测，或许就能防止疾病的发生。在忙碌的现代社会中，很多人会忽视自己身体所发生的一些变化，只能依靠很少的几次体检来了解。对于每个人来说，周期性的健康管理，其必要性不言而喻。在日常健康管理方面，由于传统设备笨重或便携化程度不高，应用上不能实时连续监测，导致商业化市场价值效应非常有限。我们回顾从过去的计算机、照相机等一系列消费电子产品的发展历史来看，集成电路的微型化几乎改变了整个人类的生活方式。

目前通过生物芯片、生物传感电极开发集成、数据交互系统等多项自主技术，可实现实时监测的物质有乳酸、葡萄糖、钾离子、钠离子、尿酸、尿糖、尿酮、体温、皮肤水分、pH 值、酒精、二氧化碳、一氧化碳等多种物质。

人类健康监测系统终端

随着科技的飞速发展，可穿戴设备大量涌现，如手环、智能手表、智能鞋等。部分可穿戴设备在日常活动中可以直接穿戴在身上，时刻监控心率、血氧、血压等数据，并且可在相关软件的支持下感知、记录、分析、管理健康数据及预防疾病。

◎ 学习目标

知识目标	1．了解人体测温传感器、脉搏传感器、心率传感器和肌电传感器的基本结构和基本特性； 2．了解人体测温传感器、脉搏传感器、心率传感器和肌电传感器在职工健康智能监测系统中的应用； 3．熟练掌握人体测温传感器、脉搏传感器、心率传感器和肌电传感器的工作原理与使用方法
能力目标	1．能正确选择并熟练使用通用电子仪器、仪表及辅助设备； 2．具备常用电子元器件识别和使用能力； 3．具备分析电路功能，并使用专用仪表检测电路参数、调试电路、检修电路故障的能力
思政与素养目标	1．培养吃苦耐劳、乐于学习、勇于创新、追求卓越的思想品质和职业素养； 2．爱护设备，安全操作，自觉遵守相关法律、法规和标准、规范

◎ 思维导图

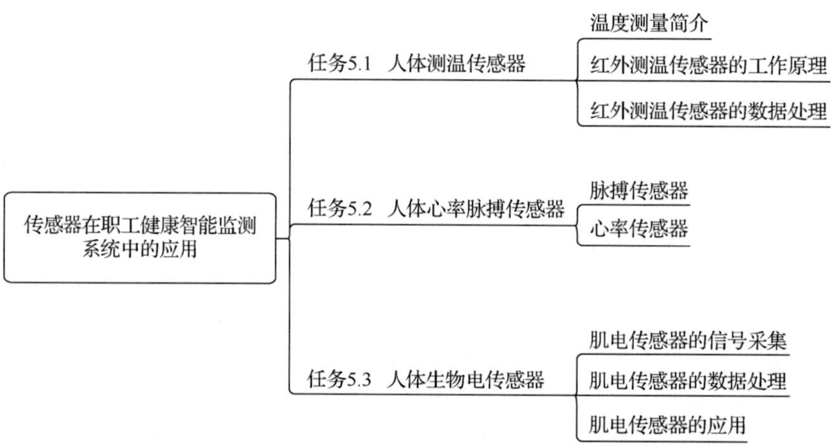

任务 5.1

人体测温传感器

微课：红外测温传感器的应用——疫情防控

视频：红外人体测温实验软件操作

视频：红外人体测温实验操作

任务描述

在职工健康智能监测系统中通常配有红外测温传感器，用来监测来往职工的体温，并做出预警。

本任务通过学习红外测温传感器的工作原理和数据处理方法，完成人体测温功能，模拟实现人体测温传感器在职工健康智能监测系统中的应用。

任务准备

红外测温传感器模块（图 5.1.1）1 个、体温计 1 个、3.5 英寸液晶显示屏终端 1 个、STM32F407 核心板 1 个、STM32F407 核心板电源适配器（5V/3A）1 个、示波器 1 个、万用表 1 个、20P 排线 3 条、杜邦线若干。

图 5.1.1　红外测温传感器模块

任务实施

本任务在实施过程中，通过单片机产生的时序与红外测温传感器模块上的 MLX90614 进行通信，获取 MLX90614 的原始温度值，并在 3.5 英寸液晶显示屏终端上显示。

1）按表 5.1.1 和表 5.1.2 连接硬件电路，检测各电路连接的正确性，确保无误后通电观察实验数据并做记录，如表 5.1.3 所示。

表 5.1.1　STM32F407 核心板与红外测温传感器模块管脚连线

STM32F407 核心板	红外测温传感器模块
PE0	A
PE1	B
PE2	C
PE3	D
PE4	E
PE5	F
PE6	G
PE7	DP
PE8	Y0
PE9	Y1
PE10	Y2
PE11	Y3
PE12	BEEP
PE14	SCL
PE15	SDA

表 5.1.2　STM32F407 核心板与 3.5 英寸液晶显示屏终端连线

STM32F407 核心板	3.5 英寸液晶显示屏终端
PC8	CS
PC9	RS
PC10	WR
PC11	RD
PC12	BL
PC13	RST
PD0～PD15	D0～D15

使用 20P 排线将核心板 GPIO E 口与红外测温传感器模块 J2 端口相连。

表 5.1.3　实验数据表 1　　单位：℃

序号	原始温度值	序号	原始温度值
1	30.22	6	35.78
2	35.60	7	30.11
3	33.21	8	34.36
4	31.11	9	35.00
5	34.20	10	33.19

2）在固定的环境温度下，利用 MLX90614 红外测温传感器测量额头温度，同时，利用体温计测量人体体温，算出系统测量误差并做记录，如表 5.1.4 所示。

表 5.1.4　实验数据表 2

单位：℃

序号	系统测温	体温计测温	系统测量误差
1	34.00	35.8	1.8
2	32.00	36.9	4.9
3	35.10	36.7	1.6
4	35.60	36.1	0.5
5	35.37	37.0	1.6

3）分析误差，将产生误差的原因填入表 5.1.5 中，并观察测量数据达到或超过阈值后，系统是否报警。若未报警，请说明原因。

表 5.1.5　实训误差分析

序号	误差原因分析
1	
2	
3	
4	
5	

任务评价

任务实施后，完成表 5.1.6。

表 5.1.6　任务评价表

任务内容	评价标准	分值	自评	小组互评	教师评价
温度传感器的误差分析实训	正确连接电路完成原始温度值的获取	40			
	完成系统测量误差的计算	30			
	正确分析达到或超过阈值后系统未报警的原因	30			
总分		100			

拓展训练

利用红外测温传感器制作一个人体体温监测系统，可将温度实时上传至健康监测平台，当检测到体温过高时发出警报。

知识链接

微课：红外传感器

知识 5.1.1 温度测量简介

一般来说，温度测量可分为接触式和非接触式，接触式测温只能测量被测物体与测温传感器达到热平衡后的温度，响应时间长，且极易受环境温度的影响；而红外测温是根据被测物体的红外辐射能量来确定物体的温度，不与被测物体接触，不影响被测物体的温度场，并且有温度分辨率高、响应速度快、稳定性好等特点。近年来，非接触红外测温在医疗、环境监测、家庭自动化、汽车电子、航空和军事上得到越来越广泛的应用。

知识 5.1.2 红外测温传感器的工作原理

本任务采用的是非接触红外测温传感器 MLX90614，它通过探测物体红外辐射能量的大小和波长的分布来检测物体的表面温度。红外测温传感器由光学系统、光电探测器、信号放大器和信号处理及输出等部分组成。光学系统汇聚其视场内的目标红外辐射能量，视场的大小由测温仪的光学零件及其位置确定。红外能量聚焦在光电探测器上并转变为相应的电信号。该信号经过放大器和信号处理电路，并按照仪器内的算法和目标发射率校正后转变为被测目标的温度值。MLX90614 出厂自带校准，并且在信号调节芯片中使用了低噪声放大器、17bit ADC 及 DSP 元件，从而实现高精度温度测量。

（1）MLX90614 的结构框图

红外测温模块 MLX90614 由红外热电传感器 MLX81101 和信号处理芯片 MLX90302 构成。其中，信号处理芯片 MLX90302 包括稳压电路、低噪声放大器、ADC、DSP 单元、PWM 电路及逻辑控制电路等，如图 5.1.2 所示。

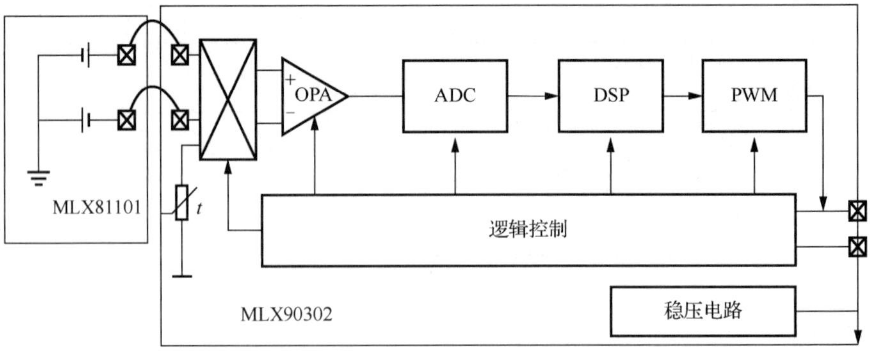

图 5.1.2 MLX90614 的内部结构框图

其工作原理为，红外热电传感器 MLX81101 输出的温度信号经过内部低噪声、低失调的运算放大器（operational amplifier，OPA）放大后送给 ADC，ADC 输出的 17bit 数字量经过可编程 FIR（finite impulse response，有限长单元冲激响应）和 IIR 低通滤波器（即图 5.1.2

中的 DSP）处理后输出，该输出作为测量结果保存在 MLX90614 内部 RAM（random access memory，随机存取存储器）存储单元中，可以通过 SMBus 读取；同时将测量结果送到后级数字式 PWM 电路中，以 PWM 的方式输出。红外测温模块 MLX90614 具有两个红外传感器 MLX81101，因此可同时测出所对应的环境温度和物体温度，两个温度分辨率都为 0.01℃，并且环境温度和物体温度既可通过两线系统管理总线 SMBus 读取 RAM 单元输出，也可通过 10 位 PWM 数字模式输出。

（2）MLX90614 的封装及引脚功能

MLX90614 采用 4 脚罐形封装（TO239），如图 5.1.3 所示，各引脚的功能如表 5.1.7 所示。

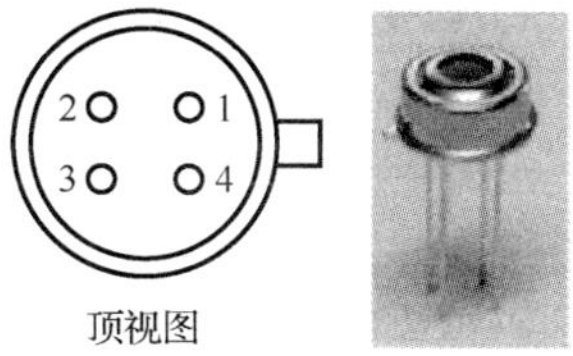

图 5.1.3　MLX90614 的引脚分布

表 5.1.7　MLX90614 引脚的功能

序号	名称	功能
1	SCL/VZ	SMBus 的时钟信号，或 8～16V 电源供电时，接 5.7V 的稳压二极管
2	PWM/SDA	PWM 或 SMBus 接口的数据信号，通常模式下从该引脚以 PWM 的方式输出测量结果
3	V_{DD}	电源
4	V_{SS}	地

（3）MLX90614 中的存储器

1）E^2PROM。

MLX90614 中共有 32 个字长为 16 位的 E^2PROM（electrically erasable programmable read-only memory，电可擦可编程只读存储器）存储单元，其地址为 000H～01FH，这些地址单元可以通过 SM2Bus 总线读取，但只有部分是可供用户改写的，如表 5.1.8 所示。

表 5.1.8　MLX90614 中可改写的 E^2PROM 单元

用途	地址
测量范围上限设定	000H
测量范围下限设定	001H
PWM 设定	002H
环境温度设定	003H
器件地址设定	00EH

① 测量范围上限的设定方法：根据 100×(T_{OMAX}+273.15)计算出相应数据，写入 000H 单元。例如，若 T_{OMAX}=+50℃，则应向 E^2PROM 的 000H 单元写入 7E3BH。

② 测量范围下限的设定方法：与上限的设定方法相似，根据 100×(T_{OMIN}+273.15)计算出数据写入 001H 单元。

③ PWM 设定：用来对 MLX90614 中的 IIR 滤波器、FIR 滤波器、放大器、PWM 控制器等进行设置。

④ 00EH 单元：用来设定器件的地址，默认的地址为 5AH。当多个 MLX90614 应用于一个系统中时，可以向该单元写入不同的数据，以便识别和寻址，最多允许有 127 个 MLX90614 器件连接在一条 SMBus 总线上。

2）RAM。

MLX90614 中总共有 32 个字长为 16bit 的 RAM 单元，用户不能向这些 RAM 中写入数据，但可以从地址为 006H、007H、008H（仅对 MLX90614XBX 有效）的单元读取数据，这些单元分别存储测得的环境温度 T_a、测量对象温度 T_{obj_1} 和 T_{obj_2}（仅对 MLX90614XBX）。

知识 5.1.3　红外测温传感器的数据处理

（1）MLX90614 的 SMBus 协议

MLX90614 以 SMBus 输出方式接入系统时，作为从器件工作，其数据通信格式如图 5.1.4 所示，图中阴影部分表示数据传输方向是从器件到主器件，其余为主器件到从器件。其中，S 为起始位（1b）；Slave Address 为器件地址（7b）；Wr 为写标志（1b,'0'表示“写”）；A 为应答位（1b）；Command 为命令字节（8b）；Sr 为重复起始位（1b）；Rd 为读标志（1b, '1'表示“读”）；PEC 为出错数据包（8b）；P 为停止位（1b）。

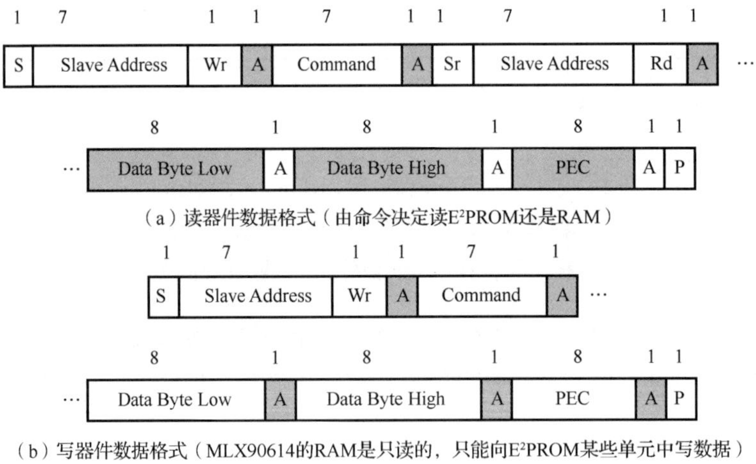

（a）读器件数据格式（由命令决定读E²PROM还是RAM）

（b）写器件数据格式（MLX90614的RAM是只读的，只能向E²PROM某些单元中写数据）

图 5.1.4　数据通信格式

（2）数据传输时序

MLX90614 的数据传输时序如图 5.1.5 所示，在 SCL 变为低电平 300ns 后，将 16bit 数据分两次传输，每次传送一个字节。每个字节都按照高位（MSB）在前、低位（LSB）在后的格式传输，两个字节中间的第 9 个时钟是应答时钟。

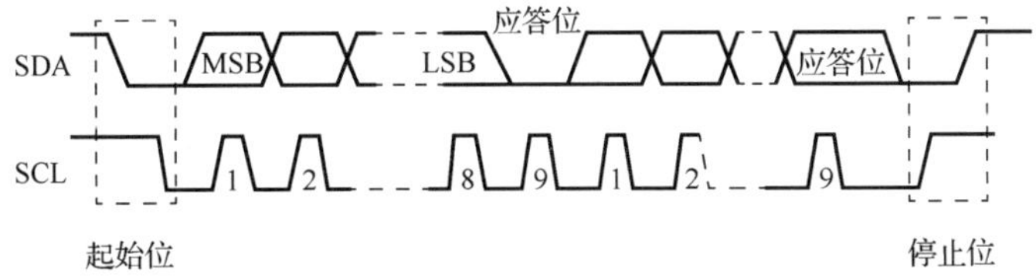

图 5.1.5　MLX90614 的数据传输时序

（3）温差补偿

红外测温传感器的温差补偿采用查表法。通过大量实验及在实验数据基础上的拟合，再结合环境温度范围将人的额头温度与人体体温数据做成若干张温度对照表。在单片机接收到红外测温模块测量到的人的额头温度和环境温度检测模块测量到的环境温度后，先根据环境温度的范围找到对应的温度对照表，再通过查表得到人的额头温度对应的人体体温，从而修正温差。修正后的体温实时测量装置经过大量测试能准确测量出人体体温，结果证明这种数据处理方法是可行的。以环境温度为 20～25℃为例，人的额头温度与人体体温部分温度对照表如表 5.1.9 所示，基于表 5.1.9 拟合得到的温度曲线如图 5.1.6 所示。

表 5.1.9　温度对照表　　单位：℃

人的额头温度	31.0	31.3	31.6	31.8	32.2	32.5
人体体温	36.2	36.3	36.4	36.5	36.6	36.7
人的额头温度	32.7	32.9	33.3	33.7	33.9	34.0
人体体温	36.9	37.1	37.3	37.5	37.8	38.0

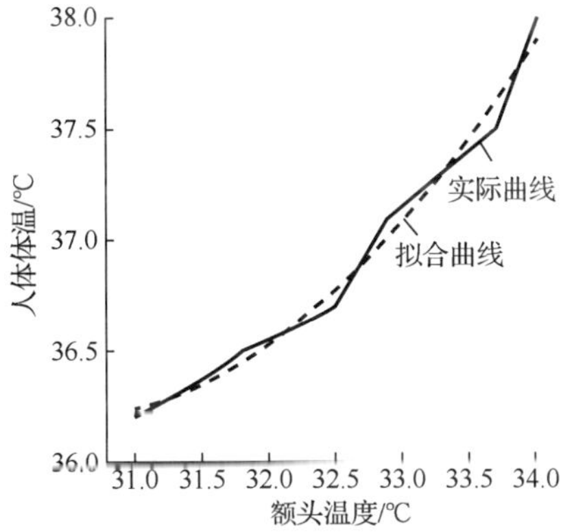

图 5.1.6　温度曲线

工作手册

人体测温传感器工作手册如下。

姓名：	学号：	班级：	日期：

5.1 人体测温传感器工作手册

任务接收

表 5-1-1 任务分配表

序号	角色	姓名	学号	分工
1	组长			
2	组员			
3	组员			
4	组员			
5	组员			
6	组员			

任务准备

表 5-1-2 工作方案设计表

序号	工作内容	负责人
1		
2		
3		
4		
5		

表 5-1-3 实训设备、工具与耗材清单

序号	名称	型号与规格	数量	备注
1				
2				
3				
4				
5				
6				
7				
领取人： 归还人：				

课堂笔记

姓名：	学号：	班级：	日期：

任务实施

1）根据硬件电路连接表画出硬件连接图，要求布局合理，线不交叉，有完整标识。确保无误后通电观察实验数据并做记录。

负责人：	验收签字：

课堂笔记

表 5-1-4　实验数据表 1　　单位：℃

序号	原始温度值	序号	原始温度值
1		6	
2		7	
3		8	
4		9	
5		10	

2）在固定的环境温度下，利用 MLX90614 红外测温传感器测量额头温度，同时，利用体温计测量人体体温，算出系统测量误差并做记录。

表 5-1-5　实验数据表 2　　单位：℃

序号	系统测温	体温计测温	系统测量误差
1			
2			
3			
4			
5			

3）分析误差，观察测量数据达到或超过阈值后系统是否报警。若未报警，请说明原因。

姓名：	学号：	班级：	日期：

表 5-1-6　实训误差分析表

序号	误差原因分析
1	
2	
3	
4	

4）描述任务实施过程中产生的错误，并分析原因。

表 5-1-7　实训产生错误的原因分析

序号	问题描述	产生原因	是否解决
1			
2			
3			
4			

任务验收

表 5-1-8　任务评分表

任务内容	评价标准	分值	自评	小组互评	教师评价
温度传感器的误差分析实训	正确连接电路完成原始温度值的获取	40			
	完成系统测量误差的计算	30			
	正确分析达到或超过阈值后系统未报警的原因	30			
总分		100			

任务反馈

表 5-1-9　任务反馈表

序号	评价项目	自评	教师评价
1	任务是否按时按质完成		
2	理论知识是否掌握		
3	实际操作是否合规、安全		
4	作品质量		
5	小组成员是否协作有序		

自己及组内成员需要改进的地方：

____

____

任务拓展

利用红外测温传感器制作一个人体体温监测系统，可将温度实时上传至健康监测平台，当检测到体温过高时发出警报。

课堂笔记

任务 5.2

人体心率脉搏传感器

微课：心率脉搏传感器——可穿戴设备

视频：人体脉搏测量实验软件操作

视频：人体脉搏测量实验操作

任务描述

在职工健康智能监测系统中通常配有人体脉搏传感器，用于测量职工的心率和脉搏。

本任务通过学习人体心率脉搏传感器的工作原理及使用方法，完成人体脉搏和心率的测量，模拟实现人体心率脉搏传感器在职工健康智能监测系统中的应用。

任务准备

人体脉搏传感器模块（图 5.2.1）1 个、3.5 英寸液晶显示屏终端 1 个、STM32F407 核心板 1 个、STM32F407 核心板电源适配器（5V/3A）1 个、示波器 1 个、万用表 1 个、20P 排线 2 条、杜邦线若干。

图 5.2.1　人体脉搏传感器模块

任务实施

本任务在实施过程中，通过单片机 ADC 通道采集人体脉搏传感器模块上的 Pulse Sensor（脉搏传感器）输出的模拟信号，获取 Pulse Sensor 的原始值，并在 3.5 英寸液晶显示屏终端上显示。本任务的具体步骤如下：

1）按表 5.2.1 和表 5.2.2 连接硬件电路，检查各电路连接的正确性，确保无误后通电，将手指放置在人体脉搏传感器绿光处，等待模块上红灯闪烁稳定后，显示终端显示脉搏频率，观察实验数据并记录。

表 5.2.1　STM32F407 核心板与 3.5 英寸液晶显示屏终端连线

STM32F407 核心板	3.5 英寸液晶显示屏终端
PC8	CS
PC9	RS
PC10	WR
PC11	RD
PC12	BL
PC13	RST
PD0～PD15	D0～D15

表 5.2.2　STM32F407 核心板与人体脉搏传感器模块连线

STM32F407 核心板	人体脉搏传感器模块
PA1	OUT2

使用 20P 排线将核心板 GPIO C 口与显示终端 J3 口、核心板 GPIO D 口与显示终端 J2 口、核心板 GPIO A 口与人体脉搏传感器模块 J3 口相连。

2）采集并记录不同时间段红灯闪烁的次数和人的脉搏的频率，计算系统采集人体脉搏的误差并记录，如表 5.2.3 所示。

表 5.2.3　实验数据表 1

序号	每分钟红灯闪烁次数	显示终端脉搏频率/（次/min）	系统采集误差
1	36	96	
2	56	103	
3	55	234	
4	46	133	
5	50	154	

3）在不同环境做不同的运动，利用人体心率脉搏传感器测量人体脉搏值（心率），算出系统测量误差的原理并做记录，将结果填入表 5.2.4 中。

表 5.2.4　实验数据表 2

序号	环境	运动	人体脉搏值（心率）	系统测量误差
1				
2				
3				
4				

任务评价

任务实施后，完成表 5.2.5。

表 5.2.5　任务评价表

任务内容	评价标准	分值	自评	小组互评	教师评价
人体心率脉搏传感器实训	正确连接电路	25			
	采集人体脉搏信号	35			
	分析处理人体脉搏信号，计算人体脉搏值（心率）	40			
总分		100			

拓展训练

使用人体脉搏传感器制作一个智能手环，实时监测人体心率。

知识链接

知识 5.2.1　脉搏传感器

（1）脉搏传感器的工作原理

根据比尔-朗伯（Beer-Lambert）定律，物质在一定波长处的吸光度和它的浓度成正比，当恒定波长的光照射到人体组织上时，通过人体组织吸收、反射衰减后测量到的光强在一定程度上反映了被照射部位组织的结构特征。

脉搏主要是由人体动脉舒张和收缩产生的，在人体指尖组织中的动脉成分含量较高，并且指尖厚度相对其他人体组织而言比较薄，透过手指后检测到的光强相对较大，因此光电式脉搏传感器的测量部位通常在人体指尖。

手指组织可以分成皮肤、肌肉、骨骼等非血液组织和血液组织，其中，非血液组织的光吸收量是恒定的，而在血液中，静脉血的搏动相对于动脉血是十分微弱的，可以忽略，因此可以认为光透过手指后的变化仅由动脉血的充盈而引起，那么在恒定波长的光源的照射下，通过检测透过手指的光强就可以间接测量到人体的脉搏信号。

从光源发出的光除被手指组织吸收以外，一部分由血液漫反射返回，其余部分则透射出来。光电式脉搏传感器按照光的接收方式可分为透射式和反射式两种，其中，透射式的发射光源与光敏接收器件的距离相等并且对称布置，接收的是透射光，这种方法可较好地反映出心率的时间关系，但不能精确测量出血液容积的变化；反射式的发射光源和光敏器件位于同一侧，接收的是血液漫反射回来的光，此信号可以精确地测得血管内血液容积的变化。实验中使用的是反射式脉搏传感器，侧重于精确地测得血管内血液容积的变化。

（2）脉搏测量的方法

传统的脉搏测量方法主要有三种：一是从心电信号中提取；二是从测量血压时压力传感器测到的波动来计算脉率；三是光电容积法。前两种方法提取信号都会限制病人的活动，如果长时间使用会增加病人生理和心理上的不舒适感。光电容积法脉搏测量作为监护测量中普遍使用的方法之一，具有方法简单、佩戴方便、可靠性高等特点。

光电容积法的基本原理是利用人体组织在血管搏动时造成的透光率不同来进行脉搏测量的。其使用的传感器由光源和光电变换器两部分组成，通过绑带或夹子固定在病人的手指或耳垂上。光源一般采用对动脉血中氧和血红蛋白有选择性的一定波长（500～700nm）的发光二极管。当光束透过人体外周血管时，由于动脉搏动充血容积变化导致这束光的透光率发生改变，此时由光电变换器接收经人体组织反射的光线，并将其转变为电信号后放大和输出。由于脉搏是随心脏的搏动而周期性变化的信号，动脉血管容积也呈周期性变化，所以光电变换器的电信号变化周期就是脉搏率。根据相关文献，560nm 的波可以反映皮肤浅部微动脉信息，适合用来提取脉搏信号。该传感器采用了峰值波长为 515nm 的绿光 LED，型号为 AM2520，而光接收器采用的是 APDS9008，这是一款环境光感受器，感受峰值波长为 565nm，两者的峰值波长相近，灵敏度较高。此外，脉搏信号的频带一般在 0.05～200Hz 范围内，信号幅度均很小，一般在毫伏级别，容易受到各种信号干扰。在感受器后面使用了低通滤波器和由运算放大器 MCP6001 构成的放大器，将信号放大了 331 倍，同时采用分压电阻设置直流偏置电压为电源电压的 1/2，这样就使放大后的信号可以很好地被单片机的 ADC 采集到。

知识 5.2.2 心率传感器

（1）心率传感器的工作原理

大部分可穿戴设备采用光电容积脉搏波描记法（photo plethysmo graphy，PPG）来测量心率及其他生物计量指标。PPG 是一种将光照进皮肤并测量因血液流动而产生的光散射的方法。该方法非常简单，光学心率传感器基于以下工作原理：当血流动力发生变化时，如血脉搏率（心率）或血容积（心输出量）发生变化时，进入人体的光会发生可预见的散射。

（2）心率传感器的数据处理

心率指的是 1min 内的心跳次数，也就是统计 1min 内脉搏次数。一般计算心率的方法是测量相邻两次脉搏间隔的时间，再用 1min 除以该时间得出心率。这样的好处是可以实时计算脉搏，效率高。由此引出了 IBI 和 BPM 两个值的概念，IBI 指相邻两次脉搏的时间间隔（单位：ms）；BPM（beats per minute）指心率，即一分钟内的心跳次数，且 BPM = 60/IBI。

光学心率传感器可生成测量心率的 PPG 波形并将该心率数据作为基础生物计量值，但是利用 PPG 波形可以测量的对象远不止于此。尽管很难取得和维护精确的 PPG 测量结果，但是如果能够成功获得精确的 PPG 测量结果，那么它将发挥强大的作用。高品质 PPG 信号是当今市场需求的大量生物计量的基础。

工作手册

人体心率脉搏传感器工作手册如下。

姓名：	学号：	班级：	日期：

5.2　人体心率脉搏传感器工作手册

任务接收

表 5-2-1　任务分配表

序号	角色	姓名	学号	分工
1	组长			
2	组员			
3	组员			
4	组员			
5	组员			
6	组员			

课堂笔记

任务准备

表 5-2-2　工作方案设计表

序号	工作内容	负责人
1		
2		
3		
4		
5		

表 5-2-3　实训设备、工具与耗材清单

序号	名称	型号与规格	数量	备注
1				
2				

姓名：	学号：	班级：	日期：

续表

序号	名称	型号与规格	数量	备注
3				
4				
5				
6				
7				
			领取人：	归还人：

任务实施

1）根据硬件电路连接表画出硬件连接图，要求布局合理，线不交叉，有完整标识。

负责人：	验收签字：

2）采集并记录不同时间段红灯闪烁的次数和人的脉搏的频率，计算系统采集人体脉搏的误差并记录。

表 5-2-4　实验数据表 1

序号	每分钟红灯闪烁次数	显示终端脉搏频率/（次/min）	系统采集误差
1			
2			
3			
4			
5			

3）在不同环境做不同的运动，利用人体心率脉搏传感器测量人体脉搏值（心率），算出系统测量误差的原理并做记录。

课堂笔记

姓名：	学号：	班级：	日期：

表 5-2-5　实验数据表 2

序号	环境	运动	人体脉搏值（心率）	系统测量误差
1				
2				
3				
4				

4）描述任务实施过程中产生的错误，并分析原因。

表 5-2-6　实训产生错误的原因分析

序号	问题描述	产生原因	是否解决
1			
2			
3			

任务验收

表 5-2-7　任务评分表

任务内容	评价标准	分值	自评	小组互评	教师评价
人体心率脉搏传感器实训	正确连接电路	25			
	采集人体脉搏信号	35			
	分析处理人体脉搏信号，计算人体脉搏值（心率）	40			
总分		100			

任务反馈

表 5-2-8　任务反馈表

序号	评价项目	自评	教师评价
1	任务是否按时按质完成		
2	理论知识是否掌握		
3	实际操作是否合规、安全		
4	作品质量		
5	小组成员是否协作有序		

自己及组内成员需要改进的地方：

____

____

任务拓展

使用人体脉搏传感器制作一个智能手环，实时监测人体心率。

课堂笔记

任务 5.3 人体生物电传感器

任务描述

本任务要求通过学习人体生物电传感器的工作原理和数据处理，完成人体生物电的检测，并通过生物电信号控制对应的 3D 机械手臂，完成对应手势。

任务准备

智能可穿戴设备（图 5.3.1）1 套（肌电传感器模块 8 个、肌电干电极 8 个、CC2640 蓝牙 4.0 数据采集模块 1 个）、3D 机械手臂（图 5.3.2）1 个、示波器 1 个、万用表 1 个、个人计算机 1 台、杜邦线若干。

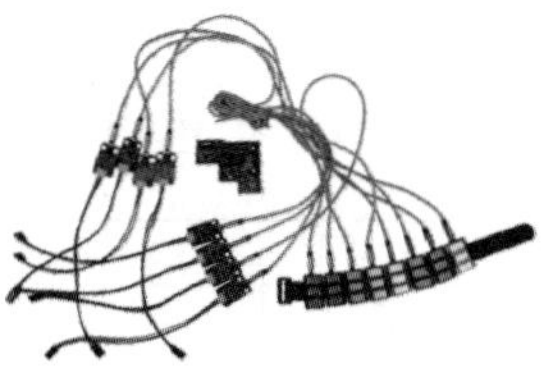

图 5.3.1　智能可穿戴设备

图 5.3.2　3D 机械手臂

任务实施

1）图 5.3.3 所示为穿戴肌电设备。

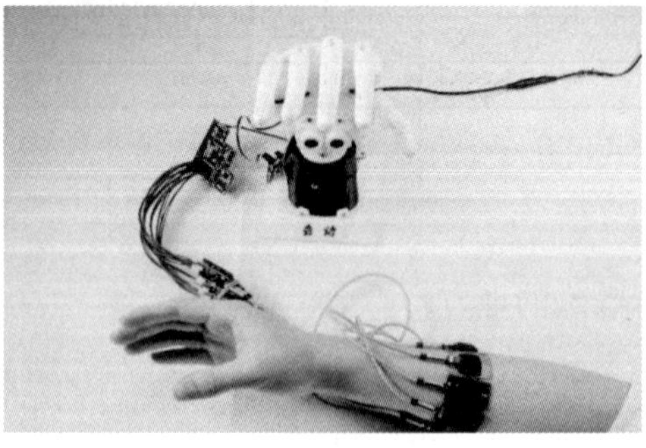

图 5.3.3　穿戴肌电设备

2）在个人计算机上打开训练软件，按照操作步骤进行训练，训练完成后通过智能可穿戴设备控制 3D 机械手臂做出对应动作，观察机械手臂与自己做的动作是否一致。

任务评价

任务实施后，完成表 5.3.1 所示的任务评价表。

表 5.3.1　任务评价表

任务内容	评价标准	分值	自评	小组互评	教师评价
人体生物电传感器实训	正确穿戴肌电设备并完成 3D 机械手臂的动作控制	40			
	分析造成 3D 机械手臂动作延时的情况	30			
	改善出现延时的方法	30			
总分		100			

拓展训练

利用肌电传感器使机械手臂完成物品抓取动作。

知识链接

知识 5.3.1　肌电传感器的信号采集

肌电信号（electromyography，EMG）是一种微弱的生物信号，其峰值在 0～8000μV 范围内，均方根在 0～12000μV 范围内。该信号的有效频率分布在 0～500Hz 范围内，其中，占主要优势的频率在 50～150Hz 范围内。当肌肉动作时，肌电信号在基线附近有较大的波动，放松时又归于基线。该变化是随机的，可以通过高斯函数来描述。

肌肉运动时，肌肉收缩舒张功能实现的基本功能单元称为运动单元（motor unit），它包括一个运动神经元和受神经元轴突所支配的肌肉纤维，肌电信号的产生、传播、叠加示意图如图 5.3.4 所示。

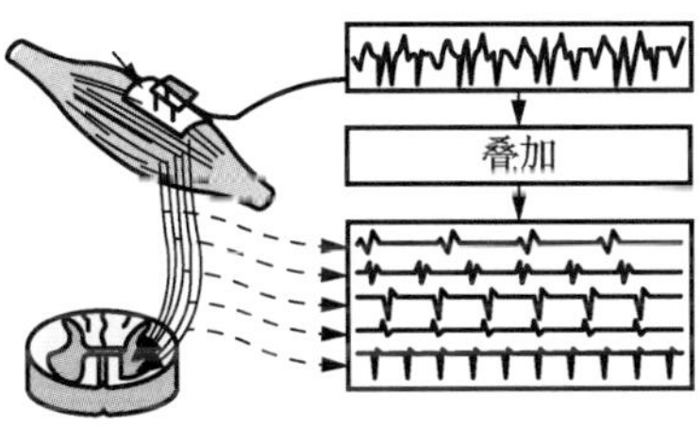

图 5.3.4　肌电信号的产生、传播、叠加示意图

肌电信号频谱如图 5.3.5 所示，横坐标为频率，纵坐标为功率。当人体产生运动的想法时，大脑皮层产生电信号经周围神经系统传递至骨骼肌，骨骼肌细胞内外的离子浓度发生变化，使电位差发生改变，产生动作电位（action potential）；一条纤维上的动作电位沿着纤维方向传播，形成单纤维动作电位（single fiber action potential）；运动单位内所有的纤维产生的单纤维动作电位形成运动单元动作电位（motor unit action potential）。运动单元动作

电位是表面肌电信号最基本的单元，当运动产生神经兴奋时，该电位由被运动单元激活的肌肉纤维产生。

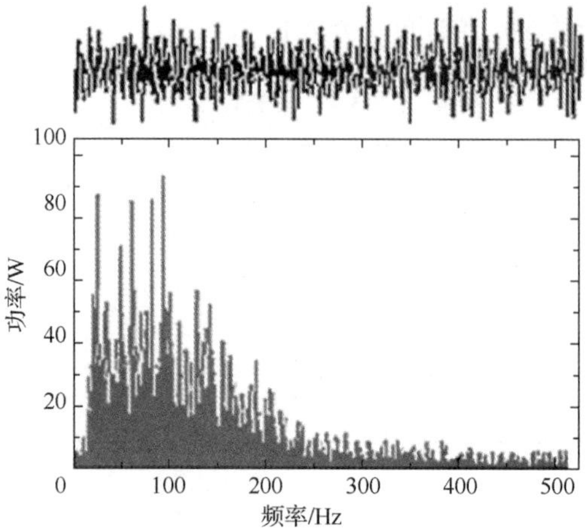

图 5.3.5　肌电信号频谱

表面肌电信号是一种极其微弱的随机不稳定的生物电信号，易受到各种因素干扰。通过对表面肌电信号生理特征和噪声的分析可知，肌电采集的总体思路是将μV 级信号放大到 mV 级或以上，并通过模拟滤波器去除一部分噪声，经 ADC 转换为数字信号，再通过数字滤波方法进一步去除噪声，如图 5.3.6 所示。

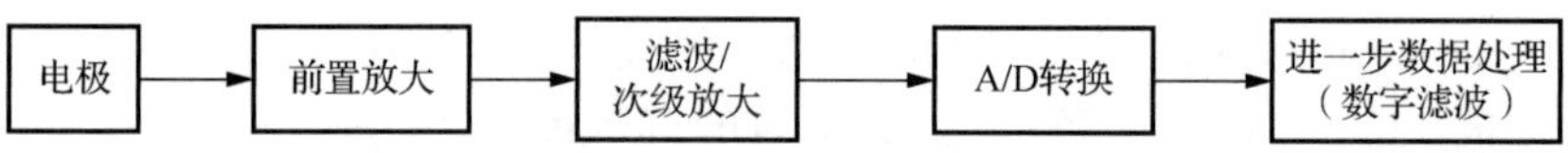

图 5.3.6　肌电信号采集模块

肌电电极的布置方式决定了采集肌电信号的空间分辨率。当前主流的电极布置方式有单极布置、差分电极布置、双差分电极布置以及空间滤波方式电极布置等。以下将对这几种形式的布置方式进行简要说明。

1）单极布置方式如图 5.3.7 所示。运算放大器的第一个输入端连接检测电极，检测电极布置在目标肌肉处；另一个输入端连接参考电极，参考电极安放在远离目标肌肉的参考肌肉处。这种单极布置方式的缺点是会采集目标肌肉附近所有的电信号，即会引入串扰噪声。

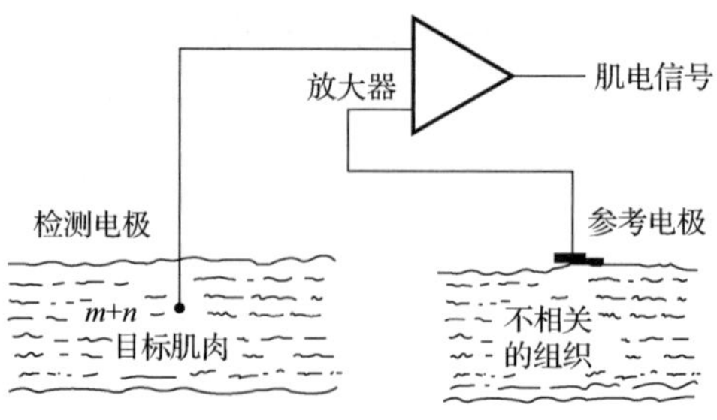

图 5.3.7　单极布置方式

2）差分电极布置方式如图 5.3.8 所示。该方式需要在检测点布置两个电极，用于采集目标肌肉相对于参考电极的电动势，然后分别输入到运算放大器的同向输入端和反向输入端。由于局部的电化学反应，两个电极安放的皮肤表面的电位是不同的，输入电动势进入放大器之后，将会对两个输入电动势的差进行放大，但两个检测电极安放位置处的噪声却大致相同，所以在进行差放大的同时会消除噪声的影响。因此，差分放大电极布置方式能在噪声环境中拾取出微弱的表面肌电信号，从而克服了单极布置方式易受串扰的缺点。

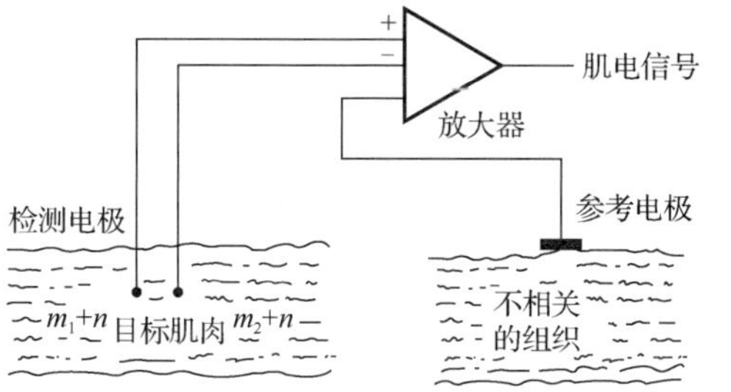

图 5.3.8　差分电极布置方式

3）双差分电极布置方式如图 5.3.9 所示。该方式中放大器 1 对电极 1 和电极 2 的输入信号差分增益，电极 2 和电极 3 对输入信号差分增益，放大器 1 和放大器 2 输出进入放大器 3 差分增益。与单差分方式相比，双差分电极对位置敏感，具有更高的空间分辨率，但是电路结构也相对复杂。

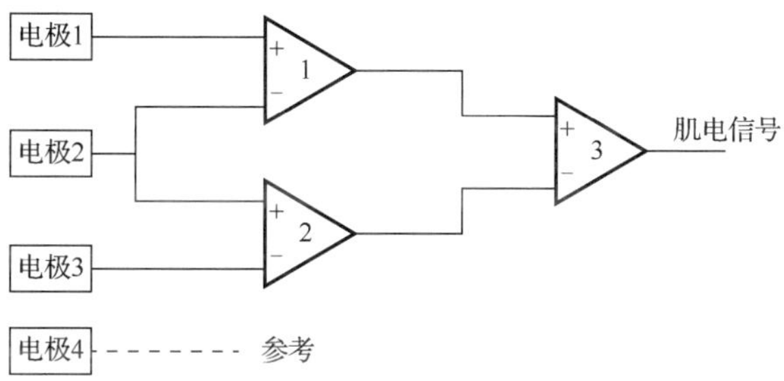

图 5.3.9　双差分电极布置方式

4）空间滤波方式电极布置类似于阵列电极，在此不再详细说明。

知识 5.3.2　肌电传感器的数据处理

（1）射频衰减滤波器的设计

AD8221 仪表放大器在内部存在射频（radio frequency，RF）整流，故需要在仪表放大器输入端前设计差分低通滤波器，形成 RF 衰减滤波器，以减小外界射频信号对肌电信号的干扰。RF 衰减滤波器由两个低通滤波器构成，其差模带宽和共模带宽分别如下：

$$\mathrm{BW_{diff}} = \frac{1}{2\pi(2C_2 + C_1)}$$

$$\mathrm{BW_{CM}} = \frac{1}{2\pi R_1 C_1}$$

AD8221 输入端前的两个低通滤波器的时间常数应匹配。若时间常数不匹配，则会导致共模抑制比下降，所以应使 $R_1 = R_2$， $C_1 = C_3$， R_1、 R_2 电阻噪声不大于仪表放大器本身的噪声，一般可取 R_1、 R_2 为 5kΩ。C_1、 C_2、 C_3 均为 RF 衰减滤波器电路中的电容，C_2 决定滤波器的差模带宽，差模带宽通常为信号频率的 10 倍，在保证不衰减输入信号的条件下，电容值应尽可能小；共模带宽一般小于仪表放大器单位增益带宽的 10%，由此确定 C_1、C_2、C_3 分别为 1nF、10nF、1nF。

（2）前置放大电路的增益

前置放大电路是对肌电信号的初级放大，需设置合适的增益倍数 G，增益过大，噪声也会被放大，将会给滤波和信号处理带来困难。总体电路的放大倍数为 1000～2000 倍。通过调节 AD8221 外置电阻 R_3 设置前置放大器的增益为 50.4 倍，由公式可计算出 R_3=1000Ω，即

$$R_3 = \frac{49.3\text{k}\Omega}{G-1}$$

对前置放大电路用仿真软件 TINA 做直流扫描仿真分析，其结果如图 5.3.10 所示，通频带增益为 34dB，放大约 50.11 倍，与计算结果吻合，而通频带带宽大约为 1kHz，包含肌电信号的频率范围（20～500Hz）。

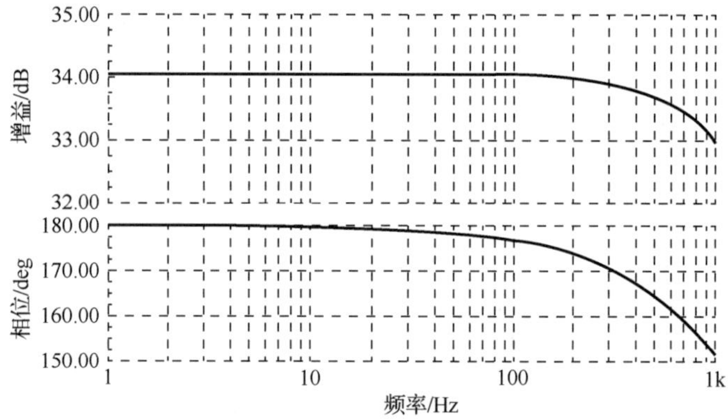

图 5.3.10　前置放大电路的交流传输特性

知识 5.3.3　肌电传感器的应用

肌电信号是肌肉纤维动作电位经过肌肉、皮下组织、皮肤等滤波作用在时间和空间上的综合，能够反映肌肉的收缩情况和强度，是目前假手控制中应用最广泛、最成熟的生机交互技术。按照肌电信号获取方式的不同，可以将其分为植入式肌电和表面肌电两种不同类型。表面肌电信号已在知识 5.3.1 详细讲述。植入式肌电需要将电极植入皮下肌肉组织中，或将无线感应电极植入皮肤中。植入式电极虽能够减小串扰带来的影响，但与表面肌电信号相比，其在手势识别准确率上没有太大的优势，而且植入式检测方法需要将电极植入体内，风险较高，因此仅限于研究或医疗领域中。

工作手册

人体生物电传感器工作手册如下。

姓名：	学号：	班级：	日期：

5.3　人体生物电传感器工作手册

任务接收

表 5-3-1　任务分配表

序号	角色	姓名	学号	分工
1	组长			
2	组员			
3	组员			
4	组员			
5	组员			
6	组员			

任务准备

表 5-3-2　工作方案设计表

序号	工作内容	负责人
1		
2		
3		
4		
5		

表 5-3-3　实训设备、工具与耗材清单

序号	名称	型号与规格	数量	备注
1				
2				

课堂笔记

姓名：	学号：	班级：	日期：

续表

序号	名称	型号与规格	数量	备注
3				
4				
5				
6				
7				
		领取人：		归还人：

任务实施

1）按要求穿戴肌电设备。

2）在个人计算机上打开训练软件，按照操作步骤进行训练。训练完成后通过智能可穿戴设备控制 3D 机械手臂做出对应动作，观察机械手臂与自己做的动作是否一致。

表 5-3-4　实验结果统计

序号	动作	是否一致	不一致的原因
1			
2			
3			
4			

3）描述任务实施过程中产生的错误，并分析原因。

表 5-3-5　实训产生错误的原因分析

序号	问题描述	产生原因	是否解决
1			
2			
3			

任务验收

表 5-3-6　任务评分表

项目内容	评价标准	分值	自评	小组互评	教师评价
人体生物电传感器实训	正确穿戴肌电设备并完成 3D 机械手臂的动作控制	40			
	分析造成 3D 机械手臂动作延时的情况	30			
	改善出现延时的方法	30			
总分		100			

课堂笔记

姓名：	学号：	班级：	日期：

任务反馈

表 5-3-7　任务反馈表

序号	评价项目	自评	教师评价
1	任务是否按时按质完成		
2	理论知识是否掌握		
3	实际操作是否合规、安全		
4	作品质量		
5	小组成员是否协作有序		

自己及组内成员需要改进的地方：

____

____

任务拓展

利用肌电传感器使机械手臂完成物品抓取动作。

课堂笔记

项目 6 智慧工厂无线传感系统应用

◎ 项目引入

随着德国工业 4.0、美国工业互联网和中国制造 2025 计划的提出，新一轮的工业改革拉开序幕，而这一切工业改革的核心都是智能化生产，智能化生产是由许多小的智能模块组合而成的。因此，智能化生产涉及整个企业的生产物流管理、人机互动、3D 打印及增材制造等技术在工业生产过程中的应用等。

智慧工厂智能化生产线

近年来，工业物联网无线传感系统的发展趋势是简化终端结构，在数据采集终端与主机之间采用无线通信，以代替复杂的、不灵活的现场布线。该阶段数据采集系统采用更先进的模块式结构，根据不同的应用要求，通过简单地增加和更改模块，再结合系统编程，就可以扩展或修改系统，以满足不同领域的需要。

智慧工厂无线传感系统是一套具备终端数据采集、无线数据传输和数据应用分析等多功能的智能化数据采集和监控系统。

◎ 学习目标

知识目标	1．了解智慧工厂中使用了哪些传感器，并了解传感器在其中发挥的作用； 2．了解智慧工厂组成架构，能够使用传感器系统模拟智慧工厂实现； 3．了解智慧工厂中的数据通信与数据传输
能力目标	1．能正确选择并熟练使用通用电子仪器、仪表及辅助设备； 2．具备分析电路的能力，以及使用专用仪表检测电路参数、调试电路、检修电路故障的能力； 3．具备复杂传感器系统架构的设计与规划能力； 4．正确地识别各种传感器及其特点以及其在整个工作系统中的作用

续表

思政与素养目标	1．培养实事求是、严肃认真、客观公正的职业道德； 2．培养团结互助的团队精神，增强集体主义荣誉感； 3．遵规守纪，安全操作，爱护设备，钻研技术

◎ 思维导图

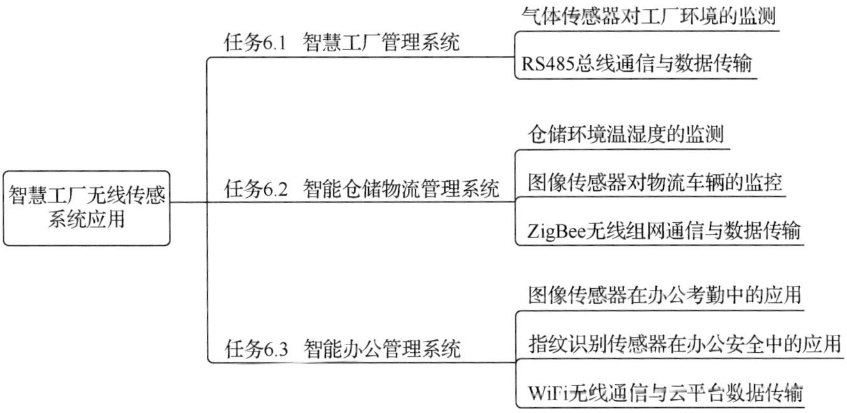

任务 6.1 智慧工厂管理系统

任务描述

智慧工厂将绿色智能的手段和智能系统等新兴技术融于一体，是高效节能、绿色环保、环境舒适的人性化工厂。智慧工厂管理是在数字化工厂的基础上，利用物联网技术和设备监控技术加强信息管理和服务，清楚掌握产销流程，提高生产过程的可控性，减少生产线上人工的干预，及时正确地采集生产线数据、合理的生产计划编排与生产进度。

本任务要求利用气体传感器、接近传感器、RS485 总线通信模组完成一个智慧工厂管理系统，并在 3.5 英寸液晶显示屏终端上显示系统情况。通过学习了解气体传感器、接近传感器、RS485 总线通信模组的工作特性与工作原理，模拟实现智慧工厂管理系统的功能。

任务准备

气体传感器模块（图 6.1.1）1 个、接近传感器模块（图 6.1.2）1 个、RS485 总线通信模块（图 6.1.3）2 个、3.5 英寸液晶显示屏终端 1 个、STM32F407 核心板 2 个、STM32F407 核心板电源适配器（5V/3A）1 个、万用表 1 个、20P 排线 2 条、杜邦线若干。

图 6.1.1　气体传感器模块

图 6.1.2　接近传感器模块

图 6.1.3　RS485 总线通信模块

任务实施

本任务在实施过程中，由气体传感器模块采集环境中可燃气体、烟雾、酒精等的浓度值，由接近传感器模拟检测自动化生产线的效率。智能终端分布在智慧工厂的现场，对相关的环境生产数据进行采集；工作现场的单片机核心板对采集的数据集成汇总，相关信息通过 RS485 总线通信模块模拟传输；集中控制室的单片机核心板接收到相关数据并进行状态显示，从而模拟实现智慧工厂管理系统的应用。

本任务的具体实施步骤如下：

1）按表 6.1.1～表 6.1.6 连接硬件电路，检测各电路（图 6.1.4 和图 6.1.5）连接的正确性，确保无误后通电使用。

表 6.1.1　STM32F407 核心板（一）与 3.5 英寸液晶显示屏终端连线

STM32F407 核心板（一）	3.5 英寸液晶显示屏终端
PC8	CS
PC9	RS
PC10	WR
PC11	RD
PC12	BL
PC13	RST
PD0～PD15	D0～D15

使用 20P 排线将核心板 PC 口与显示终端 J3 口、核心板 PD 口与显示终端 J2 口相连。

表 6.1.2　STM32F407 核心板（一）与气体传感器模块连线

STM32F407 核心板（一）	气体传感器模块
PA0	UO1
PA1	UO2

表 6.1.3　STM32F407 核心板（一）与接近传感器模块连线

STM32F407 核心板（一）	接近传感器模块
PA8	OUT

表 6.1.4　STM32F407 核心板（一）与 RS485 总线通信模块连线

STM32F407 核心板（一）	RS485 总线通信模块
PA9	RXD
PA10	TXD

表 6.1.5　STM32F407 核心板（二）与 RS485 总线通信模块连线

STM32F407 核心板（二）	RS485 总线通信模块
PA9	RXD
PA10	TXD

表 6.1.6　RS485 总线通信模块（一）与 RS485 总线通信模块（二）连线

RS485 总线通信模块（一）	RS485 总线通信模块（二）
A	A
B	B

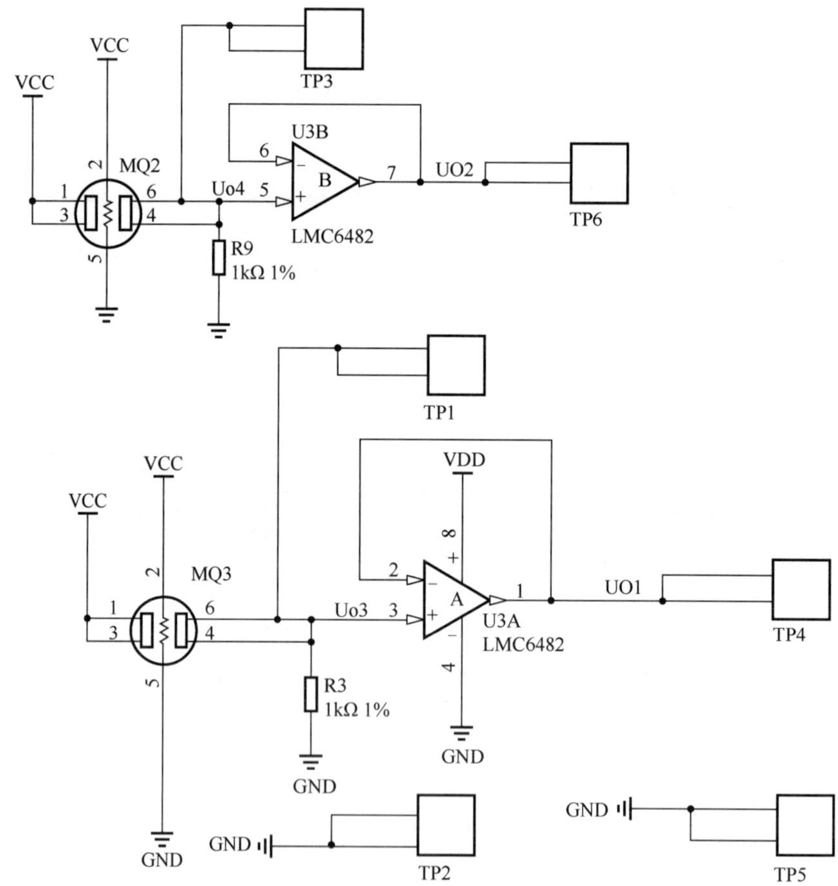

图 6.1.4　气体传感器原理图

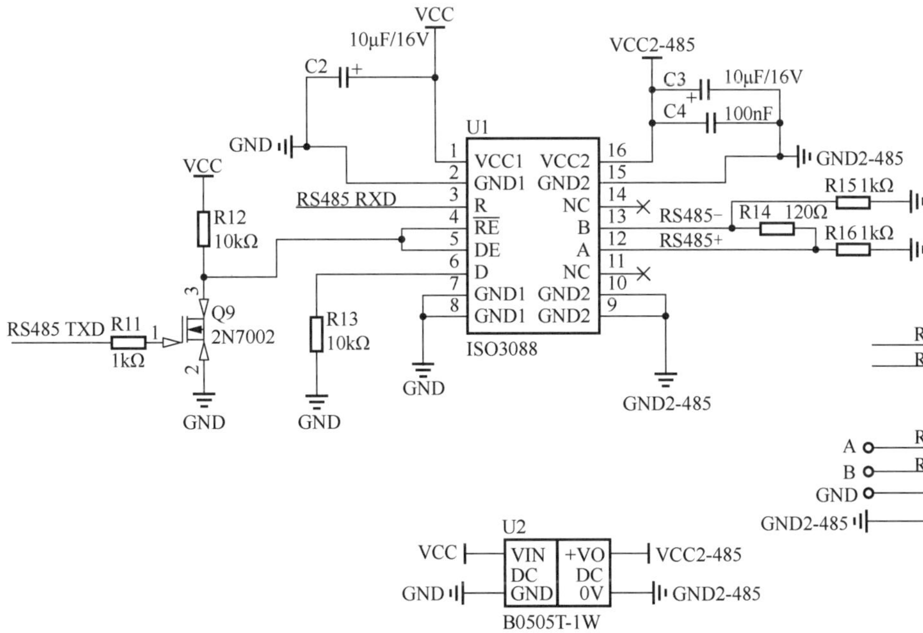

图 6.1.5　RS485 总线通信模块原理图

2）使用单片机核心板进行环境气体检测，检测环境中的可燃气体、烟雾、酒精的浓度，使用万用表测试气体传感器模块的测试点，观察是否有电压信号输出，气体传感器模块启动后需要进行约 5min 的预热，预热后数据趋于正常。预热完成后观察屏幕显示的气体浓度数据是否正常，如图 6.1.6 所示。

3）在完成环境气体检测的基础上增加自动化生产效率的功能，该功能使用接近传感器实现，由单片机采集 1min 内接近传感器被触发的次数，并将该结果作为生产线效率的指标，采集过程中实时在 3.5 英寸液晶显示屏终端上显示数据，如图 6.1.7 所示。

4）完成环境气体检测与生产线效率检测之后增加 RS485 总线通信功能，将最终采集的环境气体数据与生产线效率监测数据通过 RS485 总线进行传输，并在主机的 3.5 英寸液晶显示屏终端上进行显示，如图 6.1.8 所示，从而实现智慧工厂管理系统的模拟。

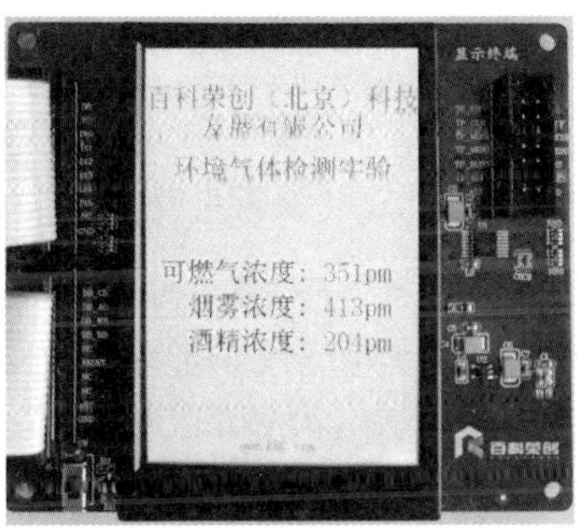

图 6.1.6　环境气体的浓度显示

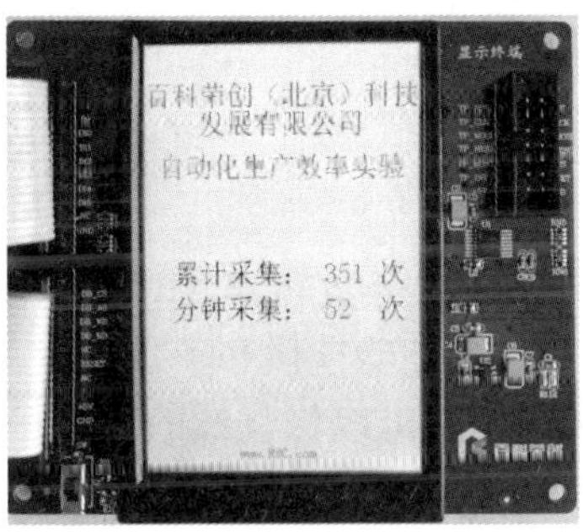

图 6.1.7　采集的次数显示

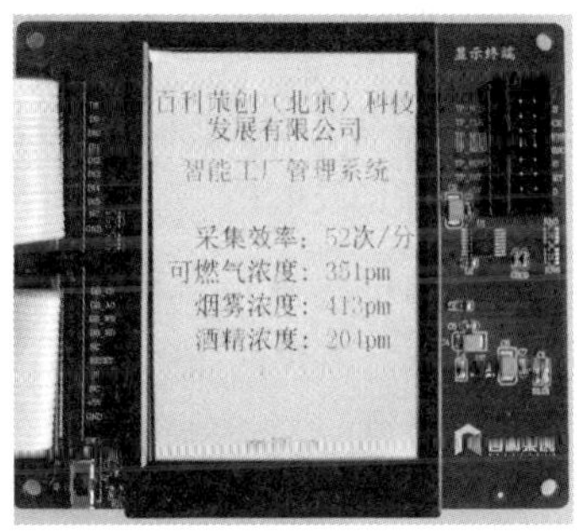

图 6.1.8　最终显示结果

任务评价

任务实施后，完成表 6.1.7。

表 6.1.7　任务评价表

任务内容	评价标准	分值	自评	小组互评	教师评价
智慧工厂管理系统实训	实现环境气体监测与报警	20			
	实现生产线生产效率监测与显示	20			
	使用 RS485 总线通信模块进行数据传输	30			
	3.5 英寸液晶显示屏终端是否显示正确的结果	30			
总分		100			

拓展训练

在智慧工厂管理系统中增加检测到可燃气体报警与关阀门功能，报警采用蜂鸣器实现，关阀门使用舵机模拟实现。

知识链接

知识 6.1.1　气体传感器对工厂环境的监测

随着我国经济的快速发展，化学工业已经成为国民经济中不可或缺的部分，然而化学工业中排放的有害气体已经成为危害环境质量的重要因素，工厂环境污染情况如图 6.1.9 所示。随着工业气体泄漏事件频发，保障工业生产安全和以人为本思想的不断深化，工人的健康问题、安全问题逐渐引起人们的关注。

微课：智慧工厂管理系统的应用　视频：智慧工厂管理系统软件操作　视频：智慧工厂管理系统操作　视频：智慧工厂管理系统云平台

气体传感器是一种将某种气体体积分数转换成对应电信号的转换器。探测头通过气体传感器对气体样品进行调理，通常包括滤除杂质和干扰气体、干燥或制冷处理仪表显示部分。

气体传感器是化学传感器的分支，可以将气体的成分、浓度等信息转换成可以被人员、仪器仪表、计算机等利用的信息。

1. 气体传感器的主要特性

（1）稳定性

稳定性是指传感器在整个工作时间内基本响应的稳定性，取决于零点漂移和区间漂移。

区间漂移是指传感器连续置于目标气体中的输出响应变化，表现为传感器输出信号在工作时间内会降低。在理想情况下，一个传感器在连续工作条件下，每年的零点漂移小于 10%。

图 6.1.9　工厂环境污染

（2）灵敏度

灵敏度是指传感器的输出变化量与被测输入变化量之比，主要依赖于传感器结构所使用的技术。大多数气体传感器的设计原理采用生物化学、电化学、物理和光学的相关理论。首先要考虑的是选择一种敏感技术，它对目标气体的阈限值（threshold limit value，TLV）或爆炸下限（lower explosion limit，LEL）的百分比的检测要有足够的灵敏性。

（3）选择性

选择性也称为交叉灵敏度，可以通过测量由某一种浓度的干扰气体所产生的传感器响应来确定。这个响应等价于一定浓度的目标气体所产生的传感器响应。这种特性在追踪多种气体的应用中是非常重要的，因为交叉灵敏度会降低测量的重复性和可靠性，理想传感器应具有高灵敏度和高选择性。

（4）抗腐蚀性

抗腐蚀性是指传感器暴露于高体积分数目标气体中的能力。在气体大量泄漏时，探头应能够承受期望气体体积分数的 10～20 倍。在返回正常工作条件下，传感器漂移和零点校正值应尽可能小。

2．气体传感器的分类

（1）半导体气体传感器

半导体气体传感器是用半导体气敏元件为敏感元件的气体传感器，是最常见的气体传感器，广泛应用于家庭和工厂的可燃气体泄漏检测装置中，适用于甲烷、液化气、H_2 等的检测。其工作原理是吸附可燃性（或还原性）气体时，半导体气体传感器的电阻发生变化，而这些气体脱附后，电阻又会恢复到原来的数值。这种类型的传感器在气体传感器中约占 60%，根据其机理分为电导型和非电导型，电导型中又分为表面型和容积控制型。

二氧化锡（SnO_2）半导体是典型的表面型气敏元件，其传感原理是 SnO_2 为 N 型半导体材料。当施加电压时，半导体材料温度升高，若被吸附的气体中有还原性气体 H_2、CO、CH_4（甲烷）存在，则半导体表面电阻下降，电导上升，电导变化与气体浓度成比例。NiO（氧化镍）为 P 型半导体，氧化性气体使电导下降，对 O_2 敏感。氧化锌（ZnO）半导体传感器也属于此种类型。

电导型的传感器元件分为表面敏感型和容积控制型，表面敏感型传感材料有 SnO_2+Pd（钯）、ZnO+Pt（铂）、AgO（过氧化银）、V_2O_5（五氧化二钒）、金属酞菁、Pt-SnO_2 几种。表面敏感型气体传感器可检测的气体为各种可燃性气体（如 CO、NO_2、氟利昂等）。例如，传感材料为 Pt-SnO_2 的气体传感器可检测的气体为可燃性气体 CO、H_2、CH_4。

容积控制型传感材料有 Fe_2O_3 和 TiO_2、CO-MgO-SnO_2 几种，容积控制型气体传感器可检测的气体为各种可燃性气体，如 CO、NO_2、氟利昂等。例如，传感材料为 Pt-SnO_2 的气体传感器可检测的气体为液化石油气、酒精、空燃比控制、燃烧炉气尾气。

热线性半导体气体传感器是利用热导率变化的半导体传感器，需要在 Pt 丝线圈上涂覆 SnO_2 层，Pt 丝除起加热作用外，还有检测温度变化的功能。施加电压时，半导体变热，表面吸氧，使自由电子浓度下降；当可燃性气体存在时，由于燃烧耗掉氧所以自由电子浓度增大，导热率随自由电子浓度增加而增大，散热率也相应增高，从而使 Pt 丝温度下降，阻值减小，Pt 丝阻值变化与气体浓度成线性关系。这种传感器体积小、稳定、抗毒，可检测低浓度气体，在可燃气体检测中有重要作用。

非电导型的 FET（field effect transistor，场效应晶体管）气体传感器和钯场效应晶体管（Pd-FET）气体传感器，利用 Pd 吸收能量并扩散达到半导体 Si 和 Pd 的界面，减少 Pd 的逸出功［电子要脱离原子必须从费米能级跃迁到真空静止电子（自由电子）能级，这一跃迁所需要的能量叫作逸出功］，这种气体传感器对 H_2、CO 敏感。非电导型 FET 气体传感器体积小，便于集成化，是具有发展前途的气体传感器。

（2）固体电解质气体传感器

这种传感器元件为离子对固体电解质隔膜传导，称为电化学池，分为阳离子传导和阴离子传导，是选择性强的传感器。目前研究较多且达到实用化目的的是氧化锆（ZrO_2）固体电解质传感器，其机理是隔膜两侧两个电池之间的电位差等于浓差电池的电动势。稳定的氧化锆固体电解质传感器已成功地应用于钢水中氧的测定和发动机空燃比成分的测量等。

为弥补固体电解质导电的不足，近几年来经常在固态电解质上镀一层气敏膜，把周围环境中存在的气体分子数量和介质中可移动的粒子数量联系起来。

（3）接触燃烧式气体传感器

接触燃烧式气体传感器适用于可燃性气体 H_2、CO、CH_4 的检测。可燃性气体在接触表面催化剂 Pt、Pd 时会燃烧、破热，燃烧热与气体浓度有关。这类传感器的优点是应用面广、体积小、结构简单、稳定性好，缺点是选择性差。

（4）电化学气体传感器

常用的电化学气体传感器有以下两种。

1）恒电位电解式传感器：这种传感器将被测气体在特定电场下电离，由流经的电解电流测出气体浓度。这种传感器灵敏度高，改变电位可选择检测气体，对毒性气体检测有重要作用。

2）原电池式气体传感器：在 KOH（氢氧化钾）电解质溶液中，Pt-Pb 或 Ag-Pb 电极构成电池，这种传感器已成功地用于检测 O_2 的浓度，其灵敏度高，缺点是透水逸散吸潮，电极易中毒。

3. 光学气体传感器

（1）直接吸收式气体传感器

红外线气体传感器是典型的吸收式光学气体传感器，是根据气体具有各自固有的光谱吸收谱来检测气体成分，非分散红外吸收光谱对 SO_2、CO、CO_2、NO 等气体具有较高的灵敏度。

另外，紫外吸收、非分散紫外线吸收、相关分光、二次导数、自调制光吸收法对 NO、NO_2、SO_2、CH_4 等气体具有较高的灵敏度。

（2）光反应气体传感器

光反应气体传感器是利用气体反应产生色变引起光照度吸收等光学特性改变来检测气体成分的，传感元件是理想的，但是气体光感变化受到限制，因此该类传感器的自由度小。

（3）气体光学特性传感器

光导纤维温度传感器为这种类型的传感器，在光纤顶端涂覆触媒与气体反应、发热。当温度改变时，引起光纤温度改变。利用光纤测温已达到实用化程度，利用其检测气体也是成功的。

此外，也有利用其他物理量变化测量气体成分的传感器，如利用声表面波传感器检测 SO_2、NO_2、H_2S、NH_3、H_2 等气体时也有较高的灵敏度。

知识 6.1.2　RS485 总线通信与数据传输

RS485 总线是一个定义平衡数字多点系统中的驱动器和接收器的电气特性的标准，该标准由电信行业协会和电子工业联盟定义。RS485 采用半双工工作方式，支持多点数据通信。

RS485 和 RS232 一样，都是串行通信标准，现在的标准名称是 TIA485/EIA-485-A，但是人们还是会习惯地称为 RS485 标准，RS485 常用于工业、自动化、汽车和建筑物管理等领域中。

图 6.1.10　双绞线示意图

RS485 总线弥补了 RS232 通信距离短、速率低的缺点，RS485 的速率可高达 10Mbit/s，理论通信距离可达 1200m；和 RS232 的单端传输不一样，RS485 是差分传输，使用一对双绞线（图 6.1.10），其中一根线定义为 A，另一根线定义为 B。

RS485 的物理层负责在设备和物理传输介质之间传输原始数据。它处理电信号到数字数据的转换，同时定义电压、时序、数据速率等。

（1）差分信号

差分信号示意图如图 6.1.11 所示，长距离布线会有信号衰减，并且引入噪声和干扰的可能性更大，在线缆 A 和 B 上的表现就是电压幅度的变化，但是，若采用差分线则具有明显优势，因为差值相减就会忽略干扰，从而依旧输出正常的信号，把这种差分接收器忽略两条信号线上相同电压的能力称为共模抑制。

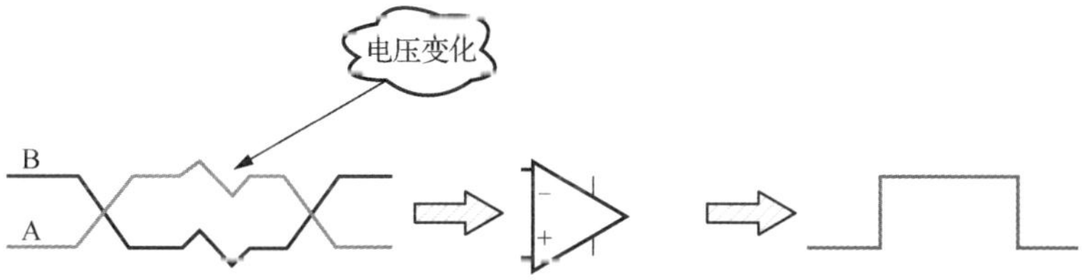

图 6.1.11　差分信号示意图

RS485 标准规定：逻辑“1”表示+2～+6V；逻辑“0”表示-6～-2V。

RS485 不需要使用特定的总线电压，只看最小差分电压，在较长的电缆长度上，接收器接收到的电压可能会降低到±200mV，如图 6.1.12 所示，这对于 RS485 仍然是完全可以接受的，这也是 RS485 的优点之一。

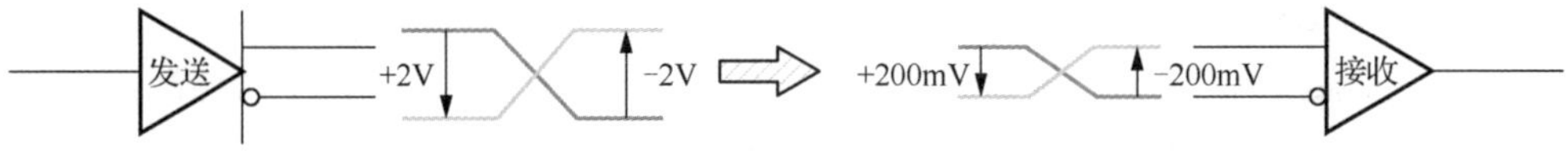

图 6.1.12 RS485 总线信号电压

（2）信号定义

目前，多数 RS485 转换器兼容 RS422，所以很多转换器上面的信号都是 T/R+、T/R−，对应 RS485 的 A+和 B−，具体的接口连线如表 6.1.8 所示。

表 6.1.8 RS485 与 DB9 接口连线

DB9	输出信号	RS485 半双工接线
1	T/R+	RS485（A+）
2	T/R−	RS485（B−）
3	RXD+	空
4	RXD−	空
5	GND	地线

（3）拓扑结构

RS485 有两线制和四线制两种接线，四线制只能实现点对点的通信方式，现很少采用；两线制接线方式使用较多，这种接线方式为总线拓扑结构，在同一总线上最多可以挂接 32 个节点。

RS485 总线同 IIC 总线，也是主从模式，支持点对点单从机模式，也支持多从机模式，不支持多主机模式，如图 6.1.13 所示。

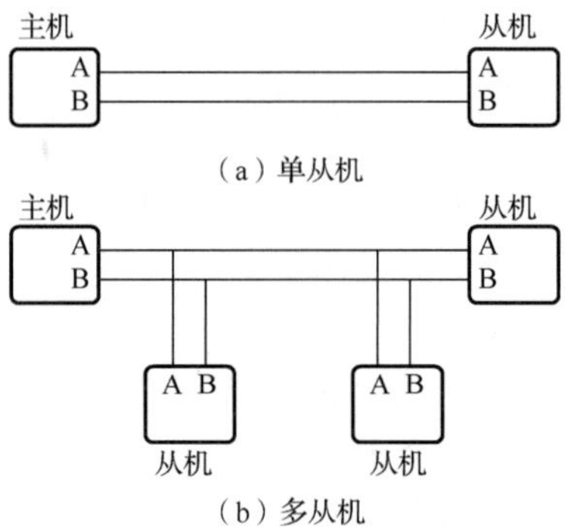

图 6.1.13 RS485 总线拓扑结构

（4）RS485 收发器

RS485 是差分传输，如果用单片机控制 RS485 接口的设备，需要用到收发器，这一点和 CAN（controller area network，控制器局域网络）总线是类似的，图 6.1.14 所示为 MCU 控制一个 RS485 的图示。

RS485 收发器内部是一个接收器（上半部分）加一个发送器（下半部分），如图 6.1.15 所示。下面简单说说收发器的原理，便于理解 MCU 是如何和 RS485 设备通信的。

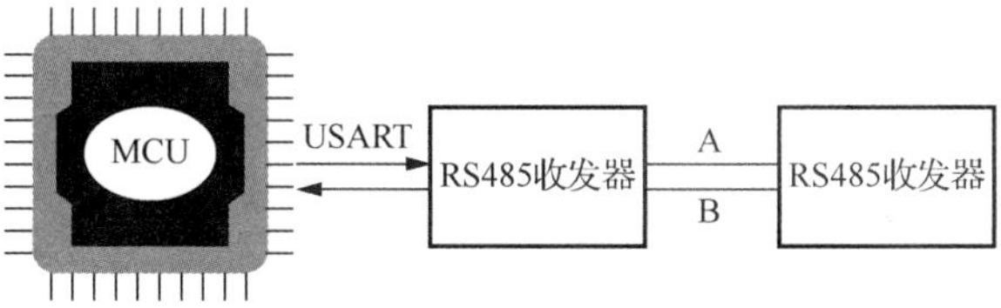

图 6.1.14　MCU 控制 RS485 示意图

注：A 和 B 为总线；USART 全称为 universal synchronous/asynchronous receiver/transmitter，通用同步，异步串行接收/发送器。

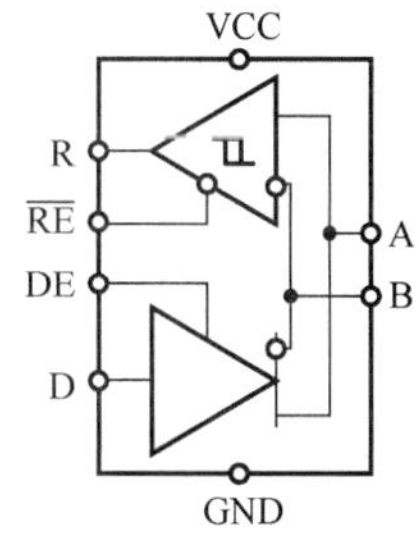

图 6.1.15　收发器内部结构

注：A 和 B 为总线；R 为接收器输入；RE 为接收器使能信号；DE 为发送器使能信号；D 为发送器输出。对于使能信号，字母上面加一横的为低电平有效（如 $\overline{RE}$），不加横的为高电平有效（如 DE）。

对于发送器，有如表 6.1.9 所示的真值表。

表 6.1.9　发送器真值表

输入引脚	使能引脚	输出引脚		功能
D	DE	A	B	
H	H	H	L	差分输出电压为正值
L	H	L	H	差分输出电压为负值
X	L	Z	Z	差分信号端为高阻态
X	OPEN	Z	Z	差分信号端为高阻态
OPEN	H	H	L	差分输出电压为正值

当驱动器使能引脚 DE 为高电平时，差分输出 A 和 B 遵循数据输入 D 处的逻辑状态：当 D 为高电平时，导致 A 转为逻辑高，B 转为逻辑低。在这种情况下，差分输出电压（定义为 VOD=V_A-V_B）为正值；当 D 为低电平时，输出状态反转，B 变逻辑高，A 变逻辑低，差分输出电压（VOD）为负值。

当驱动器使能引脚 DE 为逻辑低时，两个输出都变成高阻抗。在这种情况下，与 D 处的逻辑状态是不相关的。

对于接收器，有如表 6.1.10 所示的真值表。

表 6.1.10　接收器真值表

差分输入	使能引脚	接收引脚	功能
$V_{ID}=V_A-V_B$	RE	R	
$V_{IT+}<V_{ID}$	L	H	接收数据为高电平
$V_{IT-}<V_{ID}<V_{IT+}$	L	?	不确定的总线状态
$V_{ID}<V_{IT-}$	L	L	接收数据为低电平
X	H	Z	接收信号端为高阻态
$V_{ID}=V_A-V_B$	RE	R	
X	OPEN	Z	接收信号端为高阻态
开路总线	L	H	未使能，默认为高电平

续表

差分输入	使能引脚	接收引脚	功能
$V_{ID}=V_A-V_B$	RE	R	
短路总线	L	H	未使能，默认为高电平
空闲总线	L	H	未使能，默认为高电平

当接收器使能引脚 RE 为逻辑低时，接收器被激活。当差分输入电压定义为 $V_{ID}=V_A-V_B$ 为正且高于正输入阈值 V_{IT+}时，接收机输出 R 变高。当 V_{ID} 为负且低于负输入阈值 V_{IT-}时，接收机输出 R 变低。如果 V_{ID} 在 V_{IT+}和 V_{IT-}之间，则输出不确定。

当 RE 为逻辑高或悬空时，接收机输出为高阻抗，V_{ID} 的大小和极性无关。

（5）RS485 数据链路

主机发送给从机或者从机发送给主机，都会占用到 A 线和 B 线，所以 RS485 多用在半双工模式中。

主机的 GPIO（general purpose input/output，通用型之输入/输出）会控制 RS485 收发器的 DE 管脚，设置发送模式，从 UART TXD 线向 RS485 收发器的数据（D 或 DI）线发送 1 字节，收发器将在 A 线和 B 线上将单端 UART 位流转换为差分位流，数据离开收发器后，主机立即将收发器的模式切换为接收模式。

从机和主机是类似的，从机控制 RS485 收发器的 RE 引脚，设置为接收模式，接收主机发送的比特流，并将其转换为单端信号，通过从机的 UART RXD 线接收，当从机准备响应时，它将按主机原来的方式进行发送，而主机将变为接收模式。

工作手册

智慧工厂管理系统工作手册如下。

姓名：	学号：	班级：	日期：

6.1　智慧工厂管理系统工作手册

任务接收

表 6-1-1　任务分配表

序号	角色	姓名	学号	分工
1	组长			
2	组员			
3	组员			
4	组员			
5	组员			
6	组员			

课堂笔记

姓名：	学号：	班级：	日期：

任务准备

表 6-1-2　工作方案设计表

序号	工作内容	负责人
1		
2		
3		
4		
5		

表 6-1-3　实训设备、工具与耗材清单

序号	名称	型号与规格	数量	备注
1				
2				
3				
4				
5				
6				
7				
			领取人：	归还人：

任务实施

1）根据硬件电路连接表画出硬件连接图，要求布局合理，线不交叉，有完整标识。

负责人：	验收签字：

课堂笔记

姓名：	学号：	班级：	日期：

2）使用单片机核心板进行环境气体检测，检测环境中的可燃气体、烟雾、酒精的浓度，使用万用表测试气体传感器模块的测试点，观察是否有电压信号输出，气体传感器模块启动后需要进行约 5min 的预热，预热后数据趋于正常。预热完成后观察屏幕显示的气体浓度数据是否正常。

表 6-1-4　实验数据表 1

检测因子	核心板检测结果	万用表检测电压信号	屏幕显示数据
可燃气体浓度			
烟雾浓度			
酒精浓度			

3）在完成环境气体检测的基础上增加自动化生产效率的功能，该功能使用接近传感器实现，由单片机采集 1min 内接近传感器被触发的次数，并将该结果作为生产线效率的指标，采集过程中实时在 3.5 英寸液晶显示屏终端液晶屏幕上显示数据。

表 6-1-5　实验数据表 2

时间/min	生产线效率指标	是否实时显示数据
1		
2		
3		

课堂笔记

4）完成环境气体检测与生产线效率检测之后增加 RS485 总线通信功能，将最终采集的环境气体数据与生产线效率监测数据通过 RS485 总线进行传输，并在主机的 3.5 英寸液晶显示屏终端上进行显示，从而实现智慧工厂管理系统的模拟。

5）分析是否实现上述功能。如果没实现，请找出原因并修正。

表 6-1-6　实训产生错误的原因分析

序号	问题描述	产生原因	是否解决
1			
2			
3			

任务验收

表 6-1-7　任务评分表

任务内容	评价标准	分值	自评	小组互评	教师评价
智慧工厂管理系统实训	实现环境气体监测与报警	20			
	实现生产线生产效率监测与显示	20			
	使用 RS485 总线通信模块进行数据传输	30			

姓名：	学号：	班级：	日期：

续表

任务内容	评价标准	分值	自评	小组互评	教师评价
智慧工厂管理系统实训	3.5 英寸液晶显示屏终端是否显示正确的结果	30			
总分		100			

任务反馈

表 6-1-8　任务反馈表

序号	评价项目	自评	教师评价
1	任务是否按时按质完成		
2	理论知识是否掌握		
3	实际操作是否合规、安全		
4	作品质量		
5	小组成员是否协作有序		

自己及组内成员需要改进的地方：

____

____

任务拓展

在智慧工厂管理系统中增加检测到可燃气体报警与关阀门功能，报警采用蜂鸣器实现，关阀门使用舵机模拟实现。

课堂笔记

任务 6.2　智能仓储物流管理系统

任务描述

智能仓储是仓库自动化的产物。与智能家居类似，智能仓储可通过多种自动化和互联技术实现，如图 6.2.1 所示。这些技术协同工作可提高仓库的生产率和效率，最大限度地减少人工数量，同时减少错误。

本任务要求利用温湿度传感器、图像传感器、ZigBee 通信模组完成一个智能仓储物流管理系统，并在 3.5 英寸液晶显示屏终端上显示系统情况。通过学习了解温湿度传感器、图像传感器、ZigBee 通信模组的工作特性与工作原理，模拟实现智能仓储物流管理系统的应用。

图 6.2.1　智能仓储架构图

任务准备

温湿度传感器模块 1 个、图像传感器模块 1 个、ZigBee 通信模块（图 6.2.2）2 个、3.5 英寸液晶显示屏终端 1 个、STM32F407 核心板 2 个、STM32F407 核心板电源适配器（5V/3A）1 个、万用表 1 个、20P 排线 2 条、杜邦线若干。

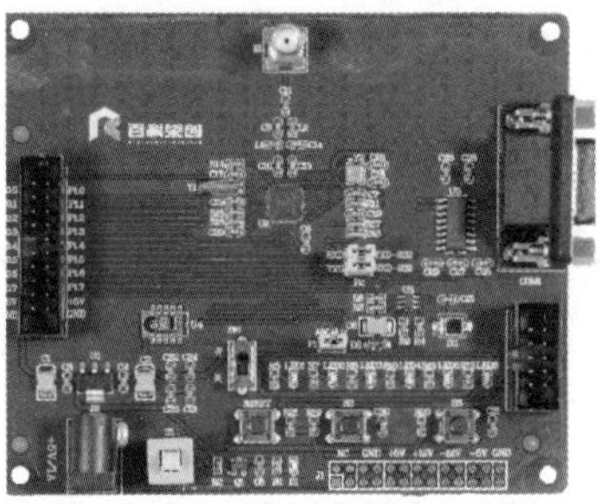

图 6.2.2　ZigBee 通信模块

任务实施

本任务在实施过程中，由温湿度传感器模块采集环境温度、湿度数据，由图像传感器检测车辆位置，智能终端分布在智慧工厂的现场，对相关的环境生产数据进行采集；工作现场的单片机核心板对采集的数据集成汇总，相关信息通过 ZigBee 通信模块模拟无线传输；集中控制室的单片机核心板接收到相关数据并进行状态显示，实现智能仓储物流管理系统的模拟。

本任务的具体实施步骤如下：

1）按表 6.2.1～表 6.2.5 连接硬件电路，检测各电路（图 1.1.5 和图 6.2.3）连接的正确性，确保无误后通电使用。

表 6.2.1 STM32F407 核心板（一）与 3.5 英寸液晶显示屏终端连线

STM32F407 核心板（一）	3.5 英寸液晶显示屏终端
PC8	CS
PC9	RS
PC10	WR
PC11	RD
PC12	BL
PC13	RST
PD0～PD15	D0～D15

使用 20P 排线将核心板 PC 口与显示终端 J3 口、核心板 PD 口与显示终端 J2 口相连。

表 6.2.2 STM32F407 核心板（一）与温湿度传感器模块连线

STM32F407 核心板（一）	温湿度传感器模块
PA0	DQ

表 6.2.3 STM32F407 核心板（一）与图像传感器模块连线

STM32F407 核心板（一）	图像传感器模块
PA2	RXD
PA3	TXD

表 6.2.4 STM32F407 核心板（一）与 ZigBee 通信模块连线

STM32F407 核心板（一）	ZigBee 通信模块
PA9	RXD
PA10	TXD

表 6.2.5 STM32F407 核心板（二）与 ZigBee 通信模块连线

STM32F407 核心板（二）	ZigBee 通信模块
PA9	RXD
PA10	TXD

2）使用单片机核心板进行温湿度监测，实时检测环境中的温度、相对湿度数据，并显示到 3.5 英寸液晶显示屏终端，如图 6.2.4 所示。

3）在完成温湿度检测的基础上增加图像识别物流车辆监控功能，给图像传感器更新固件，实现物流车辆监控，并将车流量数据显示在 3.5 英寸液晶显示屏终端，如图 6.2.5 所示。

4）在完成环境温湿度检测与物流车辆监控之后增加 ZigBee 通信功能，将最终采集的环境温湿度数据与物流车辆监控数据通过 ZigBee 进行传输，在 3.5 英寸液晶显示屏终端上进行显示，如图 6.2.6 所示，从而实现智能仓储物流管理系统的模拟。

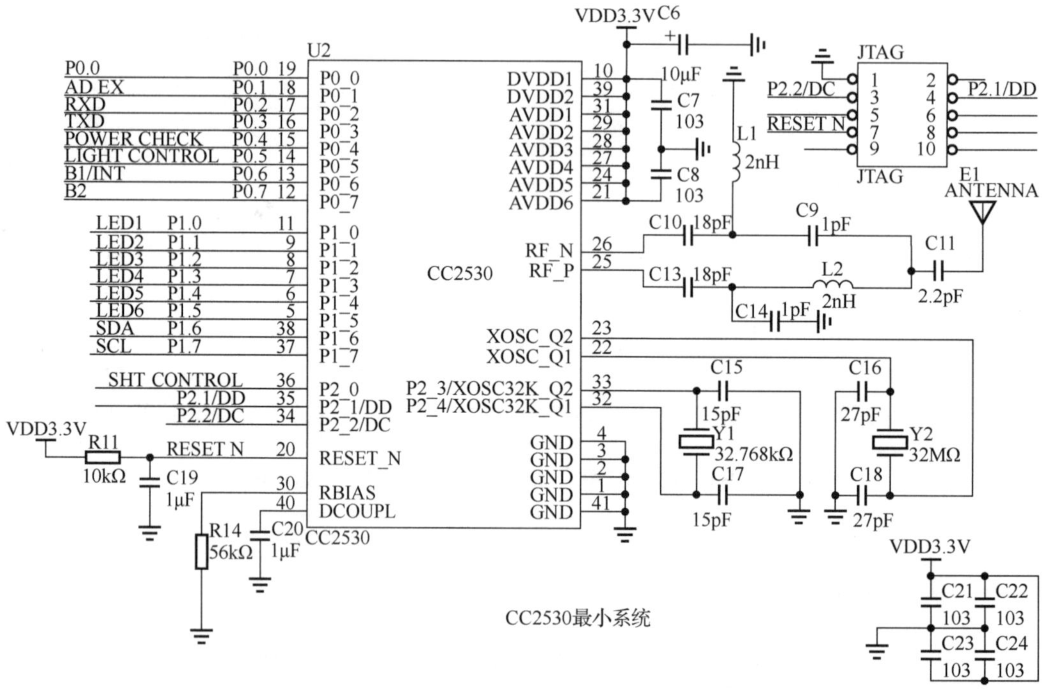

图 6.2.3　ZigBee 通信模块原理图

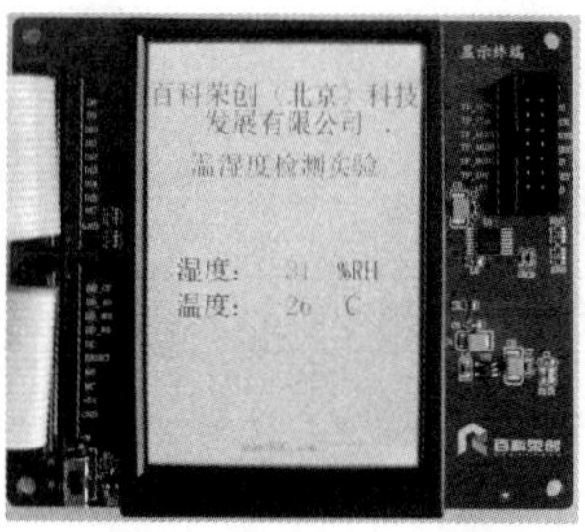

图 6.2.4　温度、湿度数据显示

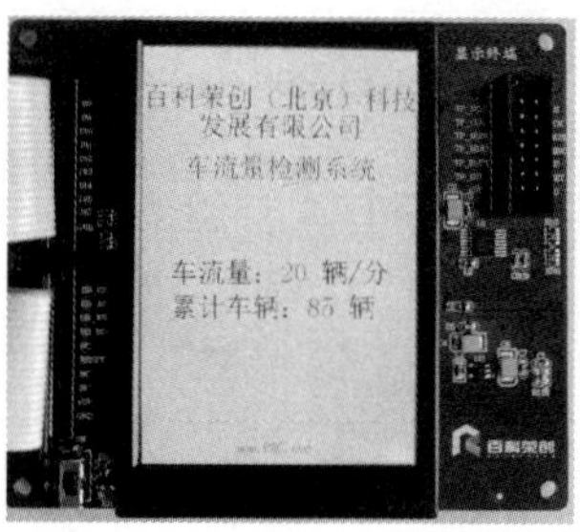

图 6.2.5　车流量数据显示

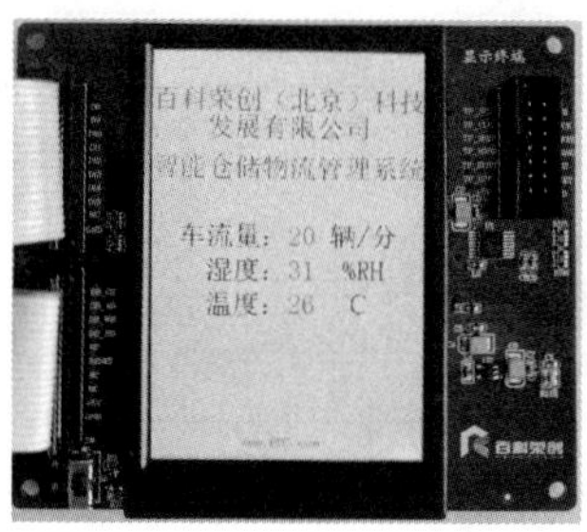

图 6.2.6　最终结果数据显示

任务评价

任务实施后，完成表 6.2.6。

表 6.2.6　任务评价表

任务内容	评价标准	分值	自评	小组互评	教师评价
智能仓储物流管理系统实训	实现环境温湿度的监测与显示	20			
	实现物流车辆的监控与显示	20			
	使用 ZigBee 通信模块进行数据传输	30			
	3.5 英寸液晶显示屏终端是否显示正确的结果	30			
总分		100			

拓展训练

在智能仓储物流管理系统中增加 RFID（radio frequency identification，射频识别）标签识别功能，实现仓储物品来源追溯功能。

知识链接

知识 6.2.1 仓储环境温湿度的监测

仓储环境的温湿度需严格管控，否则将引起霉变、腐败、变异甚至爆炸等严重后果。传统仓储物流企业为提高效率和质量，对系统进行了升级改进，完成了智能仓储物流管理系统。

微课：检测系统应用设计实例　　　　微课：传感器输出信号处理

在系统工作时，首先由温湿度传感器自动探测周围环境的温湿度，并将收集到的数据实时传输给网关，网关将接收到的数据和预先输入的标准温湿度进行比较，如不在标准范围内，则发出信号。本系统采用的传感器为 DHT11 温湿度传感器，这是一款有已校准数字信号输出的温湿度传感器，如图 6.2.7 所示。其相对湿度精度为±5%RH，温度精度为±2℃，相对湿度量程为 5%～95%RH，温度量程为-20～+60℃。

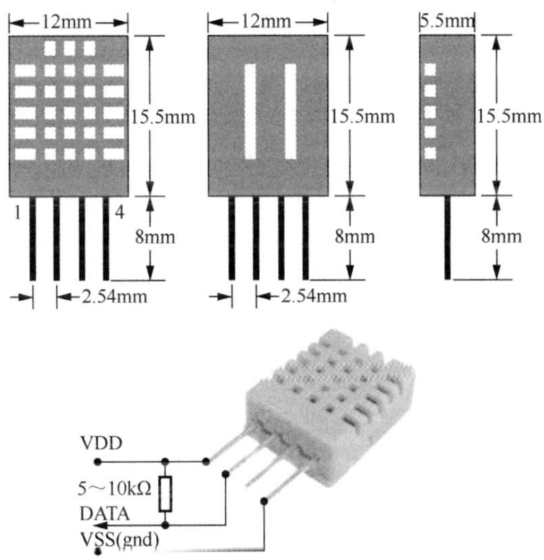

图 6.2.7 DHT11 温湿度传感器

DHT11 温湿度传感器利用特殊的模拟信号采集、转换技术和温度、湿度传感技术，确保传感器拥有良好的长时间稳定性和较高的可靠性。该传感器内部包含精度高的电阻式湿度传感器件和电阻式热敏测温传感器件，并与一个 8bit 的性能高的单片机相连接，DHT11 温湿度传感器与 MCU 通过单总线进行数据传输。

知识 6.2.2 图像传感器对物流车辆的监控

随着信息技术的迅速发展，电子商务开始引领新经济变革发展的趋势，电子商务离不开物流，物流是电商得以实现及可持续发展的重要因素之一，是智慧城市系统的重要支撑和组成。物流信息化是指在物流活动中全面运用传感技术、定位技术、视频监控技术等现代信息和通信技术，充分利用信息流调控和主导物流，有效配置物流资源。图像传感器对物流车辆的监控如图 6.2.8 所示，如何围绕物资实现全过程监控和高效传递是物流的核心竞争力，而仓储是最为重要的物流监控环节。

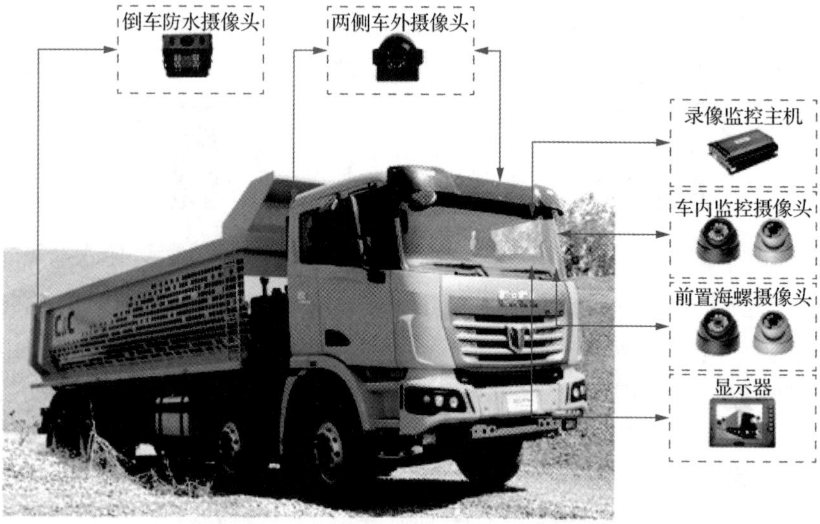

图 6.2.8 图像传感器对物流车辆的监控

对视频图像来说，既要“看得清”也要“看得懂”，看似简单（高清已经全面普及），实则道路曲折漫长，任重道远——夜间低照效果差，室内逆光看不清，智能分析不实用。

对于装卸货区域，能否看清楚货车车厢内的货物存放和搬运情况十分重要，宽动态主要解决摄像机的逆光补偿问题，随着宽动态技术的不断成熟，近两年来，宽动态摄像机的销量有了突飞猛进的增长。宽动态技术已经成为衡量一款摄像机性能的重要指标。

物流监控技术主要有以下几种：

（1）CMOS+DSP

该核心技术是在 CMOS 图像传感器的每一个像素点上增加了一个 ADC，采用每一个像素单独曝光和控制技术，在捕捉到光信号时直接转化为数字信号，同时利用 CMOS 传感器采集的多帧画面合成一幅完整图像的线性叠加，相比于 CCD 的两次曝光成像有了更高的动态范围，最大限度地降低了信号在排列中的衰减和干扰。从数值上来说，采用 DSP（digital signal processing，数字信号处理）技术的 CMOS 摄像机，其动态范围理论上可到达 120dB。在扩大动态范围的同时，DSP 也解决了 CCD 传感器在处理动态范围和色彩真实性上的不足，其色彩还原性更加真实，能够满足应用的要求。使用这种技术的摄像机在数字图像传感器里每一个像素中都使用了一个 ADC。

目前通用监控网络摄像机大多采用 CMOS+DSP 宽动态技术，应用场景比较广泛，该技术已经成为高清摄像机必不可少的一项功能，市场需求非常旺盛。从芯片厂商规划来看，多帧合一的宽动态是发展趋势，效果更加平滑、通透，动态范围更广。

（2）星光级

对于视频监控应用来讲，低照度性能通常会作为产品选型的参考标准之一。低照度性能卓越的高清摄像机可以满足弱光下的清晰彩色图像，在全黑环境或者照度极低的情况下也可提供清晰的黑白图像。

真正意义的高清星光应为在 0.002 lx 的照度下，还原出彩色、无拖尾的分辨率不小于 1080px 的流畅图像。达到这个指标主要看两方面的技术：首先是传感器的选择，其次是 ISP（image signal processing，图像信号处理）的调整。经常可以看到不同厂家的产品，它们采用同样的方案，同样的传感器，不同的前端图像传感器输出信号处理的单元，它们的低照效果却大相径庭。

当然，任何低照度摄像机都需要有一定的光线才可使用，光照度的大小涉及低照度摄像机的灵敏度。通常需要由红外线灯来补光才能使摄像机可以工作，然而，在一些场所中红外摄像机被禁止使用，因此到目前为止，低照度摄像机仍有其不可替代的地位。例如，某些重要仓库禁止红外线紫外线，但这些场所又必须 24h 进行监控；在一些易燃易爆的仓库，由于红外摄像机的发热量较大，易造成自燃导致火灾，所以在这些场所红外摄像机也被禁止使用。在监控网络化大潮的推动和市场需求的驱动下，星光级高清摄像机因其对弱光和低照等特殊场合的优势，势必会得到大量应用。

星光级低照度产品的出现，彻底避免了夜间监控的夜晚昏暗不清图像或是红外线下黑白的图像。随着厂家对产品线的补充，更是将星光级产品推向了几乎所有常见的应用场景。

（3）智能分析

仓储的警戒区域（出入口、重要区域、围墙）要在复杂天气环境（如雨雪、大雾、大风）中全天候精确监控，发生异常时，系统会实时发出警报，同时跟踪目标轨迹并自动录像，将事后录像追查转变为有效预防和制止，提升了管理的安全系数。尽管视频监控系统的应用日益普及，但大多是通过人工监看的方式查看实时视频。由于人类的注意力难以长时间集中，人工监看的效果随着事件的增加急剧衰减。为解决这类问题，智能视频应用技术应运而生。

智能视频应用技术的主要算法应用包括以下几点：

1）区域警戒——对于用户设定区域内的人员移动自动监测和报警，比如检测是否有行人或车辆进入预定区域（或越线）并提示报警。

2）行为分析——对于人员打架斗殴或剧烈运动进行自动监测和报警。

3）物品遗留/物品丢失——对于可疑人物或车辆在指定的区域内长时间徘徊或停留进行自动监测和报警，当区域内的人物或车辆突然消失时进行自动监测和报警。

4）人脸检测——对经过设定区域的行人进行人脸检测和跟踪，筛选出人脸图像实时布控，并为后期查询提供依据。

智能分析技术可以有多种应用方式，不但可以在前端摄像机中集成，还可以在后端管理平台软件中实现，可以根据实际项目的需求和成本预算灵活配置。智能分析技术的优劣主要考量准确率，这就对现场摄像机的选型和部署提出了具体要求，比如根据具体场景（应用于大门、楼道和电梯口甚至室外通道等），设置摄像头与地面夹角、摄像机与目标方向夹角，还要考虑到具体的光照条件和天气状况（晴天、阴天和雨雪天）的影响。

知识 6.2.3 ZigBee 无线组网通信与数据传输

ZigBee 是基于 IEEE 802.15.4 标准的低功耗个域网协议。根据这个协议规定的技术是一种短距离、低功耗的无线通信技术。这一名称来源于蜜蜂的“8”字舞，由于蜜蜂（bee）是靠飞翔和“嗡嗡”（zig）地抖动翅膀的“舞蹈”来与同伴传递花粉所在的方位信息，也就是说蜜蜂依靠这样的方式构成了群体中的通信网络。其特点是近距离、低复杂度、自组织、低功耗、高数据速率，主要适合用于自动控制和远程控制领域，可以嵌入各种设备。简而言之，ZigBee 就是一种低功耗的近距离无线组网通信技术。

ZigBee 是一个由可多到 65000 个无线数传模块组成的无线数传网络平台，类似移动通信的 4G 网或 5G 网，每一个 ZigBee 网络数传模块类似移动网络的一个基站，在整个网络范围内，它们之间可以进行相互通信；每个网络节点间的距离可以从标准的 75m，到扩展后的几百米，甚至几千米；另外整个 ZigBee 网络还可以与现有的其他各种网络连接。

ZigBee 主要有以下特点：

（1）功耗低

在工作模式下，ZigBee 技术传输速率低，传输数据量小，因此信号的收发时间很短；在非工作模式下，ZigBee 节点处于休眠模式。设备搜索时延一般为 30ms，休眠激活时延为 15ms，活动设备信道接入时延为 15ms。由于工作时间较短、收发信息功耗较低且采用了休眠模式，所以 ZigBee 节点非常省电，节点的电池工作时间可以长达 6 个月～2 年。由于电池的工作时间取决于很多因素，如电池种类、容量和应用场合，所以 ZigBee 技术在协议上对电池使用也作了优化。对于典型应用，碱性电池可以使用数年；对于某些工作时间和总时间（工作时间+休眠时间）之比小于 1%的情况下，电池的寿命甚至可以超过 10 年。

（2）数据传输可靠

ZigBee 的媒体接入控制（medium access control，MAC）层采用 talk-when-ready 的碰撞避免机制。在这种完全确认的数据传输机制下，当有数据传送需求时，会立刻传送，发送的每个数据包都必须等待接收方的确认信息，并进行确认信息回复，若没有得到确认信息的回复则表示发生了碰撞，将再传一次，采用这种方法可以提高系统信息传输的可靠性，同时为需要固定带宽的通信业务预留了专用时隙，避免了发送数据时的竞争和冲突。另外，ZigBee 针对时延敏感的应用做了优化，通信时延和休眠状态激活的时延都非常短。

（3）网络容量大

ZigBee 低速率、低功耗和短距离传输的特点使它非常适宜支持简单器件。ZigBee 定义了两种器件：全功能器件（full functional device，FFD）和简化功能器件（reduced functional device，RFD）。对全功能器件，要求它支持所有的 49 个基本参数。对简化功能器件，在最小配置时只要求它支持 38 个基本参数。一个全功能器件可以与简化功能器件和其他全功能器件通话，可以按三种方式工作，即个域网协调器、协调器或器件。简化功能器件只能与全功能器件通话，仅用于非常简单的应用。一个 ZigBee 的网络最多包括有 255 个 ZigBee 网络节点，其中一个是主控（master）设备，其余则是从属（slave）设备。若是通过网络协调器（network coordinator），整个网络最多可以支持超过 64000 个 ZigBee 网络节点，再加上各个网络协调器可互相连接，整个 ZigBee 网络节点的数目将十分可观。

（4）兼容性高

ZigBee 技术与现有的控制网络标准无缝集成。通过网络协调器自动建立网络，采用载波侦听/冲突检测（carrier sense multiple access with collision avoid，CSMA/CA）方式进行信道接入。为了实现可靠传递，还提供了全握手协议。

（5）安全性好

ZigBee 提供了数据完整性检查和鉴权功能，在数据传输中提供了三级安全性。第一级实际是无安全方式，对于某种应用，如果安全并不重要或者上层已经提供了足够的安全保护，器件就可以选择这种方式来转移数据。对于第二级安全级别，器件可以使用接入控制清单（access control list，ACL）来防止非法器件获取数据，在这一级不采取加密措施。第三级安全级别在数据转移中采用属于高级加密标准（advanced encryption standard，AES）的对称密码。AES 可以用来保护数据净荷和防止攻击者冒充合法器件，各个应用可以灵活确定其安全属性。

（6）实现成本低

ZigBee 模块价格较低，且 ZigBee 协议免专利费用。

（7）时延短

ZigBee 技术的通信时延和从休眠状态激活的时延都非常短，典型的搜索设备时延 30ms，休眠激活的时延是 15ms，活动设备信道接入的时延为 15ms。因此，ZigBee 技术适用于对时延要求苛刻的无线控制（如工业控制场合等）应用。

ZigBee 技术作为一种低速率的短距离无线通信技术，有其自身的特点，因此有为它量身定做的应用，尽管在某些应用方面可能和其他技术重叠。ZigBee 应用较为广泛，包括智能家庭、工业控制、自动抄表、医疗监护、传感器网络应用和电信应用等。

工作手册

智能仓储物流管理系统工作手册如下。

姓名：	学号：	班级：	日期：

6.2　智能仓储物流管理系统工作手册

任务接收

表 6-2-1　任务分配表

序号	角色	姓名	学号	分工
1	组长			
2	组员			
3	组员			
4	组员			
5	组员			
6	组员			

课堂笔记

姓名：	学号：	班级：	日期：

任务准备

表 6-2-2　工作方案设计表

序号	工作内容	负责人
1		
2		
3		
4		
5		

表 6-2-3　实训设备、工具与耗材清单

序号	名称	型号与规格	数量	备注
1				
2				
3				
4				
5				
6				
7				
			领取人：	归还人：

任务实施

1）根据硬件电路连接表画出硬件连接图，要求布局合理，线不交叉，有完整标识。

负责人：	验收签字：

课堂笔记

姓名：	学号：	班级：	日期：

2）使用单片机核心板进行温湿度监测，实时检测环境中的温度、相对湿度数据，并显示到 3.5 英寸液晶显示屏终端。

表 6-2-4　实验数据表

检测因子	核心板检测结果	屏幕是否显示数据	数据是否正确
温度/℃			
相对湿度/℃			

3）在完成温湿度检测的基础上增加图像识别物流车辆监控功能，给图像传感器更新固件，实现物流车辆监控。

是否正确更新固件？若没有，请注明原因并正确更新。

____

____

是否能实现物流车辆监控功能？效果如何？

____

____

____

4）在完成环境温湿度检测与物流车辆监控之后增加 ZigBee 通信功能，将最终采集的环境温湿度数据与物流车辆监控数据通过 ZigBee 进行传输，在 3.5 英寸液晶显示屏终端上进行显示，实现智能仓储物流管理系统的模拟。

是否实现上述功能？如果没成功，请找出原因并修正：

____

____

____

课堂笔记

任务验收

表 6-2-5　任务评分表

任务内容	评价标准	分值	自评	小组互评	教师评价
智能仓储物流管理系统实训	实现环境温湿度的监测与显示	20			
	实现物流车辆的监控与显示	20			
	使用 ZigBee 通信模块进行数据传输	30			
	3.5 英寸液晶显示屏终端是否显示正确的结果	30			
总分		100			

姓名：	学号：	班级：	日期：

课堂笔记

任务反馈

表 6-2-6　任务反馈表

序号	评价项目	自评	教师评价
1	任务是否按时按质完成		
2	理论知识是否掌握		
3	实际操作是否合规安全		
4	作品质量		
5	小组成员是否协作有序		

自己及组内成员需要改进的地方：

____

____

任务拓展

在智能仓储物流管理系统中增加 RFID 标签识别功能，实现仓储物品来源追溯功能。

任务 6.3 智能办公管理系统

微课：智能办公管理系统的应用

视频：智能办公管理系统软件操作

视频：智能办公管理系统操作

视频：智能办公管理系统云平台

任务描述

随着科技的不断发展与进步，物联网、大数据、人工智能都得到了迅猛的发展，也促进了办公环境的智能化变革。办公环境的发展整体经历了四个时代：第一代办公楼由厂房、商场等改造而来，仅仅强调了功能上的使用；第二代办公楼开始将实用性与审美性相结合，具备了初步的商务形象；第三代办公楼在建筑形象、物业管理、智能化及环保节能方面都有了长足的进步；而第四代办公楼改变了人的工作模式，提供了集约、个性、移动的办公环境（图 6.3.1）。

图 6.3.1　智能办公场景

本任务要求利用空气质量传感器、图像传感器、指纹识别传感器、WiFi 通信模组完成一个智能办公管理系统，并在 3.5 英寸液晶显示屏终端上显示系统情况。通过学习了解空气质量传感器、图像传感器、指纹识别传感器、WiFi 通信模组的工作特性与工作原理，模拟实现智能办公管理系统的应用。

任务准备

图像传感器模块 1 个、WiFi 无线通信模块（图 6.3.2）1 个、指纹识别传感器（图 6.3.3）1 个、3.5 英寸液晶显示屏终端 1 个、STM32F407 核心板 1 个、STM32F407 核心板电源适配器（5V/3A）1 个、万用表 1 个、20P 排线 2 条、杜邦线若干。

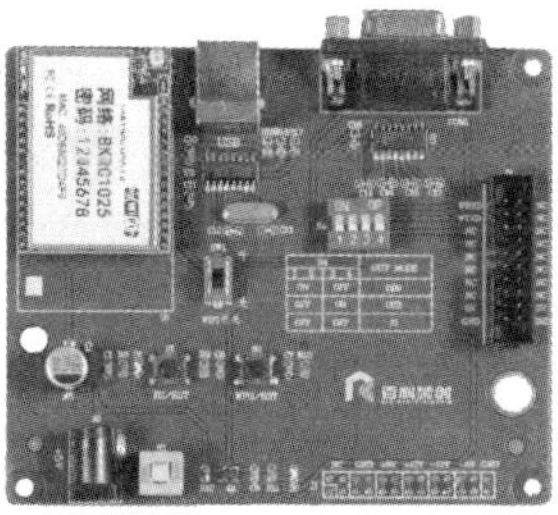

图 6.3.2　WiFi 无线通信模块

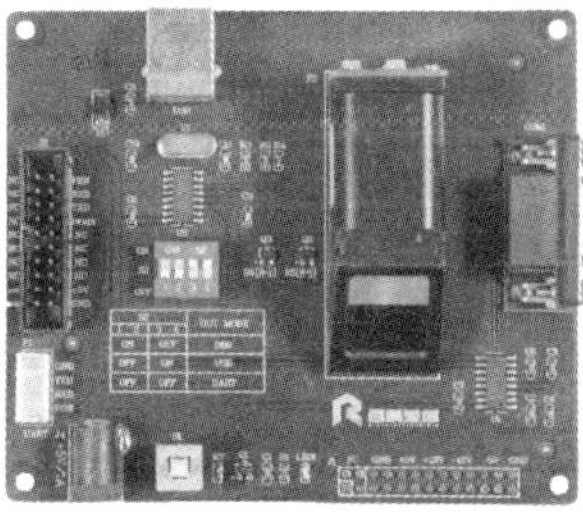

图 6.3.3　指纹识别传感器

任务实施

本任务在实施过程中，由图像传感器进行员工考勤统计，由指纹识别传感器识别指纹进行门禁控制，单片机通过 WiFi 无线通信将数据上传至云平台，实现智能办公管理系统的模拟。

本任务的具体实施步骤如下：

1）按表 6.3.1～表 6.3.4 连接硬件电路，检测各电路（图 6.3.4 和图 6.3.5）连接的正确性，确保无误后通电使用。

2）给图像传感器更新固件，实现员工人脸考勤功能。

3）在完成员工人脸考勤的基础上增加指纹识别门禁功能，实现指纹门禁控制功能。

4）在完成员工人脸考勤和指纹门禁控制功能后增加 WiFi 无线通信功能，将采集的空气质量传感器数据、图像识别传感器考勤数据与指纹门禁控制状态上传至云平台，在云平台数据大屏进行显示。3.5 英寸液晶显示屏终端的显示结果如图 6.3.6 所示，云平台显示结果如图 6.3.7 所示。

表 6.3.1　STM32F407 核心板与 3.5 英寸液晶显示屏终端连线

STM32F407 核心板	3.5 英寸液晶显示屏终端
PC8	CS

续表

STM32F407 核心板	3.5 英寸液晶显示屏终端
PC9	RS
PC10	WR
PC11	RD
PC12	BL
PC13	RST
PD0～PD15	D0～D15

使用 20P 排线将核心板 PC 口与显示终端 J3 口、核心板 PD 口与显示终端 J2 口相连。

表 6.3.2　STM32F407 核心板与图像传感器模块连线

STM32F407 核心板	图像传感器模块
PA2	RXD
PA3	TXD

表 6.3.3　STM32F407 核心板与指纹识别模块连线

STM32F407 核心板	指纹识别模块
PD8	RXD
PD9	TXD

表 6.3.4　STM32F407 核心板与 WiFi 无线通信模块连线

STM32F407 核心板	WiFi 无线通信模块
PA9	RXD
PA10	TXD

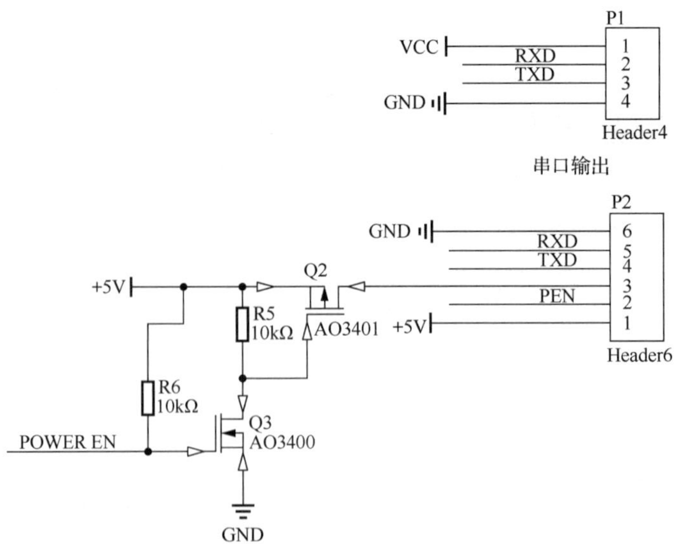

图 6.3.4　指纹传感器模块原理图

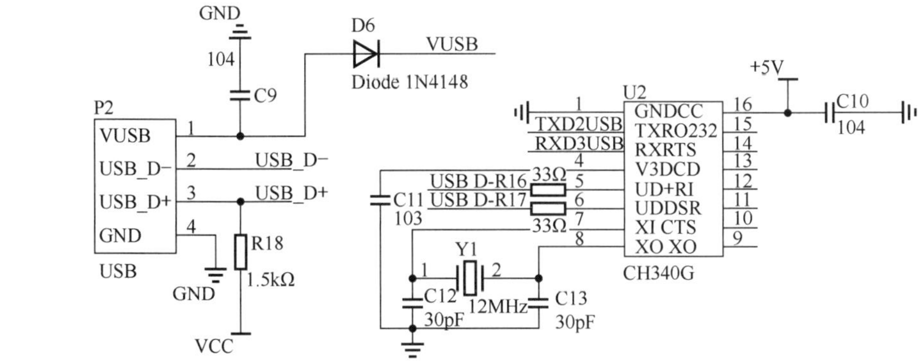

（a）USB转TTL

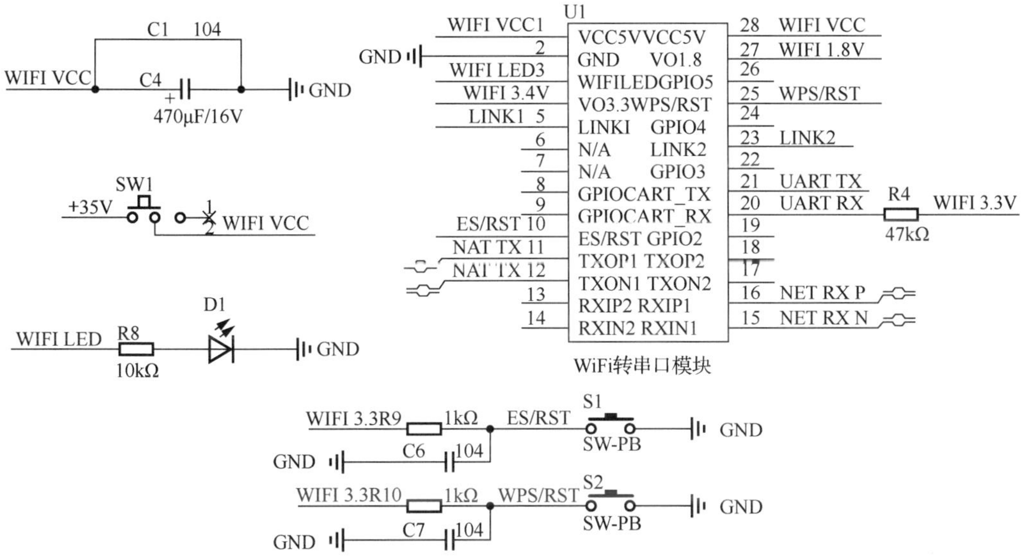

（b）WiFi模块电路

图 6.3.5　WiFi 无线通信模块原理图

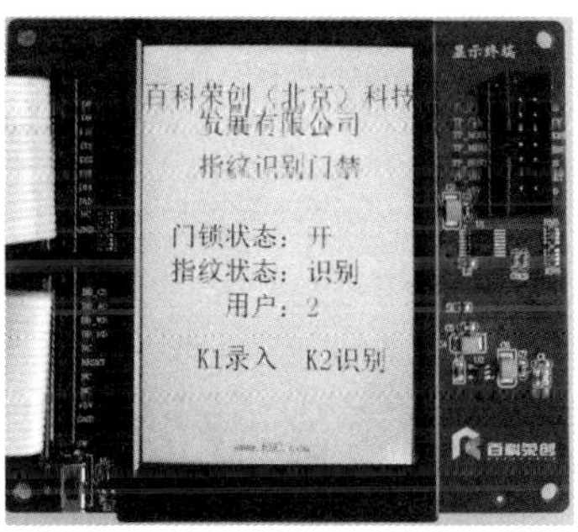

图 6.3.6　3.5 英寸液晶显示屏终端的显示结果

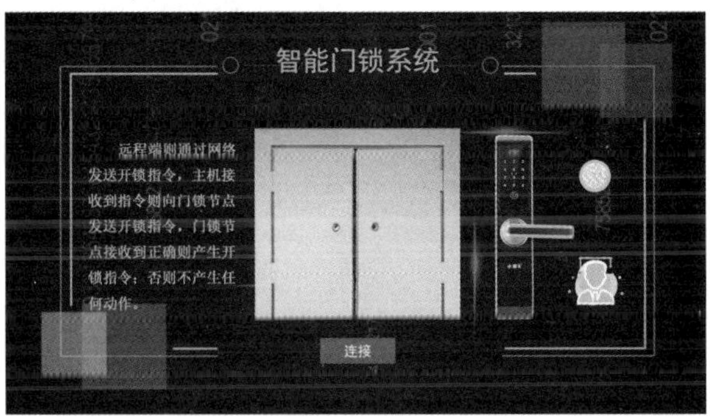

图 6.3.7　云平台显示结果

任务评价

任务实施后，完成表 6.3.5。

表 6.3.5　任务评价表

任务内容	评价标准	分值	自评	小组互评	教师评价
智能办公管理系统实训	实现图像识别传感器考勤功能	40			
	实现指纹识别门禁功能	30			
	系统状态信息正确上传至云平台	30			
总分		100			

拓展训练

在智能办公管理系统中增加会议室管理功能，通过人体红外热释电传感器及其他传感器监测会议室是否被使用，并在云平台显示各会议室的使用情况。

知识链接

知识 6.3.1　图像传感器在办公考勤中的应用

人脸识别考勤机（图 6.3.8）采用嵌入式高速数字信号处理技术，识别速度快、准确率高。考勤时，人员只要站在考勤机前 1～2s，考勤机即会自动识别人脸信息。人脸识别考勤制度的实行，有效杜绝了代签、迟签、早签及补签或口头请假的“人情”考勤等现象的发生。

图 6.3.8　人脸识别考勤机

在人脸识别算法中，迄今为止已经形成了几十种较为成熟的识别算法，它们的主要区别在于所用特征和测度准则不同。具体算法有基于人脸部件的多特征识别算法、基于人脸特征点的识别算法、基于整幅人脸图像的识别算法、基于模板的识别算法和利用神经网络进行识别的算法等。

人脸识别考勤机的处理方法是基于人脸特征点的检测方法，详细算法如图 6.3.9 所示。

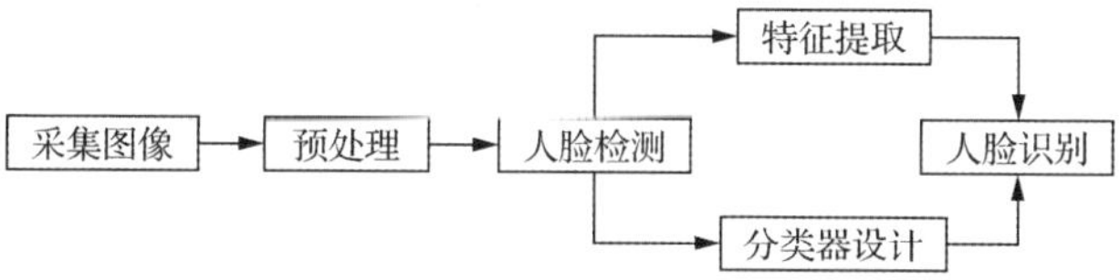

图 6.3.9　人脸识别流程

（1）图像预处理

图像预处理的任务是将原图像的灰度分度作某种变换，使图像中的某部分信息更加突出，以适用于某种特殊的需求。常见的变换是傅里叶（Fourier）变换，该变换是以图像中灰度的变化频率为处理对象，因为图像是二维的，所以我们常用二维情况下的傅里叶变换。

（2）人脸检测

用下述算法可以很简单地抽取二值图像的轮廓线：

1）若中心像素值为 0，则不管其余 8 像素的值如何，一律保留中心像素值为 0；

2）若中心像素值为 1，且其余 8 个像素全为 1，则改变中心像素值为 0；

3）除此以外，全部将中心像素值设为 1。

人脸检测的效果如图 6.3.10～图 6.3.12 所示。

图 6.3.10　灰度化处理后的图片

图 6.3.11　人脸的边缘检测

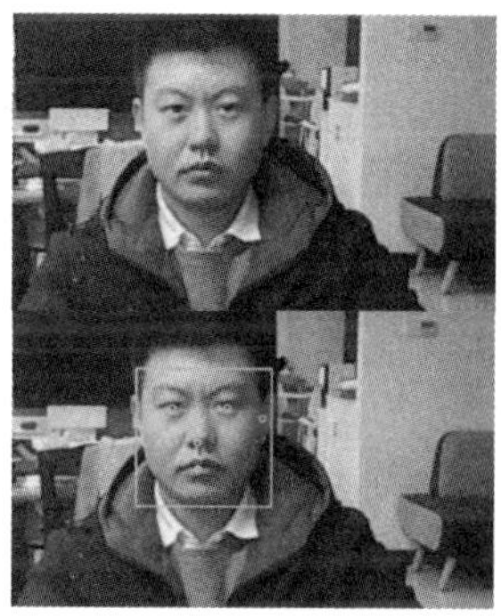

图 6.3.12　框定检测到人脸

（3）人脸特征提取

特征量的选定方法有很多种，常用的是狭缝法，即用几条竖线把图形平面分成几条等宽的窄条，然后以每个狭缝切出的图形的波形作为特征量。具体步骤为，首先选定特征量，抽取标准图像模式的特征，并将其结果保存下来。然后用相同的方法抽取特征量 $N_1, N_2, \cdots, N_n$，并把这些特征量逐一与各个标准模式的特征量计算求取相似距离值 Y，假设与第 i 个标准模式的相似距离值 Y_i 是所有求得的距离值 Y 中最小的一个，那么就说输入模式最接近于第 i 个标准模式。这样作为图像识别的结果，说明输入模式就是第 i 个标准模式所代表的图形。标定的特征点有眼睛、耳朵、鼻子、嘴唇等。

相似距离 Y 按如下算法进行计算：设输入图形模式的特征量为 $N_1, N_2, \cdots, N_n$，某个标准模式的特征量是 $M_1, M_2, \cdots, M_n$，则输入模式与该标准模式的相似距离为

$$Y = \sqrt{\sum_{i=1}^{n} (M_i - N_i)^2}$$

图 6.3.13 所示的图片标定有一个特征点标定错误，一般这种错误发生的概率比较低，在 5%以下，但这也说明检测算法不能保证 100%标定准确。

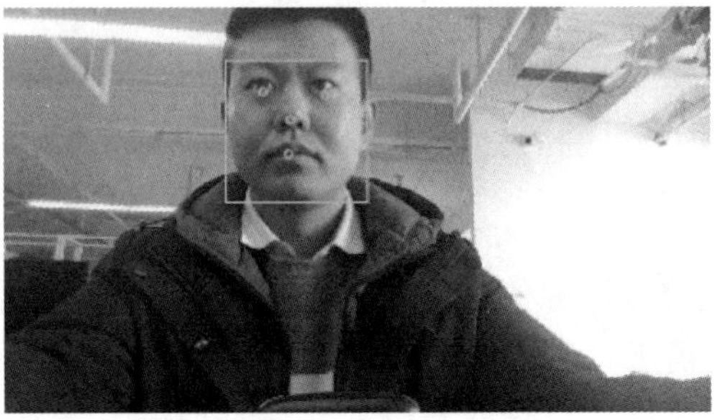

图 6.3.13　一个特征点标定错误

（4）人脸合成

在传统上，获得一个人在不同情况下的脸部图像有两种方式：第一，拍摄并存档一个人在各种情况下的脸部照片；第二，拍摄一张标准的脸部照片，通过计算机软件加工的方式获得多种光线和装扮的脸部图像。然而，获得同一个人的大量脸部样本非常困难，有时根本不可能。例如，如果能够获得一张通缉犯的照片，对于警方来说就已经是很难得了，要获得通缉犯在不同光线下或者不同装扮的照片几乎是不可能的。另外，存储这些样本需要大量的存储器空间，会大幅度增加识别系统的成本费用。

解决上述两个问题的有效方法是，采用人脸合成技术，随时根据需要预测计算出一个人在不同光线、不同装扮、不同表情下的人脸图像，既不需要大量拍照，也不需要预先存储。具体思路如下：

1）对采集到的图像进行±15° 的偏转；

2）对图像添加眼睛、胡须等特征；

3）对图像的背景光线进行变换。

经过上述变化，原先的一张图像就合成为上百张合成图片，合成图片如图 6.3.14 所示。

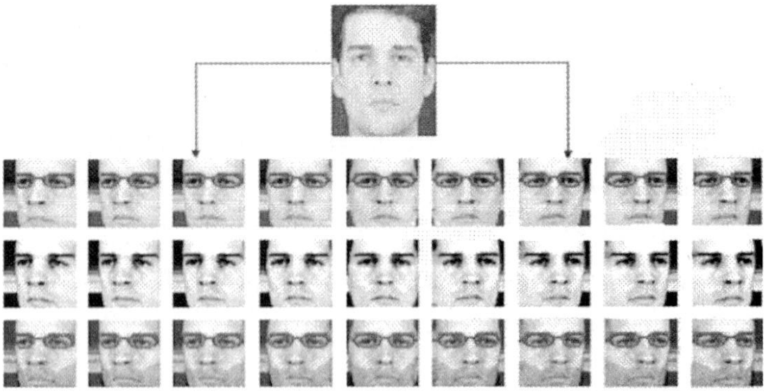

图 6.3.14　合成各种环境下的人脸图像

知识 6.3.2　指纹识别传感器在办公安全中的应用

指纹由于具有终身不变性、唯一性和方便性的特点，已成为生物特征识别的代名词。

指纹识别就是利用传感器获取个人指纹信息来进行解锁或者进行一些权限认证的技术。

指纹识别技术涉及图像处理、模式识别、计算机视觉、数学形态学等众多学科。由于每个人的指纹不同，所以指纹可用于身份鉴定，如何正确提取指纹特征信息和实现正确匹配，是指纹识别技术的关键。

光学指纹采集器是最早的指纹采集器，它有如下优点：使用时间较长，经受了实际使用的检验，对温度等环境因素的适应能力好，价格比较低，分辨率较高。

光学识别是应用比较早的一种指纹识别技术，比如之前很多的考勤机、门禁（图 6.3.15）采用的就是光学指纹识别技术。如图 6.3.16 所示，该技术的识别原理主要是利用光的折射和反射原理，将手指放在光学镜片上，手指在内置光源照射下，光从底部射向三棱镜，并经棱镜射出，射出的光线在手指表面指纹凹凸不平的线纹上折射的角度及反射回去的光线明暗就会不一样。用棱镜将其投射在电荷耦合器件 CMOS 上或者 CCD 上，进而形成脊线（指纹图像中具有一定宽度和走向的纹线）呈黑色、谷线（纹线之间的凹陷部分）呈白色的数字化的、可被指纹设备算法处理的多灰度指纹图像，然后对比资料库看是否一致。

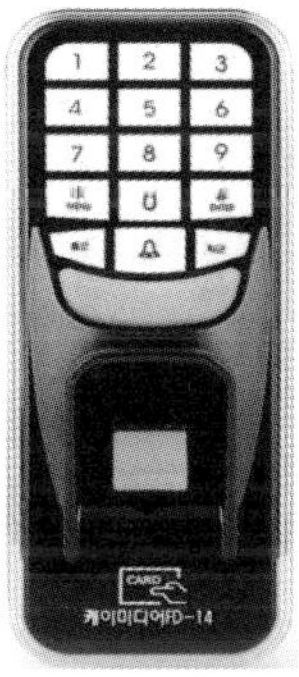

图 6.3.15　指纹门禁系统

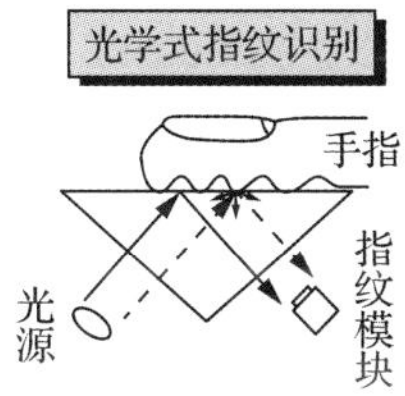

图 6.3.16　光学指纹识别原理

在采集到指纹之后，需要对采集的指纹进行质量评估，若不合格则要再采集一次，若合格则对图像进行增强和细化。经过处理后会依次得到二值化图、细化图和提取特征图。在获得比较清晰的图像后，就开始对其进行特征提取等图像处理操作，经过特征提取将数据存储之后，就可以进行匹配工作。指纹识别过程如图 6.3.17 所示。

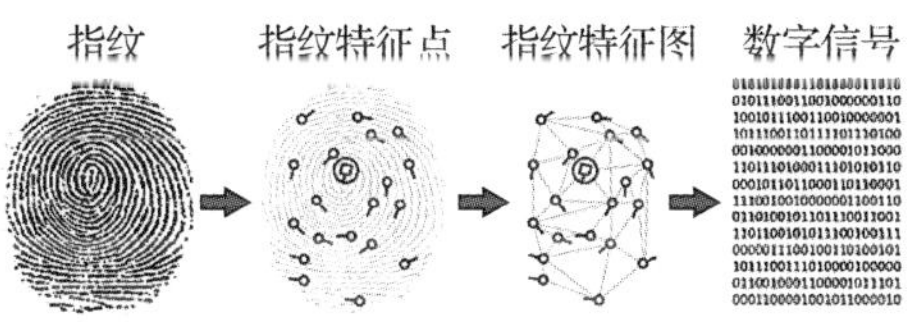

图 6.3.17　指纹识别过程

在指纹识别系统中，指纹图像的预处理是正确地进行图像特征提取、匹配等操作的基础。预处理的目的就是利用信号处理技术去除图像中的各种噪声干扰，改善输入指纹图像的质量，恢复指纹脊线结构，提高特征提取的准确性，以便可靠提取正确的指纹特征。

指纹纹路并不是连续的、平滑笔直的，而是经常出现中断、分叉或转折，这些断点、分叉点和转折点就称为特征点。特征点提供了指纹唯一性的确认信息，其中最典型的是终结点和分叉点，这是指纹识别算法一般会选择提取的特征点。

经过预处理后的细化图像上存在大量的伪特征点，这些伪特征点的存在，不但使匹配的速度大大降低，而且使指纹识别性能急剧下降，造成识别系统误拒率和误识率的上升。因此在进行指纹匹配之前，应尽可能根据脊线结构特性去除其飞边和短脊等伪特征点，明显减少伪特征点，从而提高特征点提取的准确性。

特征匹配是识别系统的关键环节，匹配算法的好坏直接影响识别的性能、速度和效率。在匹配中要注意一点，由于同一个手指的两幅样本图像也会因手指的位移、偏转及按压时的力道不同而产生差异，所以在匹配时要进行校准，通过特征点集校准等方式保障指纹识别的准确性。

指纹匹配算法有多种，包括点模式匹配、脊模式匹配、基于图像的匹配和基于图形的匹配等。点模式匹配就是将提取的细节点集与数据库中的细节点集进行匹配，如果通过一些旋转、尺度变换和平移变换，点集间是匹配的，那么这两幅指纹图像就是匹配的。

知识 6.3.3 WiFi 无线通信与云平台数据传输

WiFi 是一种允许电子设备连接到一个无线局域网（wireless local area network，WLAN）的技术，通常使用 2.4G 特高频（ultra high frequency，UHF）或 5G 超高频（super high frequency，SHF）ISM（industrial scientific medical，工业、科学和医学）射频频段。连接到 WLAN 通常是有密码保护的，但也可以是开放的，这样就允许任何在 WLAN 范围内的设备可以连接上。WiFi 是一个无线网络通信技术的品牌，由 WiFi 联盟所持有，其目的是改善基于 IEEE 802.11 标准的无线网络产品之间的互通性。

物联网云平台（图 6.3.18）处于物联网四个逻辑层（感知层、网络层、平台层、应用层）中的平台层这一环，平台层的作用在于收集、处理数据等。

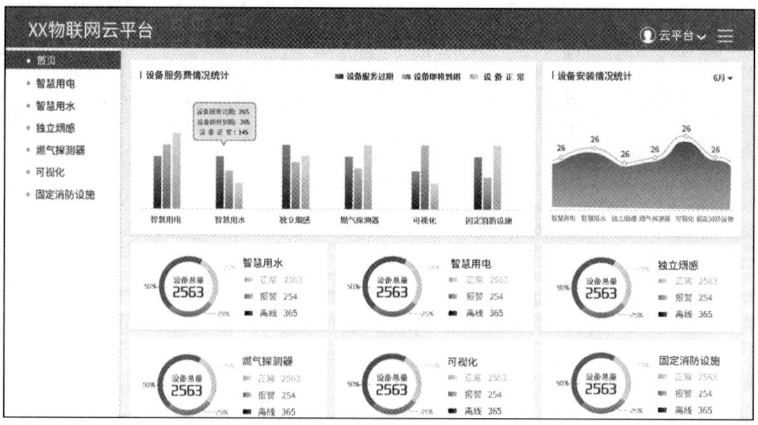

图 6.3.18 物联网云平台

云计算平台也称为云平台，是指基于硬件资源和软件资源的服务，提供计算、网络和存储能力。云计算平台可以划分为三类：以数据存储为主的存储型云平台、以数据处理为主的计算型云平台及计算和数据存储处理兼顾的综合云计算平台。

云是指将计算分布在大量的分布式计算机上，而非本地计算机或远程服务器中。简单来讲，“云”可以理解为服务器，通过部署服务器采用互联网的形式采集现场设备数据，并经过计算与分析后输出给各类平台或 App。在部署当中可根据用户的业务场景、特点、安全等多方面因素考虑选择不同的云模式，其中主要包括公有云、私有云、混合云，如图 6.3.19 所示。

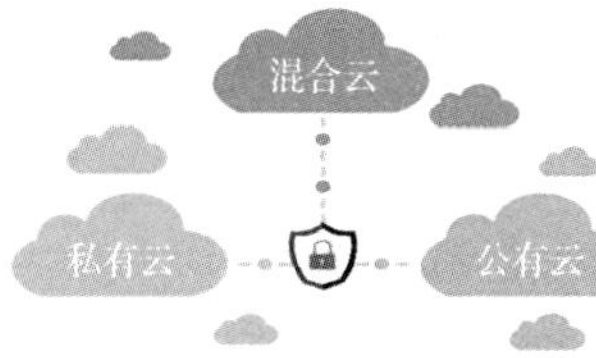

图 6.3.19　云平台部署模式

（1）公有云

采用公有云服务的企业必须将数据托管于云服务商的数据中心，企业对数据的掌握力度相对减弱。一旦数据中心因自然灾害、人为因素或法律规范等各方面因素导致数据丢失，将对企业造成致命伤害。

（2）私有云

私有云是为了解决安全问题的一种云计算方案，多数企业并不希望把数据和资源部署到公有云上，它们往往会选择自己出资搭建机房，这时的解决方案就是私有云方案。公有云和私有云的模式/特性区别如表 6.3.6 所示。

表 6.3.6　公有云和私有云的模式/特性区别

模式/特性	公有云	私有云
用户	创业公司、个人	政府、大企业
业务场景	对外互联网业务	政企内部业务
技术架构	自研架构、关注分布式、大集群	OpenStack 开源架构、关注度高可用、灵活性
兼容性	根据公有云要求来修改自身业务达到适配	主动兼容和适配自身业务
安全	主机层实现安全隔离	网络层实现安全隔离
定制	非特殊，不能定制	灵活定制，与现有系统进行集成
成本	初期成本低，后期业务量大时，成本高	初期成本高，随着业务量增加，后期成本低

（3）混合云

混合云是在成本和安全方面的一种折中方案，顾名思义就是公有云和私有云的结合。数据依然是存到本地的机器上，但是一旦出现大规模的访问或计算，就会把这部分计算的需求转移到公有云平台上，实现不同场景的切换。与此同时，在混合云方案中，私有云还常常把公有云作为灾难恢复和灾难转移的平台。混合云在使用起来具有更高的灵活性，是企业在考虑成本效益下的首选方案。

公有云、私有云和混合云的云部署特点和应用场景如表 6.3.7 所示。

表 6.3.7　云部署特点和应用场景

分类	特点	适合行业和客户
私有云	自主可控、数据私密性好	金融、医疗等
公有云	规模化、运维可靠、弹性强	游戏、视频、教育等
混合云	弹性、灵活但架构复杂	金融、医疗等

工作手册

智能办公管理系统工作手册如下。

姓名：	学号：	班级：	日期：

6.3 智能办公管理系统工作手册

任务接收

表 6-3-1 任务分配表

序号	角色	姓名	学号	分工
1	组长			
2	组员			
3	组员			
4	组员			
5	组员			
6	组员			

任务准备

表 6-3-2 工作方案设计表

序号	工作内容	负责人
1		
2		
3		
4		
5		

表 6-3-3 实训设备、工具与耗材清单

序号	名称	型号与规格	数量	备注
1				
2				

课堂笔记

姓名：	学号：	班级：	日期：

续表

序号	名称	型号与规格	数量	备注
3				
4				
5				
6				
7				
			领取人：	归还人：

任务实施

1）根据硬件电路连接表画出硬件连接图，要求布局合理，线不交叉，有完整标识。

负责人：	验收签字：

2）给图像传感器更新固件，实现员工人脸考勤功能。

表 6-3-4　实验数据表 1

员工	是否成功录入	是否成功考勤
员工 1		
员工 2		
员工 3		

是否正确更新固件？如没有，则请注明原因并正确更新。

____

____

3）在完成员工人脸考勤的基础上增加指纹识别门禁功能，实现指纹控制门禁功能。

课堂笔记

姓名：	学号：	班级：	日期：

表 6-3-5　实验数据表 2

员工	是否成功录入	是否成功控制
员工 1		
员工 2		
员工 3		

是否成功结合人脸实现考勤功能？二者可否通用？若不能，请思考原因。

____

____

____

4）在完成员工人脸考勤和指纹门禁控制功能之后增加 WiFi 无线通信功能，将采集的空气质量传感器数据、图像识别传感器考勤数据与指纹门禁控制状态上传云平台，在云平台数据大屏进行显示。

是否实现上述功能？如果没实现，请找出原因并修正：

____

____

____

____

课堂笔记

任务验收

表 6-3-6　任务评分表

任务内容	评价标准	分值	自评	小组互评	教师评价
智能办公管理系统实训	实现图像识别传感器考勤功能	40			
	实现指纹识别门禁功能	30			
	系统状态信息正确上传至云平台	30			
总分		100			

任务反馈

表 6-3-7　任务反馈表

序号	评价项目	自评	教师评价
1	任务是否按时按质完成		
2	理论知识是否掌握		
3	实际操作是否合规、安全		
4	作品质量		
5	小组成员是否协作有序		

姓名：	学号：	班级：	日期：

自己及组内成员需要改进的地方：

____

____

课堂笔记

任务拓展

在智能办公管理系统中增加会议室管理功能，通过人体红外热释电传感器及其他传感器监测会议室是否被使用，并在云平台显示各会议室的使用情况。

参 考 文 献

胡向东，2018．传感器与检测技术[M]．3版．北京：机械工业出版社．

李骁，汪涛，2016．传感器与自动检测技术及实训[M]．北京：中国电力出版社．

梁森，黄杭美，王明霄，等，2017．传感器与检测技术项目教程[M]．北京：机械工业出版社．

梁长垠，2018．传感器应用技术[M]．北京：高等教育出版社．

秦洪浪，郭俊杰，2020．传感器与智能检测技术[M]．北京：机械工业出版社．